アイデアをカタチにする!

M5Stack
入門&実践ガイド

［M5Stack Basic/M5StickC 対応］

［編著］
大澤 佳樹

［編集］
大川 真史

［著］
aNo研
石川 真也
小池 誠
田中 正吾
豊田 陽介
necobit
菅原 のびすけ
廣瀬 元紀
三木 啓司
ミクミンP
若狭 正生

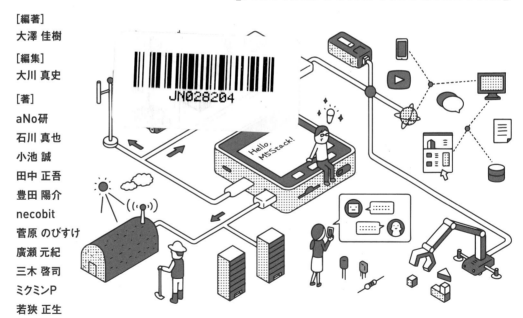

JN028204

Hello, M5Stack!

技術評論社

はじめに

　本書を手にとっていただきありがとうございます。M5Stackは新進気鋭の中国のメーカーが開発・製造している液晶付きのマイコンボードです。M5Stackが発売されてまもないころ、製品についての情報や書籍があまりなく、最新情報はもっぱらインターネットやイベント等での情報交換がメインでした。発売から4年以上経ったこともあり、初めて購入した方や購入したが使いこなせずにいる方などへ向け、開発に役立つであろう情報を含めた本書を執筆するに至りました。本書では、M5Stackを利用した開発の基本を、M5Stackの特徴である標準搭載されている画面やボタン、拡張用のインターフェースを活用した作例を挙げて解説しています。

◉読者対象

　本書はすでにM5Stackを持っている方、購入を検討している方のどちらの方にとっても読みやすいように構成しています。すでにM5Stackに触れている方はもちろん、これまで電子工作に触れたことがない、非エンジニアの方にもぜひ本書を片手にM5Stackの世界に触れてほしいです。また、本書は一般的な電子工作の本とは違い、電子工作の基礎知識や回路のことはあまり触れていません。その分、M5Stackを触ったときにつまずきやすいポイントやM5Stack特有の仕組みについて詳しく紹介するようにしています。M5Stackが持つ、標準で画面やボタン、拡張用のインターフェースを搭載しており手軽に扱うことができる特徴を活かせるよう、できるだけハードウェアの改造や特別な方法なしで試せるような内容にしています。できればM5Stackを触りながら読み進めていただけるのが良いと思います。

◉本書の構成

　本書は入門編と実践編に分けており、入門編はステップバイステップで開発環境の構築から解説していますので、特に初めての方は入門編から読み進めてください。実践編は、入門編の知識を活用した実際の作例メインとなっています。

　入門編は、M5Stackシリーズを初めて手にとる方に向けて、基礎知識と、見よう見まねで試せる基本的な手順を書いています。入門編は1章〜5章まであり、1章ではM5Stackの全体感の話、2章はM5Stack Basicの環境構築〜基本機能活用の話、3章はM5StickCの環境構築〜基本機能活用の話、4章はネットワーク、5章は拡張モジュールというように初めての方でも理解できるような順番で紹介しています。5章を読み終わるころにはM5Stackで何ができるかをある程度理解できるようになっていると思います。

　実践編は、M5Stack界隈で有名な方々から作品を募り、作例として執筆してもらったので、M5Stackのより実際的な使い方を学ぶことができます。応用できそうな箇所はどんどんトラ

イしてみて、M5Stackを使いこなせるようになっていただければ幸いです。実践編はそういった意味で、①作例の内容を実践してほしい、②作例からインスピレーションを受けて自分のオリジナル作品を作ってほしい、という2つのメッセージを込めて執筆しています。このような新しいツール（製品）を使って作りたいものを作り始めるには、どういうことができるのか、どういった使い方をしているのか、インスピレーションを受けることが非常に大事です。

◉本書の読み方

　おすすめの読み方として、まずは、本書の入門編でM5Stackについてクイックに知ってもらい、基本的なことがわかったところで実践編を読むと同時に、そこからのインスピレーションで自分の作品をどんどん作っていくのが良いかと思います。ただし、M5Stackは次々と新製品を発売されていることから、書籍の情報だけでなくインターネットの情報をうまく活用することで効率的よく開発を行っていく必要があります。本書の内容に載っていない新製品についてであったり、調べてもわからないポイントでつまずいたときは、後述のコミュニティで質問してみるのも方法です。

◉M5Stack User Group Japanについて

https://www.facebook.com/groups/154504605228235/about

　M5Stack User Group Japan は 2018 年 に Facebook グループ内に立ち上げ、会員数2022年2月現在でユーザー数2600人を超えている活発的なコミュニティです。M5Stackに興味がある人ならどなたでも入れるコミュニティで、初心者から上級者まで幅広い方々がコミュニティ内で自由に情報交換しています。本グループ内ではM5Stackシリーズの情報交換だけでなく、定期的にオフライン・オンラインイベントも実施しており、告知もここで行っています。Facebookアカウントは必要ですが、無料で参加・情報交換できるので、作ったプログラムがエラーで思ったように動かず困ったとき、作った作品を披露したいときなどにぜひ活用してみましょう。

　末筆になりますが、M5Stackは市場に迅速に出し、ユーザーからのフィードバックを元にあとから改善している分、未完成の部分もある製品です。そのため一般的な電子工作とは違う意味でつまずくこともあると思いますが、本書とコミュニティ等を合わせて活用していただき、自分の作りたいモノを作る最短パスを歩くための一助となれば幸いです。

2022年2月　著者を代表して　大澤佳樹

日本のM5Stackユーザのみなさんへ

　僕はM5StackのCEO、賴景明 (Jimmy Lai) です。1982年9月生まれ。みなさんがM5Stackシリーズを楽しんでいることは、僕にとって最高にテンションがあがり、かつ心安らぐものです。この気持こそが、ハードワークして製品を更にイケてるものにしよう、という、自分のモチベーションになっています。

　M5Stackのコンセプトは2015年に思いつきました。当時の自分は、おそらく多くの日本のエンジニアたちといっしょで、電子回路やロボット、プログラミング、さらには音楽が好きで、様々な発明やクリエイティブをたくさんしていました。でも、当時手に入る開発ボードはシンプルすぎて、アイデアのテストツールにはいいけど、完成品を作るのには足りなかった。どんな良い開発ボードでも「プロトタイプのときだけ使われてまた引き出しに仕舞われる」。製品化のためにはまた回路やメカ、プログラムを、苦労して設計しなおさなければならない。僕はこのとき、「開発しやすくて、製品としても使える」開発キットのシリーズを作れないか？　と思いついたのです。

　2015年6月に研究を開始したときに、以下の問題に気づきました。

1. 既存の開発ボードはケースのないただのPCBA基板なので、製品化するには筐体を別に設計しないとならない
2. 既存の開発ボードの形状やインターフェースは統一されていなくて、拡張が難しい
3. 既存の開発ボードは機能が多すぎて無駄が多く、実用性に欠けることも多い

そこで、

- 機能別にモジュールを分類し、用途に応じて適切なモジュールを選択できる
- サイズを統一
- 製品レベルの筐体
- 組み合わせたときに製品としての外観デザインが完成する

などを実現し、「爆速でプロダクトを作れる」ものができないかと考えました。

　自宅の工作室で数ヶ月ハードワークして、第一世代のM5シリーズをつくりました。Arduino IDEが使えるMCU (ATMega32U4) を使い、3Dプリンタで筐体を設計し、5cm×5cmの統一したPCB基板、M5バスによる拡張、いくつか上下にStackできる拡張もありました。ちょうど、2015年末に深圳で「大衆創業・万衆創新Week」という展示会があり、M5シリー

ズの第1世代と30以上のモジュールを一般公開したところ、多くの深圳のメイカーたちに認められました。彼らは今もM5Stackを世界に広げ、ツールを必要としている人を増やすことに貢献してくれています。

　もう一つの幸運で、2016年6月、世界的なハードウェアアクセラレータHAXのインキュベータプログラムに入ることができ、そこで各方面のプロフェッショナルから協力してもらうことができました。それによりM5Stackシリーズの量産体制が整い、2017年9月に正式販売を開始しました。以後ずっと、基本的に毎週金曜日に1～3種類の新製品をリリースできています。これまで310以上のSKU、メインユニットだけで50万台以上を販売してきました。

　創業以来、僕はずっとM5製品のプランナーでありデザイナーですが、実際はM5についてきちんとした計画があるわけではありません。しかし、僕らには無限のアイデアがあり、アイデア不足を心配したこともありません。僕らはM5Stackに全面的にコミットし続け、ユーザの声を聞き続け、M5Stackにとって有望な新技術を学び続け、コストパフォーマンスに優れたサプライチェーンで製品を製造し続けています。それにより、今のM5Stackは、「Jimmyにとって便利なもの」から、「世界にとって便利なもの」に変わりました。

　だからこそ、僕はみなさんのアイデアや提案が大好きで、何が問題で、何が便利なのかを教えてほしいのです！研究開発を更に簡単にし、世界をよりよい場所にしましょう！

　ずっとM5Stackを支えてくれた日本のユーザーたちに感謝します。自分が続ける限り、M5Stackは止まりません。

　ぜひ、日本のMaker Faireやユーザーミートアップでお会いしましょう！　＾_＾

2022年1月28日　Jimmy Lai @M5Stack
翻訳：高須正和（ニコ技深圳コミュニティ）

目次　C　O　N　T　E　N　T　S

入　門　編
⌄

第 **1** 章

はじめてのM5Stack

第2章 M5Stack Basicを使ってみる

第 4 章 M5Stackでネットワークを利用する

第 7 章 M5StickVで画像処理する

第 **8** 章

UIFlowでM5Stackをプログラミングする

第 9 章　JavaScriptでM5Stackをプログラミングする

9.1　M5StackでJavaScriptが使える「Moddable」　372

石川真也（ししかわ）

9.2　子どもと一緒に作るM5Stack×JavaScriptアプリケーション　380

石川真也（ししかわ）

第 **1** 章

はじめてのM5Stack

入 門 編

∨

入門編ではM5Stackの全体感の紹介、M5Stack Basicおよび M5StickC を例に基本的な使い方の解説を行います。ネットワークへのつなぎ方や拡張製品との連携方法についても解説します。

本章でははじめて M5Stack を手に取った方でも分かるように、M5Stack がどういうものか、製品シリーズの紹介や開発環境、初期設定の方法をそれぞれ解説します。

1.1 M5Stackとは?

● M5Stack シリーズとは

　M5Stack は小型の開発モジュールです。M5Stack という名称[1] は、最も最初に発売された製品である M5Stack Basic（後述）のことを指す場合と、M5Stack Basic の特徴を活かしつつも機能を一部変更し、別製品として発売されているものもすべて含めて製品シリーズの総称として使用されることがあります。シリーズ共通で、その手軽さ、拡張性の高さ、値段の手頃さから現在ホビーユーザーやビジネスユーザーから幅広く注目されている製品です。もともとは中国のスタートアップで開発され、2018年ごろに日本でも発売されました。M5Stack Basic は本体のサイズが約5cm×5cmで stackable（M-BUS と呼ばれる専用の拡張ピンを通じて他のモジュールと合体させることで機能拡張ができる）なことからこの名前が付きました。

　従来のマイコン開発のように専門的な装置や治具などを必要とせず、パソコンとUSBケーブルのみで開発が始められるのが特徴です。また、後述するように、さまざまなシリーズ製品が次々と開発・登場していることも特筆すべき点です。その多くは、マイコン開発経験がない人にとっても、はんだごてを利用することなく手軽に扱える製品です。

　M5Stack シリーズに採用されているマイコンは、**ESP32** という Espressif 社製のものが使用されており、マイコンでありながら最大240MHz という高速で動作すること、値段の手頃さ、インターネット上などの情報の多さから非常に人気の高く、本シリーズ以外にもさまざまな製品で採用されている実績のあるマイコンです。

　M5Stack Basic はフルカラー液晶やボタン、スピーカー、Wi-Fi や Bluetooth が標準搭載されているだけでなく、周辺機能も充実し

図1.1

M5Stack Basic

＊1　本書では、M5Stack Basic のことを M5Stack Basic、製品シリーズの総称のことを M5Stack シリーズまたは製品シリーズと表記します。

ています。GPIO、Grove互換ポートなどの機能拡張用の仕組みも始めから搭載しており、すぐに開発を始められるのが特徴です。M5Stack Basic以外の製品シリーズでは、液晶を小型化してコンパクトにしたM5StickC/M5StickC Plusや、液晶を省いてさらに小型化したATOMシリーズなどがあります。また、加速度や角速度を検出するIMUセンサーを標準搭載している製品（M5Stack Gray/M5StickC/M5StickC Plus/M5StickV/ATOM Matrix/ATOM Lite等）もあります。目的の機能が搭載されているものを用途に応じて選択して利用できる点で使い勝手が良く、特に日本では絶大な人気を誇り、趣味から業務まで幅広く活用されています。

● M5Stackの製品シリーズと機能拡張用製品

前述したとおり、M5Stackシリーズとして多くの種類の製品が発売されており、GPIO、Grove互換ポートを利用した拡張製品シリーズもそれぞれの製品シリーズに合わせて数多く市販されています。

役割や機能の違いからCore/Stick/ATOM/Module/Base/Unit/Hatとカテゴリ分けすることができ、それぞれ多数の製品がラインナップされています。各カテゴリにはそれぞれ以下のような違いがあります。

- Core（M5Stack Basic/M5Stack Gray/M5Stack Core2[*2]）：最初に発売されたM5StackであるM5Stack Basicを含む製品シリーズです。Moduleと組み合わせることができます。
- Stick：縦長液晶を搭載しており、よりコンパクトであることが特徴な製品シリーズです。Hatと組み合わせることができます。
- ATOM：液晶を省いてさらに小型化したシリーズです。

また、拡張製品シリーズは以下のように分類できます。

- Module[*3]：M5Stackの機能拡張用として発売されており、M-BUSと呼ばれる30ピンコネクタで接続する機能拡張モジュールです。
- Base：主にM5Stack Core用の終端モジュールです。
- Unit：M5Stackシリーズ各種製品にGrove経由で接続するセンサーおよび入出力モジュールです。
- Hat：M5StickC/M5StickC Plus用の拡張モジュールです。

....

※2 ただしM5Stack Core2については、M5Stack Core2対応版のModuleが必要です。
※3 本書では、M5Stack Basic用の拡張モジュール製品シリーズのことをModuleまたは拡張Moduleと表記します。

● Core

Core は主に M5Stack Basic/Gray や M5Stack Core2 などの製品を指します。本書では、入門編 2 章で M5Stack Basic を中心に紹介しています。

M5Stack Basic

M5Stack シリーズの基本となる製品です。320×240 のカラーディスプレイ、microSD カードスロット、スピーカー、三つのボタンなどを備えています。画面に画像や動画を表示したり、音楽や音声を再生するなどの用途に利用するのに適しているでしょう。M5Stack Basic は購入時、本体 Core と Bottom の 2 つで構成されています。本体 Core がマイコン、LCD（液晶ディスプレイ）、ボタンなどを含んでおり、Bottom が Lipo バッテリーを含んでいます。

また、似たモデルとして、M5Stack Gray があります。Basic との違いは、Gray モデルのみ 9 軸 IMU を搭載しており、単体でプログラム上で傾きや振動、自由落下を検出できる点です。

M5Stack Basic

M5Stack Gray

● Stick

M5StickC/M5StickC Plus

M5Stack Basic/M5Stack Gray モデルに比べ、小型化されたモデルです。機能面が制限されたということはなく、フルカラー液晶や 6 軸 IMU、押しボタン、Grove ポートなども搭載されており、自由度の高い開発が可能です。画面は M5Stack Basic ほど大きくなくて良い場合や、温度センサー等のちょっとした表示をしたい場合などの用途に適しています。

ただし、M5StickCにはスピーカーは搭載されていません。ですので、音声や音楽等のマルチメディア系開発を行いたい場合は別途Speaker Hatという拡張部品を取り付ける必要があります。M5StickC PlusはM5StickCと基本的な機能は同じですが、液晶のサイズが1.14インチと18.7％大きくなり、ブザーが追加されています。また、バッテリー容量の性能も向上しています。

図1.4

M5StickC

M5StickV

M5StickVは他のシリーズと異なり、ESP32ではなく**Kendryte K210**というAI向けプロセッサにカメラを搭載した製品です。高性能なニューラルネットワークプロセッサ（KPU）とデュアルコア 64 bit RISC-V CPUを使用しており、低コストかつ高いエネルギー効率で高性能な画像処理を行うことができます。このため、人物認識、物体検知などの用途に使うことが考えられます。

さらに、M5StickVはスピーカー、LCD（液晶ディスプレイ）スクリーン、ジャイロスコープ、リチウム電池など多くの機能を備えており、他のシリーズ同様Grove互換コネクタによる機能拡張も可能です。ただし、Wi-FiやBluetoothは搭載していませんので、M5StickV単体で直接インターネットに接続するようなプログラムは作成することができません。また、初期ロットおよび最新ロットでは上記に加えマイクを搭載しています。一部ロットはマイクは搭載されていませんので、購入時は注意してください。

なお、ESP32を載せたほかの製品シリーズと異なり、Arduino IDEでの開発ではなく、K210用のMicroPython環境であるMaixPyで開発します。M5StickVの開発とMaixPyについては26ページも参照してください。

図1.5

M5StickV

● ATOM

ATOM Matrix/ATOM Lite

　液晶やスピーカーなどを省き、M5StickCよりもさらに小型化したモデルです。小さいながらも、ボタンや3色LED（ATOM Matrix）、Grove互換ポート、GPIOを搭載しており、ますます手軽に開発ができます。IoT技術を利用した温度センシングや、液晶表示を必要としないもの、たとえばラジコンやエアコンの遠隔制御などの用途に使うことが考えられます。

　ただしバッテリーを搭載していないので、動作には、USBから電源を供給するか、ATOM TailBATという外付けバッテリーを取り付ける必要があります。

ATOM Matrix

ATOM Lite

　ここで紹介したシリーズ製品以外にも、フルカラーLEDやGroveを3ポート搭載した「M5Stack FIRE」や、Webブラウザ上の開発環境で手軽に開発を始めることができる「M5GO」、直接PCのUSBポートに接続することのできる「ATOM U」、1.5インチの電子ペーパーを搭載した「M5Stack CoreInk」、大画面4.7インチのタッチ操作可能な電子ペーパーを搭載した「M5Paper」、ATOMシリーズより更に小さい切手サイズの「M5Stamp」など、さまざまなモデルがあります。用途に合わせたモデルを選んで使ってください。

● 拡張モジュール（Module/Base/Unit/Hat）

　「本体」であるCoreやStick、ATOMに対して、機能の拡張を担うのがModule/Base/Unit/Hatです。

Module

主にCoreシリーズ向けの拡張モジュールです。M5Stack本体に標準搭載されていない各種インターフェースや通信機能などを拡張することができます。温度センサー、距離センサー、GPS、LTEモジュール等、多種多様な製品があります。条件はありますが、複数を重ねて使用することができます。機能詳細は5章で解説します。

図1.8

Module

Base、Bottom

原則M5Stack Coreシリーズ用で、M5Stackの本体CoreまたはModule底部に取り付ける拡張製品です。前述のModuleと非常に似ていますが、BaseやBottomと呼ばれるものは、通常底部にM-BUSの拡張ピンが出ておらず平らになっており、このBaseやBottomより下にModuleを拡張をすることができません。このBaseやBottomと前述の本体Coreの間にModuleを取り付けることで、自由に機能拡張ができます。また、M5Stack BasicのBottomはバッテリーも内蔵しているため、USBケーブルをパソコンやUSB充電器に挿している間は充電が行われ、本体からUSBケーブルを外してもバッテリーがなくなるまで使用することができます。

このBaseやBottomはStick/StickV/ATOMシリーズでは使用できません。

図1.9

Base

Unit

Core/Stick/StickV/ATOMシリーズで利用できる機能拡張用の製品シリーズで、M5Stackシリーズ本体だけではできない機能をケーブル1本で追加することができます。Moduleと同様に、温度センサー、距離センサー、GPS等、多種多様な製品があります。Grove互換コネクタで接続するため、最も汎用度の高い製品シリーズといえます。ただし、Moduleは製品コンセプトの通り、1台のM5Stack Basicに対して複数をスタックしていくことができるのに対し、

複数のUnitを同時に使用するには別製品が必要（M5Stack用拡張ハブユニット*4）になります。また、UnitはModuleと比較すると小さく、搭載できる機能が限られていることもあります。たとえば、Moduleにしかない機能の製品としてLTE通信モジュールなどがあります。

UnitはGroveケーブルで接続するため、持ち運ぶ際にケーブルが邪魔に感じることもあると思いますので、開発に使用する際はその点も考慮する必要があります。

図1.10

Unit

Hat

M5StickCおよびM5StickC Plus専用の機能拡張用の製品シリーズです。M5StickCシリーズ本体だけではできない機能を、Hatから出ている8ピンオスをM5StickC本体の8ピンメスに接続することで拡張することが可能です。温度センサー、距離センサー、GPS等、多種多様な製品があります。

図1.11

StickC Hat

● M5Stackの入手方法

M5Stackを初めて触ってみようとこの本を手にとってくださった方、M5Stackを購入してみようと思ったけど、どこで買ったらいいのかわからない方は、スイッチサイエンス*5というサイトで購入するのがおすすめです。M5Stackの日本での総代理店となっており、購入できる製品数が最も多いためです。また、電波法など日本の法規制をクリアしたもののみ取り扱っている点でも安心して購入することができます。

---

*4　https://www.switch-science.com/catalog/5696/
*5　https://www.switch-science.com/

1.2 M5Stackシリーズのインターフェース

>>>

M5Stackにはさまざまなインターフェースが搭載されており、センサーや各種モジュールと接続する際の選択肢が豊富です。搭載されているインターフェースは製品シリーズによって異なりますが、本節ではその中でも最も使われるGroveとGPIOについて紹介します。M5Stack BasicとM5StickCについてはそれぞれ2章、3章でも具体的に解説しますので、あわせて参考にしてください。

● M5Stackの各種インターフェース

Grove

Groveは Seeed社によって開発された仕組みで、迅速にプロトタイピングできるようにケーブル1本で接続できるようになっています。M5StackシリーズではGrove互換ポートが多くの製品で採用されており、[1.1 M5Stackとは？]で紹介したUnitはGrove互換となっています。そのため、Unitを接続するのに右記のGroveケーブルを使用します。

図1.12

Groveケーブル

GPIO

GPIOはM5Stackシリーズの多くの製品に搭載されているインターフェースです（M5StickVなどのようにGrove互換ポートのみが搭載されている製品もあります）。前節でM5Stack Basic/Grayの機能を拡張するためのModuleやM5StickCシリーズの機能を拡張するHat、共通で利用可能なUnitなどを説明しましたが、他の方法としてGPIOを利用する方法があります。ジャンパワイヤ、（1ピンコネクタ、ジャンパ線などとも呼ばれます）と呼ばれるケーブルで接続することができます。M5Stack Basicの接続ポートには「オス」と「メス」があり、「オス」のGPIOポートに対しては「メス」のジャンパーワイヤを、「メス」のGPIOポートに対しては「オス」のジャンパーワイヤをそれぞれ接続することができます。

GPIOの主な用途ですが、たとえばModuleとして販売されていないけれども電子部品としては入手可能であったり、自分好みの方法で機能を拡張したい場合などに利用します。

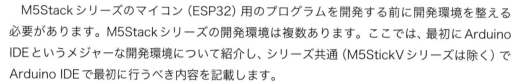

1.3 M5Stack の開発環境

　M5Stackシリーズのマイコン (ESP32) 用のプログラムを開発する前に開発環境を整える必要があります。M5Stackシリーズの開発環境は複数あります。ここでは、最初に Arduino IDEというメジャーな開発環境について紹介し、シリーズ共通 (M5StickV シリーズは除く) で Arduino IDEで最初に行うべき内容を記載します。

　本書入門編 (1～5章) の解説は以下の環境で実施しています。

- Windows 10 Home/Pro 64bit
- Arduino IDE Windows zip版

● さまざまな開発方法

Arduino IDE

　Arduino IDEは最もメジャーな開発環境です (**図1.13**)。ボード定義と呼ばれる開発ボードに対応したプログラムをインターネットからダウンロードします。次に、開発ボード (M5Stackも含みます) に対応したライブラリをダウンロードし、C言語に似た Arduino 言語を使いコード (**スケッチ**と呼びます) を書いていきます。完成したプログラムはUSBケーブルなどで直接開発ボードに書き込みが可能です。

　ユーザー数が多いことから、Arduino IDE を用いた開発はインターネット上で最も情報が探しやすいので初心者におすすめの環境です。マイコン開発になれていない方はまずはこの環境を用いて十分に慣れてから他の環境を利用することがおすすめします。

図1.13

Arduino IDE

UIFlow

　UIFlow は M5Stack 社公式の開発環境です。機能を持つ「ブロック」と呼ばれる四角い箱を
ドラッグ＆ドロップし、処理してほしい順番につなげていくことで開発を行います。GUI で開
発できるので、より気軽に開発が行えるのが特徴です。UIFlow は頻繁にアップデートが行われ
ているため、新発売のモジュールに対応するのも比較的早めですが、「ブロック」でできないこ
とは基本的にできないため、自由度の面では Arduino IDE にやや劣る場合があります。

　MicroPython という言語と互換性があり、簡単に切り替えが可能になっています。これを利
用して、ブロックで途中まで開発した後に、ブロックにない機能を MicroPython で続けて開発

することもできます。一
方 で MicroPython で 開
発したものをブロックに
変換することはできませ
ん。UIFlow については、
8章で詳細に扱います。

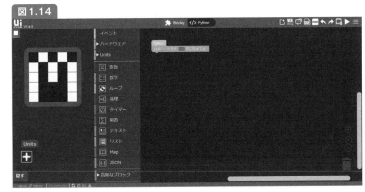

UIFlow

Platform IO

　Platform IO は Micro
soft 社が開発した Visual
Studio Code と い う 総
合開発環境上で動作す
る開発環境です。ビルド
時にライブラリなどの依
存関係を定義ファイルに
従って自動的に解決して
くれるなどの便利機能が
豊富であるため、こちら
も人気のある開発環境で
す。

Platform IO

MaixPy IDE

MaixPy は M5StickV や UnitV AI Camera、M5Stack UnitV2 AI カメラ等に利用できる MicroPython ベースの開発環境です。sipeed 社によって MaixPy IDE という総合開発環境が公開されており無償で利用することができます。専用チップである Kendryte K210 とビルトインカメラを利用した機械学習や画像処理プログラムの開発が行えます。

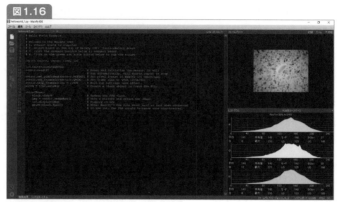

図1.16

MaixPy IDE

Moddable SDK

Moddable SDK は JavaScript ベースで開発を行うことのできる開発環境です。C 言語ベースの開発より、JavaScript で開発をしたい場合などに選択するとよいかもしれません。初期セットアップの手順が Arduino IDE と大きく異なりますので、詳しくは、[9 章 JavaScript で M5Stack をプログラミングする] を参考にしてください。

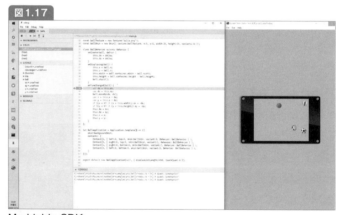

図1.17

Moddable SDK

　本書では **Arduino IDE** をメインに説明します。Arduino IDE は Windows 版の他に Mac 版 / Linux 版がありますが、注記のない場合は Windows 版として説明します。また、Arduino IDE は Widows 向けとして zip 版、インストーラー版、Windows アプリ版が存在しますが、本書では注記のない場合は zip 版として説明します。

1.4 M5Stack開発を始める前に

>>>

M5Stackシリーズを初めて使用するPCである場合は、事前に開発環境であるArduino IDEのインストールとUSBシリアルドライバのインストールが必要です。本節の手順はM5Stackシリーズ共通で必要となりますので、2章以降に進む前に必ず実施してください。

● Arduino IDE のダウンロード

Arduino IDEは公式ホームページからダウンロードできます。本書では、[Windows ZIP file] と記載のあるバージョンをベースに解説します。ダウンロードしたzipファイルを右クリックし、[すべて展開] → [展開] で解凍します。

https://www.arduino.cc/en/main/software

図1.18

● USBシリアルドライバのインストール

Arduino IDEでの開発（書き込み）にはUSBシリアルドライバのインストールが必要です。USBシリアルドライバはM5Stackの公式Webサイトからダウンロード可能です。

https://m5stack.com/pages/download

　「CP2104 Driver」をダウンロードして zip ファイルを解凍してください。Windows/
macOS/Linux版がありますが、ここではWinows版をクリックしてダウンロードしてくださ
い（**図1.19**）。なお、2021年11月に発売の最新ロット（M5Stack v2.6）の場合はシリアル変
換ICがCH9102Fに変更になっており、先に述べたドライバでは認識しませんので、別途公式
Webサイト[6]より、CH9102F用のドライバを使用するようにしてください。以下に述べる
インストール方法とは若干異なりますが、ステップにしたがってインストールすることができ
ます。

図1.19

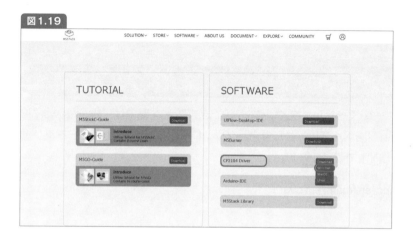

　USBシリアルドライバは、お使いのWindowsの環境に合わせて64bit版か32bit版をイン
ストールする必要があります。64bit版の場合は「CP210xVCPInstaller_x64_v6.7.0.0.exe」を、
32bit版の場合は「CP210xVCPInstaller_x86_v6.7.0.0.exe」をそれぞれダブルクリックで開
いてインストーラーを立ち上げます（**図1.20**）。

図1.20

＊6　https://docs.m5stack.com/en/download

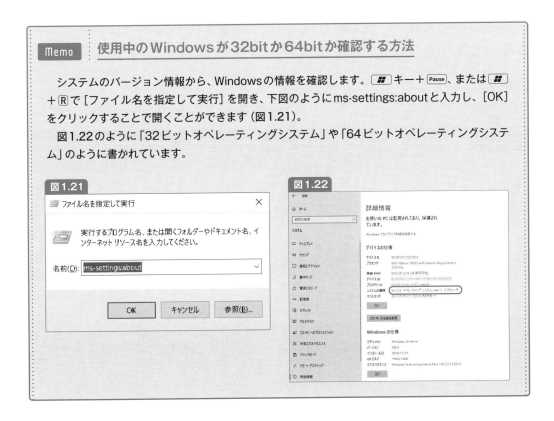

Memo **使用中のWindowsが32bitか64bitか確認する方法**

システムのバージョン情報から、Windowsの情報を確認します。⊞ キー＋Pause、または⊞＋Rで［ファイル名を指定して実行］を開き、下図のようにms-settings:aboutと入力し、［OK］をクリックすることで開くことができます（図1.21）。

図1.22のように「32ビットオペレーティングシステム」や「64ビットオペレーティングシステム」のように書かれています。

図1.21

図1.22

インストーラーをダブルクリックで開くと図1.23のようにインストールウィザードが起動します。［次へ］をクリックしてインストールを進めます。［完了］をクリックするとインストール完了です。

インストールが終わったら［Arduino.exe］をクリックしてArduino IDEを起動してください。初回起動時などではセキュリティの警告が表示されることがあります（図1.24）。［アクセスを許可する］をクリックしてください。

図1.23

図1.24

　Arduino IDEが起動しました（**図1.25**）。続けて、M5StackをUSBケーブルでPCに接続します。

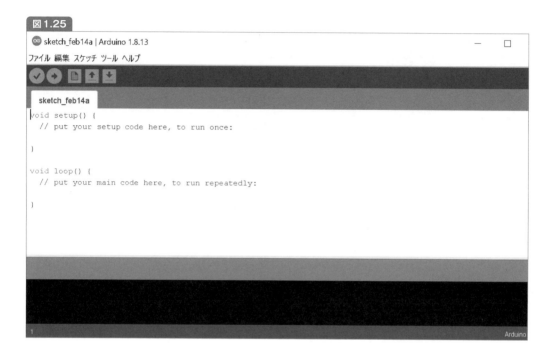

　ドライバのインストールが正しく完了した場合、M5StackシリーズをPCに接続すると、Arudino IDEのシリアルポートの項目にて選択可能なポートが表示されます（**図1.26**）。作成したプログラム（スケッチ）を書き込む前には必ずこのシリアルポートを選択する必要があります。

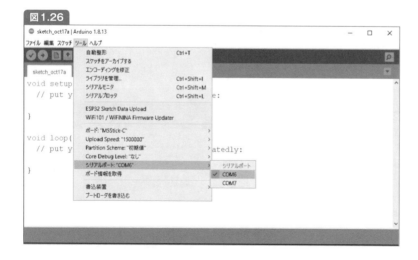

　一方で、ドライバのインストールが正しく行えていない場合には、M5StackシリーズをPCに接続しても、Arudino IDEのシリアルポートの項目にて選択可能なポートがない状態になります（**図1.27**）[7]。

図1.27

＊7　Windowsのほかのソフトウェアなどでシリアルポートが設定されている場合、ドライバがインストールできていなくても選択可能になる場合があります

Memo USBシリアルドライバがインストールされているか確認する

　USBシリアルドライバがインストールされているか確認するためには、まずM5Stack等を
USBケーブルでWindowsPCと接続してください。Windowsのデバイスマネージャを開き、[ポー
ト（COMとLPT）] を展開すると、正しくドライバがインストールされている場合、図1.28のスク
リーンショットのように [ドライバ名 COM X]（XはWindowsによって自動的に割り振られた数字）
のように表示されます。

　項目が表示されない場合はインストールできていません。ドライバの再インストールや
Windowsの再起動を試してみてください。

図1.28

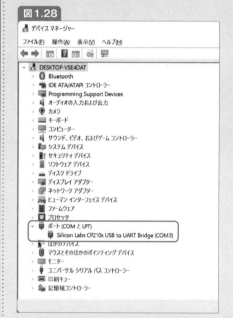

図1.29

ドライバが正しくインストールできていない状態で
M5Stackシリーズを接続した場合

　ドライバの再インストールや再起動を試してもうまく認識されない場合、まれに付属のUSBケー
ブルの初期不良の場合があるようなのでUSBケーブルを交換してみて改善されるか確認してくだ
さい。

1.5 M5Burnerで M5Stackを動かしてみる

初期設定まで終わったら、ぜひM5Stack社が公開している**M5Burner**を使ってみましょう。M5Burnerを使えば、M5Stack社や有志の作者が作成したファームウェアイメージ（コンテンツ）を手軽に書き込み楽しむことができるため、M5Stackの魅力が簡単に理解できます。前節で紹介したArduino IDEは2章以降で利用しますが、ここではいったんM5Burnerを利用してM5Stackの世界を体感し、イメージを膨らませてみてください。

● M5Burnerとは

M5BurnerはM5Stack社が公開している各種ファームウェアの書き込みツールです。すでに完成済みのファームウェアを書き込むため、M5Burnerに掲載されているものは開発環境なしで利用することができます。ファームウェアイメージ（コンテンツ）については電卓やランチャーなどの実用的なものからゲームまでさまざまなものがありますが、すべてがM5Stack社が開発したものではなく、別の作者が作成したものも多く掲載されています。たとえば、M5Stack界隈で有名なLovyan Launcherは、システム情報などを表示するツール類とSDカードに入れたプログラムを起動するランチャーが利用できるようになるファームウェアですが、これはlovyan03氏が個人で作成したものです。

図 1.30

M5Burnerのソフト画面

　ちなみに、[1.3 M5Stackの開発環境]で紹介した、UIFlowを利用した開発を行う場合は、M5BurnerでUIFlow用のファームウェアイメージをM5Stackに書き込んだ上で開発を行うこととなります。詳細は8章で解説します。なお、本書で紹介するM5Burnerのバージョンは2.2.4を前提とします。

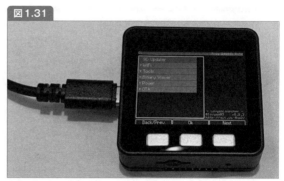

図1.31

Lovyan Launcher

● M5Burnerの使い方

　M5BurnerはM5Stack社の公式サイトからダウンロードすることができます。[M5Burner]を選択してダウンロードします（図1.32）。

https://m5stack.com/pages/download

図1.32

M5Burnerのソフト画面

　Windows/macOS/Linux版がありますが、ここではWinows 10版である[Win10 x 64 (vX.X.X)]をクリックしてダウンロードしてください（図1.33）。

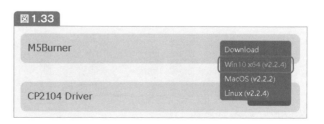

図1.33

ダウンロードしたzipファイルを解凍し、M5Burner.exeを起動します（**図1.34**）。

図1.34

M5Burnerが起動しました（**図1.35**）。画面左のリストからシリーズを選択し、書き込みたいファームウェアイメージを探します。画面はスクロールすることができます。M5Stack Basicの場合は、左タブから［CORE］を選択してください。

図1.35

なお、ここで表示される［CORE］のイメージにはM5Stack FireやCore2用のものも含まれており、それらをM5Stack Basicに書き込んでも正しく動作しません。名前に（Core）や（Core2）、（Fire）などと記載がありますので、それらを見て正しいイメージを書き込むようにしましょう。M5Stack Basicの場合は、（Core）と記載されたイメージを選択してください。

書き込むファームウェアイメージを決めたら、最初に［Download］ボタンをクリックしてください。ここでは「Breakout」というシューティングゲームを例に説明します。ダウンロードが終わると、ボタンの表示が切り替わり［Remove］、［Burn］ボタンが出現します（**図1.36**）。M5Stack Basic をUSBでPCと接続し、画面左上のCOMポート番号で接続したCOM番号を選択し、最後に［Burn］ボタンをクリックすればあとは自動的に書き込みが行われます。

図1.36

図1.37は、Breakoutというゲームを書き込んだ例です。上から落ちてくる玉を下部のバーをAボタン（左ボタン）とCボタン（右ボタン）で左右に操作して跳ね返し、すべてのブロックを壊せばクリアといういわゆるブロック崩しです。M5Burnerにはこのようなサンプルイメージがたくさん用意されています。

図1.37

同様の手順を繰り返せば、別のファームウェアイメージに何度でも書き換えることができます。また、2章以降で紹介しますが、自分で開発したスケッチに戻したい（書き換えたい）場合は、そのままArduino IDEで書き込みを行えば問題なく上書きされます。

第  章

M5Stack Basic を使ってみる

入 門 編

本章ではM5Stack Basicの基本仕様、また基本仕様を活用した具体例を解説します。できるだけ様々な基本機能に触れられるような構成にしています。

2.1 M5Stack Basic の構成

● M5Stack Basic とは?

　M5Stack Basic は M5Stack シリーズの中でも最初に発売された Core シリーズの製品です。一番の特徴は、2インチの液晶と3つのボタンが始めから搭載されている点です。初めて電子工作に触れるとき、マイコンボードのみだと何をしていいかわからなかったり、自分で液晶やボタンを接続しようにもハードルが高く挫折してしまいがちですが、M5Stack Basic では最初から液晶やボタンが準備されており、安心して始めることができます。また、M5Stack Basic に加速度、ジャイロ、磁気を計測可能な9軸IMU (MPU9250) を搭載し、ケース色もグレーになった M5Stack Gray というモデルもあります。

　M5Stack Basic 自体は購入してすぐに開発を始めることができますが、PC 側では最初に側に開発環境の準備 (セットアップ) が必要です。次節 [2.2 Arduino IDE を動かすための初期設定] を参考に、Arduino IDE のセットアップを行ってください。

図2.1

M5Stack Basic [*1]

図2.2

M5Stack Gray [*2]

＊1　https://www.switch-science.com/catalog/7362/
＊2　https://www.switch-science.com/catalog/3648/

図2.3

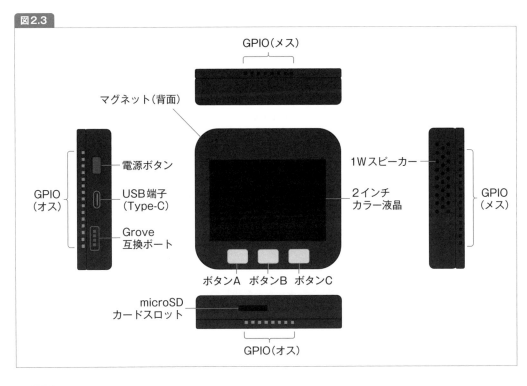

GPIO(メス)

マグネット(背面)

電源ボタン

GPIO
(オス)

USB端子
(Type-C)

Grove
互換ポート

1Wスピーカー

2インチ
カラー液晶

GPIO
(メス)

ボタンA ボタンB ボタンC

microSD
カードスロット

GPIO(オス)

表2.1 M5Stack Basic の基本仕様

CPU	ESP32ベース 240MHz dual core, 600 DMIPS
Flash ROM	16MB(2019年前半より前のロットは4MB)
SRAM	520KB
Wi-Fi	IEEE802.11b/g対応
Bluetooth	対応
電源入力	5 V / 150 mA(USB Type-C経由)
スピーカー	内蔵1Wスピーカー
LCD	320×240 カラーTFT LCD
加速度センサー	なし(Grayのみ9軸IMU搭載)
内蔵電池	3.7 V / 150 mAh
動作温度	0℃〜40℃
寸法	54×54×17 mm
重量	47.2 g
その他	汎用ボタン×3 SPI×1 GroveポートA × 1(拡張モジュールによりポートBやポートCも可) UART×2 I²S(SCLK、WS、MCLK、IN、OUT)×1 microSDスロット×1

2.2　Arduino IDEを動かすための初期設定

>>>

　いよいよ、M5Stack Basicで標準搭載されている機能や周辺機能のうち、比較的よく使用されているものを使用した作例を紹介していきます。本書の手順を再現して手元で開発できるようにサンプルスケッチやスケッチの解説も入れています。

　本章を読み進める前に、PCにUSBシリアルドライバがインストールされており、正常に動作していることを確認してください（[1.4 M5Stackを始める前に]）。以下は、USBシリアルドライバが正常にインストールされている前提で解説します。

● M5Stack Basicのボード定義のインストール

　Arduino IDEでM5Stack Basicの開発を始める為の準備として、ESP32のボード定義のインストールとM5Stack Basic用のライブラリのインストールが必要となります。なお、M5Stack BasicとPCはこの時点では接続していなくても問題ありません。

　M5Stack用のボード定義のダウンロード先情報はデフォルトのArduino IDEには存在しないため、まず環境設定から指定する必要があります。Arduino IDEのメニューバーの［ファイル］→［環境設定］の項目を順にクリックします（**図2.4**）。

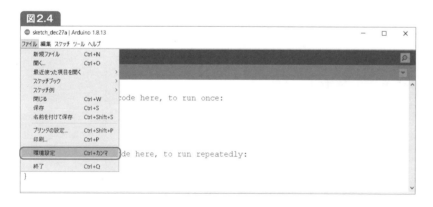

図2.4

　環境設定の画面が表示されたら、**図2.5**のように「追加のボードマネージャーのURL：」の枠内に

https://m5stack.oss-cn-shenzhen.aliyuncs.com/resource/arduino/package_m5stack_index.json

と入力してください。

図2.5

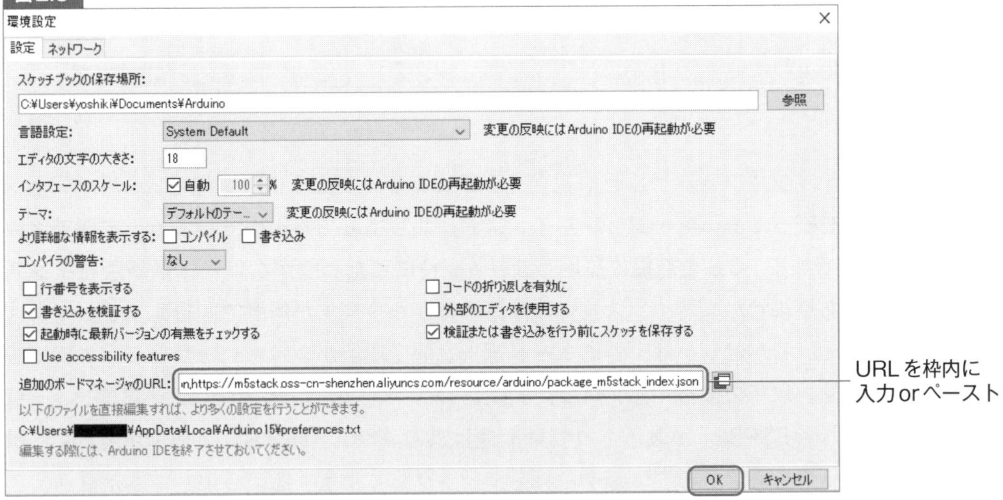

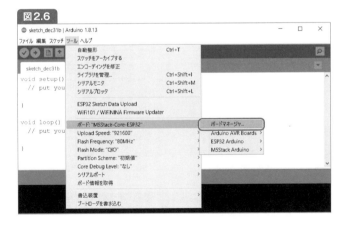

URLを枠内に
入力orペースト

入力を確認後、OKをクリックして環境設定を閉じます。次に、ボードマネージャーから M5Stackのボード定義をダウンロードおよびインストールします。ボードマネージャは、[ツール] → [ボード] → [ボードマネージャ] の順にクリックすると開くことができます（**図2.6**）。

図2.6

ボードマネージャを開いたら、右上の検索バーに「M5Stack」と入力してください。「M5Stack by M5Stack official」という項目が表示されたら [インストール] をクリックします。ダウンロードとインストールは自動的に行われます（**図2.7**）。

図2.7

　このあとのステップでコンパイル時や書き込み時にエラーが出るような場合は、バージョンによる不具合等を疑って古いバージョンをインストールしてみてもよいでしょう。本書では執筆時点の最新版である1.0.6を前提に説明しますが、特にこだわりがなければ最新版をインストールして問題ありません。再インストールは時間はかかりますが何度でも行えます。インストールが成功しているかどうかは実際にボード選択画面で項目が表示されるかどうかで確認することができます。以下のように [ツール] → [ボード] → [M5Stack Arduino] を開き、一覧に「M5Stack-Core-ESP32」が表示されれば問題はありません（図2.8）。M5Stack Basic用に作成したスケッチを書き込む際は必ずこれをクリックして指定するようにしてください。ここで指定が誤っていた場合、正常に書き込むことができないか、書き込めたように見えても動作しません。

図2.8

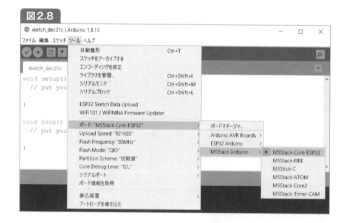

M5Stack Basic用ライブラリのインストール

　続いてライブラリのインストールです。M5Stackのライブラリには液晶描画、ボタン制御、ブザーなど便利な機能が多く含まれています。Arduino IDEのメニューを [スケッチ] → [ライブラリをインクルード] → [ライブラリを管理] の順番でクリックします（図2.9）。

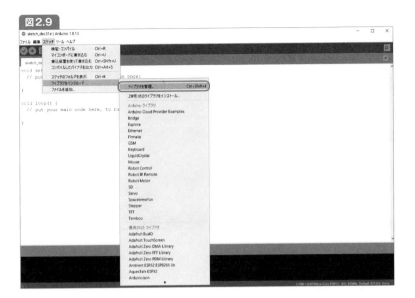

図2.9

ライブラリマネージャが表示されますので、図2.10のように検索ウィンドウに「m5stack」
と入力してください。複数の検索結果が表示されますが、「M5Stack by M5stack」を探し、
インストールボタンをクリックすればOKです[*3]。

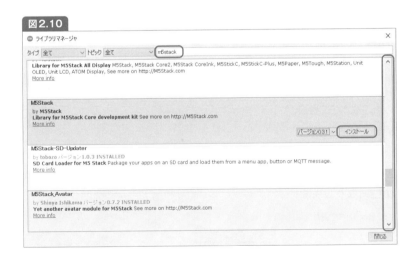

図2.10

　ここまでの手順が問題なく終わったら、M5Stack Basic と PC を接続していない場合は接続
してください。シリアルポートは使用している環境によっては図2.11のように複数表示され

----

*3　本書では執筆時点の最新版である 1.0.6 を前提に説明しますが、特にこだわりがなければボードマネージャーと同様に最新版をインストールして問題ありません。

る場合があります。Windowsの
デバイスマネージャを開き、ポー
ト（COMとLPT）を展開した画面
で、「Silicon Labs CP210x USB
to UART Bridge」と表示され
ているCOM番号が正しい番号
ですので、これを選択するよう
にしてください[4]。

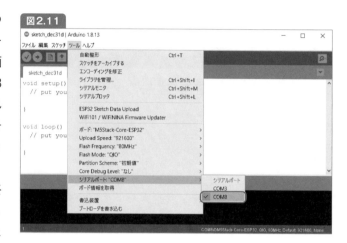

図2.11

　これで初期設定はすべて終
わりです。プログラムを書き、
M5Stack Basicで実行するた
めの環境の準備が整いました。

M5Stack Basicでサンプルプログラムを実行

　始めにM5Stack Basicに「FlappyBird」
というサンプルゲームを書き込んでみましょ
う。Arduino IDEでは、ライブラリにスケッ
チ例を同梱している場合があり、開発時に
参照したり流用したりできます。実は、こ
のFlappyBirdも先ほどインストールした
「M5Stack」のライブラリにスケッチ例と
して含まれています。このようにM5Stack
はスケッチ例が非常に充実しています。

　M5Stackのスケッチ例の1つである
FlappyBirdへアクセスするには、Arduino
IDEのメニューを［ファイル］→［スケッチ例］
→［M5Stack］→［Games］→［FlappyBird］
と選択してください（図2.12）。

図2.12

＊4　シリアルポートの確認方法については、［1.4 M5Stack開発を始める前に］で詳しく解説しています。

すると新しくArduino IDEのウィンドウが開き、スケッチ例が表示されたかと思います。さっそくM5Stack Basicに書き込みをしてみましょう。

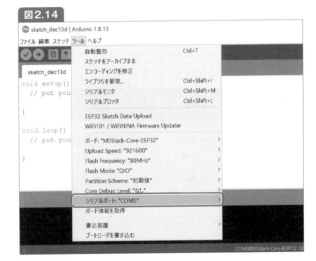

図2.13

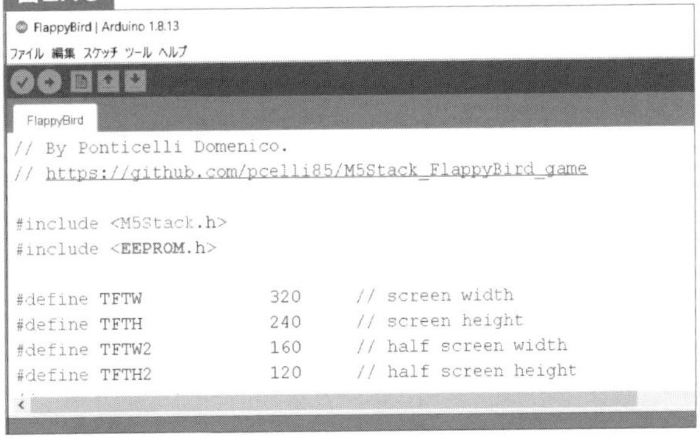

「M5Stack Basic用ライブラリのインストール」で説明したように、正しいシリアルポートが指定されていることを確認してください（図2.14）。

図2.14

準備ができたらArduino IDE左上の矢印の［マイコンボードに書き込む］ボタンをクリックします（図2.15）。

図2.15

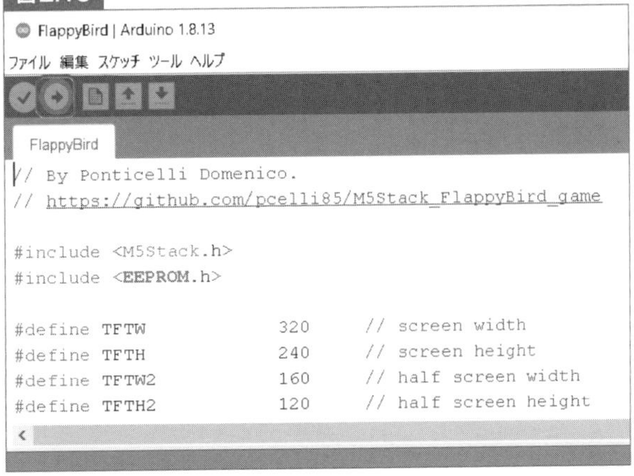

書き込みが終わると自動的にゲームが起動します。このゲームはM5Stack Basic本体の中央のボタンのみを使用します。自動横スクロールゲームで、鳥のキャラクターがゲーム開始と同時に落下します。中央のボタンを押すことで、キャラクターを上昇させることができます。まもなく土管のような障害物が出現しますので、キャラクターの高さを調節してうまく間をすり抜けると1ポイントとなります。障害物にぶつかるか、地面に落下するとゲームオーバーです。ゲームオーバーまでに得られた合計ポイントがスコアとなります。

ここまでできればM5Stack Basicで開発するためのArduino IDEの環境設定はすべて完了です。

図2.16

FlappyBird実行画面

● 書き込みに失敗したら

うまくプログラムが動かない場合、**コンパイルエラー**か**書き込みエラー**のどちらかが通常考えられます。**コンパイルエラー**はスケッチの文法に問題があったり、存在しない命令や呼び出しがある場合などに発生します。Ardunio IDEではコンパイルエラーや書き込みエラーが発生した場合にエラー箇所がオレンジ色にハイライトされ、エラーメッセージが表示されます。まずはこのエラーメッセージを見て、ここまでの手順に間違いがなかったかを確認したり、検索エンジンで調べてみて同じ症状がないかを確認するなどの対処を行うことになります。

書き込みエラーは、ソースコードの問題で起こるコンパイルエラーと異なり、図2.17のように「COMポートが開けません」と表示されたり、書き込みがタイムアウトする（いつまで経っても書き込みが始まらない）など、コンパイルは成功しているが書き込みに失敗したときのエラーです。コード以外のハードやドライバ部分に問題があることが多く、対処方法に困ってしまいます。書き込みに失敗する原因

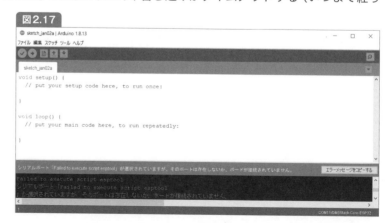

図2.17

の多くは以下のポイントを確認することで対応することができます。

- **対象のボードは正しく指定されているか？**
  対象のボードが間違っていると書き込めません。まれに書き込めてしまうパターンがありますが、正しく動作しません。この節の［ボード定義のインストール］や付録の［製品ごとのボードマネージャー］を参考に、書き込もうとしている製品にあった設定になっていることを確認してください。

- **シリアルポートは正しく指定されているか？**
  シリアルポートが間違って設定されていると書き込めません。［1.4 M5Stack開発を始める前に］や、本節の［M5Stack Basic用ライブラリのインストール］を参考に、シリアルポートが正しく指定されているか確認してみてください。複数のM5Stackを接続している場合は、どの個体がどのシリアルポートと対応しているかがわからなくなってしまいますので、1台だけにしてから書き込みを行いましょう。

- **USB不良**
  USBケーブルのType-C側を上下逆に接続することで改善する場合があります。

- **Upload Speedを下げてみる**
  初期状態の場合、Upload Speedは921600または1500000などに設定されていますが、書き込みがうまく行かない場合は115200に下げてみてください。

- **ModuleやUnit、GPIOに接続されている機器があれば外してみる**
  ModuleやUnit、GPIOに接続されている機器がある場合、書き込みに失敗することがあります。このような場合は、いったん接続している機器をすべて外して書き込みを再度実行してみてください。書き込みが正しく終わったあとに機器を再度接続してください。

- **ボードマネージャの再インストール**
  Arduino IDEのボードマネージャーの一部のファイルが、なんらかの原因で不整合を起こしてしまう場合があります。このような場合は、ボードマネージャーからM5Stackのボード定義を再インストールすることで改善することがあります。

2.3　Arduinoプログラミングの基本ルール

>>>

ここで、Arduinoを利用してプログラムを書くにあたって最も基本的なことを説明します。

● ライブラリのインクルード

　Arduino IDEでM5Stackをプログラミングするときは、まず最初にM5Stackライブラリによって提供されているヘッダファイルをインクルードする必要があります。M5Stackの各種デバイスを初期化するために必ず呼び出すM5.begin()関数や、画面に文字を表示するM5.Lcd.println()関数など、このライブラリの関数からM5Stackのさまざまな機能を利用することができます。

　ライブラリを利用するには、ライブラリが提供しているヘッダファイルをインクルードします。ヘッダファイルとは、関数などの宣言のみを記したファイルです。スケッチの冒頭で

```
#include  <M5Stack.h>
```

のようにヘッダファイルを読み込む（インクルードする）ことで、ヘッダファイル中で宣言された関数を呼び出して利用することができるようになります。ライブラリについては、[2.7 ライブラリを利用して画面に顔を表示する]でも解説しています。

● setup関数とloop関数

　Arduino IDEを起動した状態でメニューを［ファイル］→［新規ファイル］とクリックし、新規スケッチを作成します。すると、図2.18のようにvoid setup()とvoid loop()と最初から入力されています。これらはArduino IDEを使って開発する際に必ず定義することになっています。

図2.18

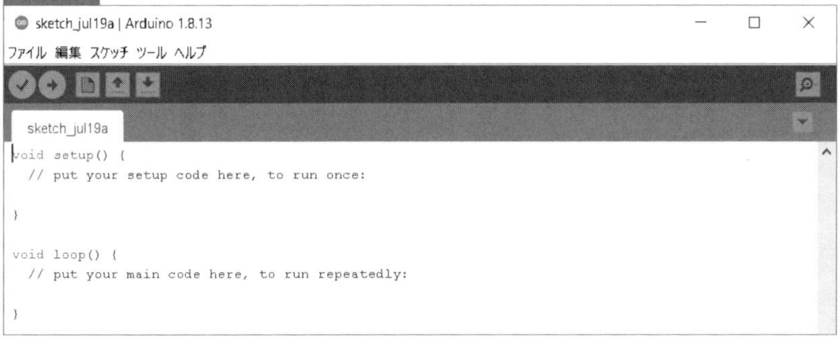

```
void setup() {
  // put your setup code here, to run once:

}

void loop() {
  // put your main code here, to run repeatedly:

}
```

setup関数は、Arduinoボードの電源投入またはリセット後に1回だけ実行されます。このため、変数の宣言や機器や画面の初期化、GPIOの設定、ライブラリの呼び出し、Wi-Fi接続などをプログラムしていきます。M5Stackを初期化するM5.begin()もこのセットアップ関数内で最初に呼び出す必要があります。

loop関数はsetup関数の実行後に実行されます。loop()関数は名前の通り、関数の一番最後の処理が実行された後、loop関数の先頭に戻って再び処理が実行されます。電源を切るまでまたはリセットを行うまで半永久的に繰り返し実行されます。このため、ボタンが押されるのを待機した処理やLEDの点滅などの制御、インターネットへの情報のアップロードやダウンロードなどの処理をここに記載します。またM5Stackのボタン操作やスピーカーの制御などを行う場合、このloop関数内でM5.update()を呼び出す必要があります。［2.5 ボタンを押して画面の色を変える］や［2.6 ブザー音を鳴らす］で紹介していますので参考にしてください。

図2.19

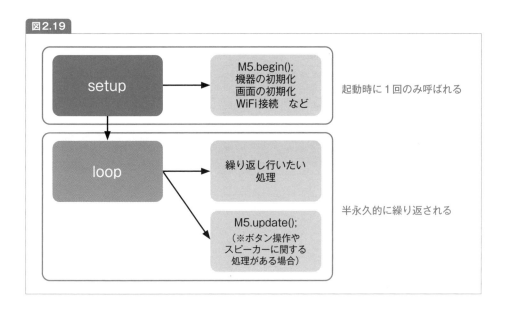

49

2.4 画面に文字を表示する

画面に任意の文字を表示するプログラムを作成します。38ページで解説したように、カラーディスプレイを備え付けているのがM5Stack Basicの特徴です。さまざまな用途において、このカラーディスプレイに情報を表示します。本節では、カラーディスプレイの利用の簡単な例として、カラーディスプレイ（LCD：液晶ディスプレイ）に英語や数字を表示する方法、および文字色、背景色、文字サイズの変更の仕方を紹介します。

なお、日本語の表示は別途microSDカードとフォントファイルの用意が必要なため、本節の最後にてコラムで紹介します。

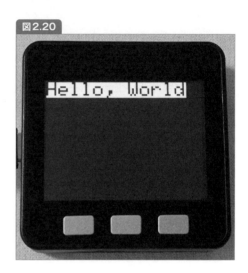

図2.20

Hello, World

「Hello, World」の文字を画面に表示するスケッチを作成する

Arduino IDEを起動したら、［ファイル］→［新規ファイル］で新規スケッチを作成していきます（図2.21）。

図2.21

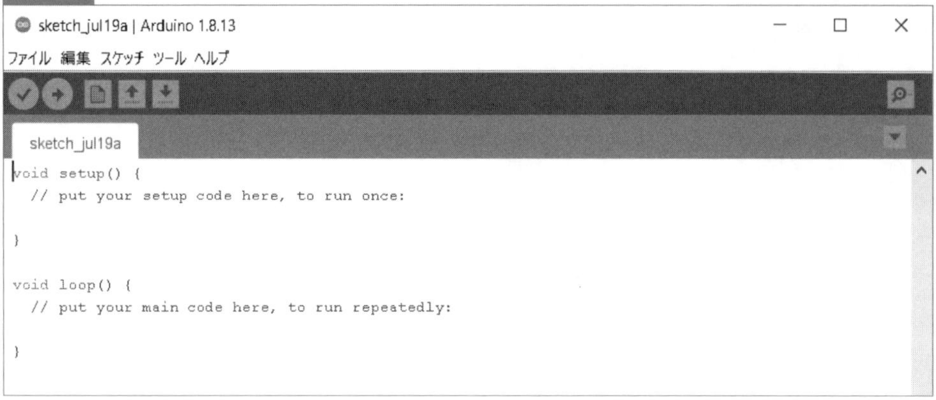

sketch_jul19a | Arduino 1.8.13
ファイル 編集 スケッチ ツール ヘルプ
sketch_jul19a
void setup() {
// put your setup code here, to run once:
}
void loop() {
// put your main code here, to run repeatedly:
}

　以下のようにプログラムを記載していきましょう。大文字小文字の区別や、カンマやセミコロンの打ち間違いに気を付けてください。また、数字や`<>(){}`などの記号は半角で入力し、全角で入力しないようにしてください。

スケッチ2.1　　　　　　　　　　　　　　　　　　　　　　　　　　　　　　　　m5hello.ino

```
 1  #include <M5Stack.h>
 2
 3  void setup() {
 4    //M5Stackを初期化します
 5    M5.begin(); ←❶
 6    //M5Stackに表示する文字色、背景色を指定します
 7    M5.Lcd.setTextColor(GREEN, WHITE); ←❷
 8    //M5Stackに表示する文字の大きさを指定します
 9    M5.Lcd.setTextSize(4); ←❸
10    //M5Stackに文字を表示します。
11    M5.Lcd.println("Hello, World"); ←❹
12  }
13
14  void loop() {
15  }
```

▶ スケッチの解説

❶ M5.begin()

　M5Stackの状態を初期化する関数です。M5Stack用のスケッチではこの関数を最初に呼ぶ必要があります。

❷ M5.Lcd.setTextColor(GREEN, WHITE)

　文字色を変更する関数です。1つ目の引数に文字色を、2つ目の引数には背景色を指定します。色名の指定は以下が利用できます。

```
BLACK NAVY DARKGREEN DARKCYAN MAROON PURPLE OLIVE LIGHTGREY DARKGREY BLUE GREEN
CYAN RED MAGENTA YELLOW WHITE ORANGE GREENYELLOW PINK
```

　これらは、「M5Stack」ライブラリのILI9341_Defines.hというファイルで定義されています。通常、ILI9341_Defines.hは、Arduino IDEの［環境設定］→［スケッチブック］の保存場所で指定されているフォルダ配下の順にたどって、libraries\M5Stack\src\utility配下に存在します。たとえば、ユーザー名が「yoshiki」の場合は以下のフォルダが保存場所になります。

　C:\Users\yoshiki\Documents\Arduino\libraries\M5Stack\src\utility

ILI9341_Defines.hをメモ帳などで開くと、以下のように色名を含む行を複数行にわたって確認することができます。先ほど指定していた色名は、実際にはRGB565という16bitカラーコードで指定されており、よく使うであろう色があらかじめ定義されてあります。

```
#define NAVY     0x000F /* 0, 0, 128 */
```

このため、ここに定義されていない色も指定することができます。興味がある方は検索エンジンで「RGB565 カラーコード」などと検索してみてください。たとえば以下のように指定することができます。

```
M5.Lcd.setTextColor(0x73e6, BLACK);
M5.Lcd.setTextColor(0x3333, 0xffff);
```

❸ M5.Lcd.setTextSize(4)

文字サイズを指定する関数です。引数は文字サイズのみで、1から7の数値で指定できます。

❹ M5.Lcd.println("Hello, World")

画面に文字を表示する関数です。引数に表示したい文字を渡します。表示したい文字は必ず半角ダブルクォーテーション「"」で囲んでください。

作成できたら、[書き込み]ボタンをクリックします。書き込みが完了すると、**図2.22**のように「ボードへの書き込みが完了しました。」と表示されます。

図2.22

新規作成の場合はスケッチの保存先を指定することになりますので、[ファイル]→[名前を付けて保存]の順にクリックし、「m5hello」などのように名前を付けて[保存]ボタンをクリックしましょう（**図2.23**）。

図2.23

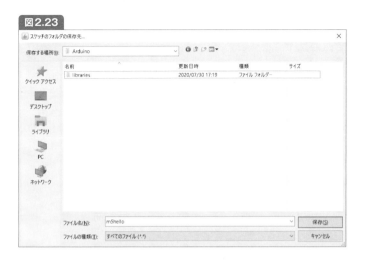

書き込みが終わったら、M5Stackの画面に「Hello, World」の文字が表示されたことが確認できると思います。文字や文字色、背景色、文字サイズを自由に変更して、表示がどのように変化するか、もう一度書き込みを実行して確かめてみるのもよいでしょう。

図2.24

| Column | 日本語の表示に挑戦してみる |

　本節の冒頭で紹介したとおり、日本語の表示にはフォントファイルが必要となります。日本語の表示にはいくつか方法がありますが、本コラムではProcessingというソフトウェアで生成できるvlw形式のフォントをmicroSDカードに入れて、M5Stack Basicに日本語を表示する方法を紹介します。なお、SDカードの利用方法については、[2.10 SDカードのデータを読み書きする]も参考にしてください。

　フォントファイルについてですが、一般的なTrueTypeフォントやOpenTypeフォントは現状M5Stackではそのまま読み込むことができませんので、形式を変換する必要があります。フォントファイルは、Processingというソフトウェアで生成します。ProcessingはArduino IDEと同様に総合開発環境（ソフトウェア）です。このソフトウェアで作成できるvlwという形式のフォントファイルは、M5Stackの標準関数で読み込むことができます。

　事前準備として使いたいフォントをダウンロードしWindows環境（Arduino IDEを動かしている環境）にインストールしておいてください。ここでは、IPAが公開しているIPAexゴシック＊5を例に説明します。Processingソフトウェアは以下のサイトからダウンロードできます。

https://processing.org/download/

　ダウンロードできたら、解凍して「processing.exe」を起動します（図2.25）。
　作成するフォントはスケッチフォルダ配下に自動保存されるため、事前準備として［ファイル］→［名前を付けて保存］で空スケッチを保存しておきます（図2.26）。

図2.25

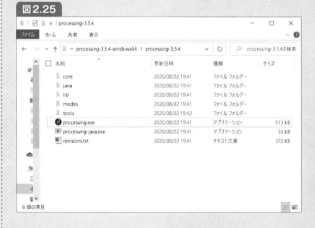

図2.26

＊5　https://moji.or.jp/ipafont/

入
門
編

第
2
章

次にArduino IDEでライブラリマネージャを開き、「tft_espi」と検索し、「TFT_eSPI」というライブラリをインストールしてください。

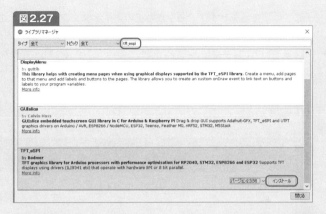

図2.27

[ファイル]→[スケッチ例]→[TFT_eSPI]→[Tools]→[Create_Smooth_Font]→[Create_font]を開きます（図2.28）。

すると新しいウィンドウでスケッチが表示されますので、Ctrl＋A→Ctrl＋Cなどでスケッチ内容をまるごとコピーします。

図2.28

Processingに戻り、先ほど作成した空のスケッチにコピーした内容を貼り付けます。

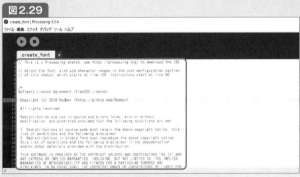

図2.29

　まずは何も変更せずにそのまま左上の再生ボタンをクリックしてみましょう。ウィンドウ下のコンソールにフォント一覧が表示されると思います（図2.30）。フォント名の左側に番号が記載されていますので、スクロールして変換したいフォントを探し、番号を控えておきます。図の例ですと227ですが、この番号は環境によって異なります。

図2.30

　次にスケッチを3か所だけ変更します。fontNumberの箇所が-1になっていると思いますので、先ほど控えた番号にしてください。また、fontSizeを任意のサイズに変更してください（図2.31）。

図2.31

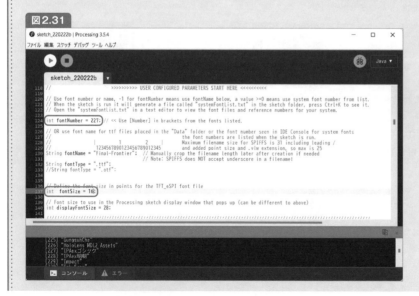

フォントサイズはM5Stackの画面サイズを考慮して16ポイント～32ポイント程度の範囲から選ぶことをおすすめします。

最後に、作成したファイルに日本語データを含めるため、static final int[] unicodeBlocks = { から始まるブロックを探してください。ここで使用したい文字コードの範囲を選択します。デフォルトですと「0x0021, 0x007E, //Basic Latin」だけがコメントアウトされていない状態になっていると思いますが、使用したい文字コードの範囲のコメントアウトを外していきます（図2.32）。必要ないものまで外しすぎると、ファイルサイズが大きくなったりM5Stackで読み込みが遅くなるのでおすすめしません。

図2.32

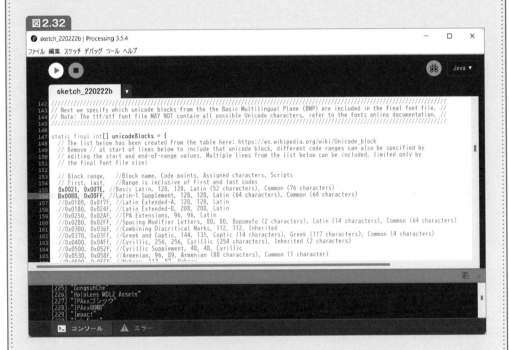

IPAexゴシックを日本語環境で利用する場合は、0x0021, 0x007E（半角ラテン文字）に加えて、0x3040, 0x309F（ひらがな）、0x30A0, 0x30FF（カタカナ）、0x4E00, 0x9FA2（漢字）などを有効化するのがよいでしょう。指定が終わったら、再度左上の再生ボタンをクリックしてください。コンパイルが終わるとウィンドウが表示され、作成した文字の一部が表示されるとともに、スケッチのウィンドウが表示されvlw形式のフォントファイルが作成されています。

次に、作成されたvlwファイルをmicroSDに転送します。microSDカード（2GB以上）を用意し、Windows PCの［デバイスとドライブ］などからFAT32でフォーマットしてください。フォーマットができたら、作成したvlw形式のフォントファイルをわかりやすいようにSDカードのルートディレクトリに入れます。あとは、本節で解説した手順と同様に、Arduino IDEで以下のようなスケッチを作成して書き込みを行うことで、日本語フォントを表示することができます。

```
スケッチ2.2                                                        m5hello_jp.ino
 1   #include <M5Stack.h>
 2
 3   void setup() {
 4     //M5Stackを初期化します
 5     M5.begin();
 6
 7     M5.Lcd.clear();
 8     M5.Lcd.fillScreen(BLACK);
 9     M5.Lcd.setCursor(0, 0);
10     M5.Lcd.setTextColor(WHITE);
11
12     //microSDから読み込むフォントファイル名を指定します。(拡張子は含めないこと)
13     String ipaexg16 = "ipaex-gothic-16pt";
14     String ipaexg20 = "ipaex-gothic-20pt";
15     String ipaexg24 = "ipaex-gothic-24pt";
16     String ipaexg28 = "ipaex-gothic-28pt";
17     String ipaexg32 = "ipaex-gothic-32pt";
18
19     //16ptフォントを読み込みます
20     M5.Lcd.loadFont(ipaexg16, SD);
21     //M5Stackに文字を表示します。
22     M5.Lcd.println("こんにちは、令和 16pt");
23     //フォントをアンロードします
24     M5.Lcd.unloadFont();
25
26     //20ptフォントを読み込みます
27     M5.Lcd.loadFont(ipaexg20, SD);
28     //M5Stackに文字を表示します。
29     M5.Lcd.println("こんにちは、令和 20pt");
30     //フォントをアンロードします
31     M5.Lcd.unloadFont();
32
33     //24ptフォントを読み込みます
34     M5.Lcd.loadFont(ipaexg24, SD);
35     //M5Stackに文字を表示します。
36     M5.Lcd.println("こんにちは、令和 24pt");
37     //フォントをアンロードします
38     M5.Lcd.unloadFont();
39
40     //28ptフォントを読み込みます
41     M5.Lcd.loadFont(ipaexg28, SD);
42     //M5Stackに文字を表示します。
43     M5.Lcd.println("こんにちは、令和 28pt");
```

```
44     //フォントをアンロードします
45     M5.Lcd.unloadFont();
46
47     //32ptフォントを読み込みます
48     M5.Lcd.loadFont(ipaexg32, SD);
49     //M5Stackに文字を表示します。
50     M5.Lcd.println("こんにちは、令和 32pt");
51     //フォントをアンロードします
52     M5.Lcd.unloadFont();
53   }
54
55   void loop() {
56   }
```

完成図

図2.23

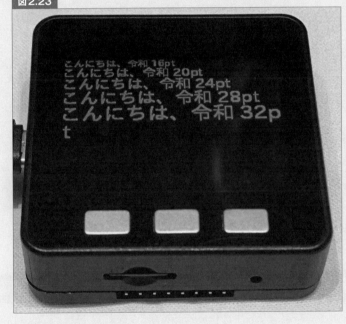

2.5 ボタンを押して画面の色を変える

M5Stack Basicにはプログラムによって制御可能な3つのボタンがついています。ボタンの活用例としては、1画面で表示しきれない場合にボタンで切り替えたり、たとえばストップウォッチのリセットボタンのように状態を初期化するボタンを作ったり、ボタンを押したタイミングでインターネットから情報を取得するなどさまざまなものが考えられます。

本節ではこのボタンを使って、押したボタンによって画面の色を変えるプログラムの作り方を紹介します。

完成図

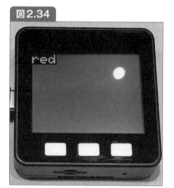
図2.34

図2.35

図2.36

ボタンA(左のボタン):赤 　　ボタンB(中央のボタン):緑 　　ボタンC(右のボタン):青

● ボタンを押して画面の色を変更するスケッチを作成する

[ファイル]→[新規ファイル]で新規スケッチの作成画面を開いたら、以下のようにプログラムを記載していきましょう。

スケッチ2.3　　　　　　　　　　　　　　　　　　　　　　　　　　　m5button.ino

```
1  #include <M5Stack.h>
2
3  void setup() {
4    M5.begin();
```

```
5     //M5Stackに表示する文字の大きさを指定します
6     M5.Lcd.setTextSize(4);
7   }
8
9   void loop() {
10    //M5Stackのボタン操作の状況を読み込みます
11    M5.update(); ←❶
12    //カーソル位置をx=0 y=0で初期化します。
13    M5.Lcd.setCursor(0, 0); ←❸
14
15    //ボタンA（左のボタン）が押されたとき
16    if (M5.BtnA.wasReleased()) { ←❹
17      //液晶を赤色にします
18      M5.Lcd.fillScreen(RED);
19      //液晶に"red"という文字を表示します
20      M5.Lcd.print("red");
21    //ボタンB（中央のボタン）が押されたとき
22    } else if (M5.BtnB.wasReleased()) { ←❺
23      //液晶を緑色にします
24      M5.Lcd.fillScreen(GREEN);
25      //"green"という文字を表示します
26      M5.Lcd.print("green");
27    //ボタンC（中央のボタン）が押されたとき
28    } else if (M5.BtnC.wasReleased()) {
29      //液晶を青色にします
30      M5.Lcd.fillScreen(BLUE);
31      //"blue"という文字を表示します
32      M5.Lcd.print("blue");
33    //ボタンB（中央のボタン）が長押し（1000ミリ秒）されたとき
34    } else if (M5.BtnB.wasReleasefor(1000)) {
35      //液晶の表示内容をクリアします
36      M5.Lcd.clear(); ←❷
37    }
38  }
```

▶ スケッチの解説

❶ M5.update()

M5Stackのボタン操作やスピーカー（次節で説明します）の状態を更新する関数です。loop関数内でM5.BtnAなどの関数を使用している場合は、この関数も必ずセットで呼ぶ必要があります。引数は不要です。

❷ M5.Lcd.clear()

M5Stackの液晶に表示していた内容をすべてクリアする関数です。引数に色名を指定する

ことで、指定した色でクリアされます。何も指定しない場合は黒色でクリアされます。

❸ M5.Lcd.setCursor(x, y)

カーソル位置を引数で指定します。液晶の左上を「0, 0」とし、1つ目の引数でx座標、2つ目の引数でy座標を指定します。

この関数を呼んだあとに、M5.Lcd.print() などのテキストを表示する関数を使用することでテキストを表示する位置を指定することができます。

❹ M5.BtnA.wasPressed()

ボタンAが押されたときにtrue、押されていなければfalseとなります。

❺ M5.BtnB.wasReleasefor(1000)

ボタンBが1秒以上長押しされたときにtrue、条件を満たしていない場合や、1度trueと判定された後、ボタンBの状態が変更されていない場合、2度目からは0を返却します。

図2.37

```
sketch_aug01b | Arduino 1.8.13                                  −    □    ×
ファイル 編集 スケッチ ツール ヘルプ

  ⦿ ⦿  ▣ ⬆ ⬇                                                           🔎

  sketch_aug01b §                                                        ▾
#include <M5Stack.h>

void setup() {
  M5.begin(true, false, true);
  //M5.Power.begin();
}

void loop() {
  M5.update();

  if (M5.BtnA.wasReleased()) {
    M5.Lcd.fillScreen(RED);
    M5.Lcd.print('A');
  } else if (M5.BtnB.wasReleased()) {
    M5.Lcd.fillScreen(GREEN);
    M5.Lcd.print('B');
  } else if (M5.BtnC.wasReleased()) {
    M5.Lcd.fillScreen(BLUE);
    M5.Lcd.print('C');
  } else if (M5.BtnB.wasReleasefor(700)) {
    M5.Lcd.clear(BLACK);
    M5.Lcd.setCursor(0, 0);
  }
}
```

スケッチ2.3の編集画面

　作成できたら、[書き込み] ボタンをクリックします。新規作成の場合はスケッチの保存先を指定することになりますので、[ファイル] → [名前を付けて保存] の順にクリックし、「m5button」などのように名前を付けて [保存] ボタンをクリックしましょう。

　書き込みが終わったら、M5Stack Basic のボタンを左から順番に押してみましょう。押したボタンによって画面の色と文字が切り替わるのが確認できると思います。応用例として、表示する内容を切り替えたり（例：ボタンＡで温度、ボタンＢで湿度、ボタンＣで気圧）、自分だけのオリジナルメニューを作ったり、ブザー音を鳴らしてみても面白いでしょう。

Column　シリアルデバッグ

　M5Stackではシリアル出力機能を利用してデバッグ（スケッチエラーの原因調査）することができます。スケッチが複雑になっていくにつれて、デバッグ時にどのあたりがエラー原因なのかを、問題箇所を特定して対処できるようにする必要があります。本コラムでは、最も基本的なシリアルデバッグのやり方について紹介します。

　本節で紹介したスケッチ2.3で、「ボタンＡ（左のボタン）を押すことで画面が赤色に変わるはずが何も起こらなかった」というケースを例に、どこで問題が起きているかを調べてみましょう。

スケッチ2.4　　　　　　　　　　　　　　　　　　　　　　　　　　　　m5debug.ino

```
 1  #include <M5Stack.h>
 2
 3  void setup() {
 4    M5.begin();
 5    M5.Lcd.setTextSize(4);
 6  }
 7
 8  void loop() {
 9    //ボタンの状態を更新します  M5.update();
10    M5.Lcd.setCursor(0, 0);
11
12    //ボタンA（左のボタン）が押されたとき
13    if (M5.BtnA.wasReleased()) {
14      //シリアルに引数の文字列を出力します
15      Serial.println("Button A pressed!");
16      //液晶を赤色にします
17      M5.Lcd.fillScreen(RED);
18      //液晶に"red"という文字を表示します
19      M5.Lcd.print("red");
20    }
```

　スケッチ内にSerial.println()という関数を使用することで、シリアルにテキストを出力することができます。

　シリアルに出力されたテキストは、Arduino IDEのシリアルモニタという機能を使って確認することができます。[ツール] → [シリアルモニタ]でシリアルモニタを開いてください（図2.38）。

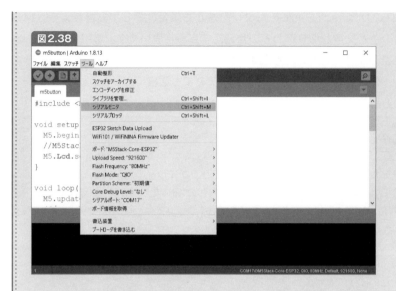

図2.38

　すると図2.39のような画面が表示されたと思います。これがシリアルモニタです。まずは、ウィンドウ名が自分の接続しているシリアルポート番号（COMX）と一致していることを確認してください。

図2.39

● 自動スクロール：シリアルモニタに出力する内容が画面に表示しきれなくなった場合に自動的にスクロール表示してくれます

● タイムスタンプを表示：シリアル出力が発生した時刻をシリアル出力の内容と一緒に表示してくれます

また、［出力をクリア］の左隣にある「xxxxbps」（xxxxは数字）に正しいボーレートを指定して

ください。M5Stackの場合、スケッチ内で明示的にボーレートを変更するような処理を入れていないのであれば115200bpsになりますので、ここでは115200bpsに変更してください。

これでシリアルモニタの使用準備ができました。設定が終わったら、コラム冒頭のスケッチ2.4をM5Stackに書き込んでみてください。

● 期待通りに動作した場合
M5Stackの左のボタンを押すと、図2.40のように事前に指定した文字列が表示されることがわかります。

図2.40

● 期待通りでない場合
スケッチ2.4をそのまま書き込んだ場合はこちらの動作になります。試しに、M5Stackの左のボタンを押してみてください。M5Stackの左のボタンを押しても、シリアルモニタには図2.41のように何も表示されません[6]。

図2.41

上記の例から、何らかの原因でM5.BtnA.wasReleased()がtrueになっていないことがわかります。このケースの例では、M5.update()関数を書き忘れたことによって発生しているため、loop関数内にM5.update()関数を追加してから書きこむことで、上記の「期待通りの場合」の動作になります。

今回はシンプルに、条件分岐が期待したとおりに処理されているかを確認するためにシリアル出力機能を利用しましたが、他にも計算結果を表示して意図した通りの結果になっているかの確認などにも利用できます。この方法を覚えておくと意図しない動作をしたときにどこの処理で問題があるのかを特定しやすくなります。うまく活用して便利に開発してください。

---

[6] ただし、自分で書いたスケッチ内では何も表示指示していなくとも、他のライブラリを参照している場合にその内容が表示されることがあります。

2.6 ブザー音を鳴らす

>>>

　M5Stack Basic には標準でスピーカーが搭載されており、ビープ音と呼ばれる音を鳴らしたり、SD カードに mp3 ファイルを入れて音楽を鳴らすことができます。ブザー音は、ボタン押下時の効果音、エラー時の警告音、ゲームであればクリア時のメロディーなどさまざまな場面で活用することができます。本節では、2種類の関数を使用してビープ音を鳴らす方法について紹介します。

　なお、M5Stack Basic に搭載されたスピーカーの出力は 1W という大音量です。本節の手順を試す場合は周囲の迷惑にならないように注意して行ってください。

● ブザー音を鳴らすスケッチを作成する

　[ファイル] → [新規ファイル] で新規スケッチの作成画面を開いたら、以下のようにプログラムを記載していきましょう。実は M5Stack Basic でブザー音を鳴らすだけのスケッチを書くのであれば M5.Speaker.beep() を呼び出すだけでよいのですが、せっかくなのでブザー音だけではなく、メロディーまで流してみましょう。

スケッチ2.5　　　　　　　　　　　　　　　　　　　　　　　　　　　　　m5speaker.ino

```
 1  #include <M5Stack.h>
 2
 3  //各音符の周波数を定義しています
 4  #define NOTE_C4 261.626     //ド4      C4
 5  #define NOTE_C4b 277.183    //ド#4     C#4
 6  #define NOTE_D4 293.665     //レ4      D4
 7  #define NOTE_D4b 311.127    //レ#4     D#4
 8  #define NOTE_E4 329.628     //ミ4      E4
 9  #define NOTE_F4 349.228     //ファ4    F4
10  #define NOTE_F4b 369.994    //ファ#4   F#4
11  #define NOTE_G4 391.995     //ソ4      G4
12  #define NOTE_G4b 415.305    //ソ#4     G#4
13  #define NOTE_A4 440.000     //ラ4      A4
14  #define NOTE_A4b 466.164    //ラ#4     A#4
15  #define NOTE_B4 493.883     //シ4      B4
16  #define NOTE_C5 523.251     //ド5      C5
17  #define NOTE_C5b 554.365    //ド#5     C#5
```

```
18  #define NOTE_D5 587.330        //レ5      D5
19  #define NOTE_D5b 622.254       //レ#5     D#5
20  #define NOTE_E5 659.255        //ミ5      E5
21  #define NOTE_F5 698.456        //ファ5    F5
22  #define NOTE_F5b 739.989       //ファ#5   F#5
23  #define NOTE_G5 783.991        //ソ5      G5
24  #define NOTE_G5b 830.609       //ソ#5     G#5
25  #define NOTE_A5 880.000        //ラ5      A5
26  #define NOTE_A5b 932.328       //ラ#5     A#5
27  #define NOTE_B5 987.767        //シ5      B5
28  #define NOTE_C6 1046.502       //ド6      C6
29
30  //音符の長さをミリ秒で定義しています
31  #define R_4 2800
32  #define R_3 2100
33  #define R_2 1400
34  #define R_1 700
35  #define R_1_2 350
36  #define R_1_3 233.3
37  #define R_1_4 175
38  #define R_1_6 116.6
39  #define R_1_8 87.5
40  #define R_1_12 58.3
41  #define R_1_16 43.75
42
43  //エルガー「愛の挨拶」のメロディ
44  float salut[][2] =
45  {
46    {NOTE_G5b,R_1}, {NOTE_B4,R_1_2}, {NOTE_G5b,R_1_2},
47    {NOTE_F5b,R_1_2}, {NOTE_E5,R_1_2}, {NOTE_D5b,R_1_2}, {NOTE_E5,R_1_2},
48    {NOTE_A5,R_1}, {NOTE_A5,R_1}, {NOTE_A5,R_1}, {NOTE_B4,R_1_2}
49  };
50
51  void setup() {
52    M5.begin();
53  }
54
55  void loop() {
56    //ボタンA（左のボタン）が押されたとき
57    if(M5.BtnA.wasPressed()) {
58      //スピーカーからブザー音を鳴らします
59      M5.Speaker.beep();  ←❶
60    }
61    //ボタンB（中央のボタン）が押されたとき
62    if(M5.BtnB.wasPressed()) {
63      //配列salutを順番に読み込みます
64      for (int i = 0; i < sizeof(salut) / sizeof(salut[0]); i++) {
```

```
65        //[i][0]番目の要素の周波数をスピーカーから鳴らします。
66        M5.Speaker.tone(salut[i][0]); ←❷
67        //[i][1]番目の要素の時間待ちます（音符の長さ）
68        delay(salut[i][1]);
69      }
70      M5.Speaker.end(); ←❸
71    }
72
73    //M5Stackのボタン操作やスピーカーの状態を更新します
74    M5.update(); ←❹
75  }
```

▶ スケッチの解説

❶ M5.Speaker.beep()

スピーカーからブザー音を鳴らします。周波数（音の高低）を指定することはできません。

❷ M5.Speaker.tone(261.626)

スピーカーからブザー音を鳴らします。引数に周波数を指定することで音の高低を表現することができます。

❸ M5.Speaker.end()

スピーカーからの再生を停止します。引数は不要です。

❹ M5.update()

M5Stackのボタン操作やスピーカーの状態を更新する関数です。loop関数内でM5.BtnAなどのボタン操作関連の関数を使用している場合、また、M5.Speaker.beepやM5.Speaker.toneなどのスピーカーからブザー音やブザー音を出す関数を使用している場合は、この関数も必ず呼ぶ必要があります。呼び出し忘れると、直前に鳴らせた音が止まらず鳴り続けるなどの問題が発生します。引数は不要です。

　作成できたら、[書き込み] ボタンをクリックします。書き込みが終わったら、一番左のボタンを押してみてください。ブザー音が鳴れば成功です。次に中央のボタンを押してみてください。エルガー作曲「愛の挨拶」の最初の4小節が流れるはずです。ここまでできたら、配列（floatsalut）の中身を自由に変更し、鳴らしてみたいメロディーの作成に挑戦してみてもよいでしょう。

Column スピーカーの音量とノイズ

M5Stack Basicのスピーカー音量は本節の冒頭で紹介したとおり大きめとなっていますが、以下の関数で音量を指定することでスケッチである程度調整することができます。

● M5.Speaker.setVolume(vol)
　volの範囲は0〜10 数値を大きくするほど音量は大きくなります

M5Stack Basicでは、液晶画面の表示更新時などに、スピーカーから「ジッ」というノイズが意図せず発生することがあります。このノイズに関しては、スピーカーを使用しない場合であればM5.Speaker.begin()でスピーカーを初期化したあとで、M5.Speaker.mute()を呼び出すことで大分抑えることができます。このとき、GPIOの25番にデバイスを接続しても利用できないので注意しましょう。

スケッチ2.6　　　　　　　　　　　　　　　　　　　　　　　　　　　　　　m5volume.ino

```
 1  #include <M5Stack.h>
 2
 3  void setup() {
 4    M5.begin();
 5    //スピーカーを初期化します
 6    M5.Speaker.begin();
 7    //スピーカーをミュートにします
 8    M5.Speaker.mute();
 9  }
10
11  void loop() {
12  }
```

スピーカーを利用する場合には、スピーカーから出力するときのみミュートを解除し、出力が不要になったら再びミュートにすることで対処できます。ソフトウェアで制御する方法のみを紹介しましたが、インターネット上を探すと、コンデンサを利用したり、M5Stackのハードウェアの一部を改造する方法でノイズを削減しているユーザーなどもいるようです。これらの方法は自己責任にはなってしまいますが、いろいろ試してみるのも面白いでしょう。

2.7 ライブラリを利用して 画面に顔を表示する

　M5Stackではメーカーが提供している公式ライブラリだけでなく、第三者が作成した M5Stack向けのライブラリを流用して、さらに自分好みにプログラミング（アレンジ）することができます。Arduino IDEのライブラリマネージャに登録されているライブラリのほか、GitHubと呼ばれる数多くのソースコードが登録されているサイトからArduino対応のライブラリをダウンロードしてインストールすることもできます。本節では前者のインストール方法で「M5Stack-Avatar」というライブラリを使ってM5Stack Basicの画面に顔を表示する方法を紹介します[7]。

完成図

図2.43

● 顔を表示する「M5Stack-Avatar」ライブラリのインストール

　まずはライブラリのインストールです。「M5Stack-Avatar」はArduino IDEのライブラリマネージャからインストール可能なライブラリで、M5Stackの画面にキャラクター風の顔を簡単に表示できるものです。[スケッチ] → [ライブラリをインクルード] → [ライブラリを管理]の順番でクリックします（**図2.44**）。

---

[7]　M5StickCを紹介する3.6節では、同じライブラリを後者の方法で紹介しています。

図2.44

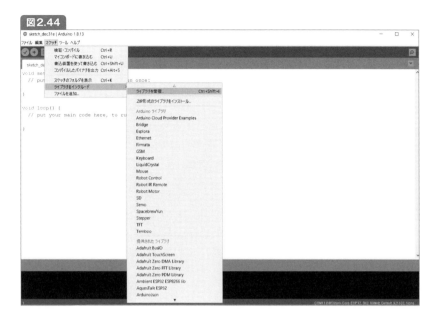

　ライブラリマネージャが表示されますので、下図のように検索ウィンドウに「avatar」と入力してください。「M5Stack Avatar」が表示されますので、インストールボタンをクリックすればOKです（**図2.45**）。

図2.45

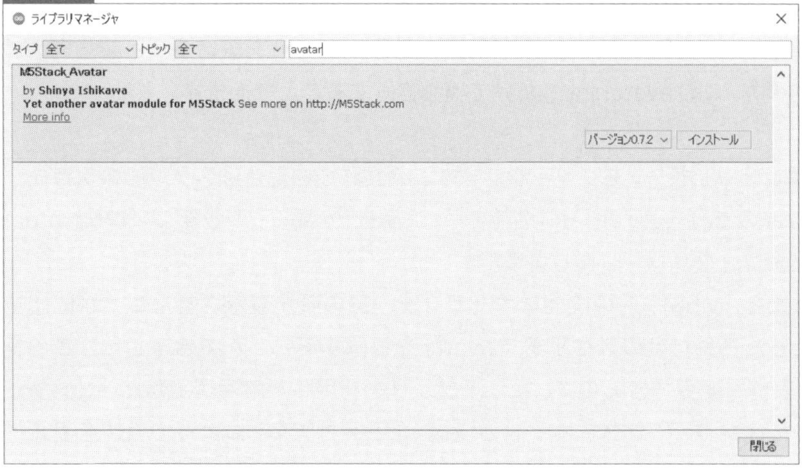

● 顔を表示するスケッチを作成する

[ファイル] → [新規ファイル] で新規スケッチの作成画面を開いたら、以下のようにプログラムを記載していきましょう。

スケッチ2.7　　　　　　　　　　　　　　　　　　　　　　　　　　　　　m5avatar.ino

```
 1  #include <M5Stack.h>
 2  #include <Avatar.h>
 3
 4  //ライブラリを呼び出す準備をします
 5  using namespace m5avatar;
 6  Avatar avatar;
 7
 8  void setup() {
 9    M5.begin();
10    //avatarを描画します（顔を表示）
11    avatar.init();  ←❶
12  }
13
14  void loop() {
15  }
```

▶ スケッチの解説

❶ avatar.init()

名前空間m5avatarのAvatarクラスを任意の変数名で呼び出して（実体化して）、[変数.関数] の形で実行しています。このAvatarライブラリの場合はinit()を実行すると顔を表示することができますので、このavatar.init()だけで顔を描画することできます。

作成できたら、[書き込み] ボタンをクリックします。新規作成の場合はスケッチの保存先を指定することになりますので、[ファイル] → [名前を付けて保存] の順にクリックし、「m5avatar」などとし、[保存] ボタンをクリックしましょう。

書き込みが終わったら、M5Stackの画面にキャラクター風の顔が表示されたことが確認できると思います。たったこれだけのスケッチでavatarを描画することができました。このライブラリでは、顔の表情も変更できるので、本ライブラリを利用した応用例として、センサーの値によって表情を変えたり、インターネットの情報（たとえば天気）によって表情を変えてみるのも面白いでしょう。

このようにライブラリを使うことで、複雑な処理であっても簡単に実装することができます。ライブラリを使用することのメリットは、他人の成果の一部または全部を流用させてもらえることで、開発が効率よく行える（スピードアップする）ことです。今回の顔を表示するスケッ

チの場合、液晶の座標を指定して表情を描画する処理を作成するのは1から作ると時間のかかる作業ですが、このライブラリを使用することによって、その手間を省くことができます。たとえば、温度センサーの値によって液晶に顔を表示し、表情を変更するプログラムを作成したい場合、顔を表示する機能は本ライブラリを呼び出すだけで使えるので、温度センサーの値を取得する処理のみを自分で開発すれば完成させられます。

　ただし、ライブラリの使い方はライブラリの作者の作り方によって異なりますので、新しくライブラリを使用する際はインターネット上で調べてから使う必要があります。Arduinoの場合、ライブラリによっては実機でそのまま使えるサンプルスケッチがある場合があります。

Column　サンプルスケッチを応用して、セリフを変更する

　「M5Stack-Avatar」にはサンプルスケッチがあり、Arduino IDEから簡単に利用することができます。[ファイル] → [スケッチ例] → [M5Stack-Avatar] → [ballon] の順にクリックしスケッチを開きます（図2.46）。

図2.46

　いったんファイル名を変更して保存します。開いたサンプルスケッチのウィンドウで、[ファイル] → [名前を付けて保存] の順にクリックし、「m5avatar_ballon」のように名前を付けて [保存] ボタンをクリックしましょう。

　あとは、そのまま何も書き換えずに実行してみましょう。左のボタンを押すたびに、画面に表示される吹き出しの文字が変わると思います。せっかくなので、表示される内容を以下のように自由に変更してみましょう[8]。

※8　M5Stack Basicには日本語フォントがありませんので、ここで使えるのは英語のみとなります。日本語を使いたい場合は、2.4節のコラム「日本語の表示に挑戦してみる」を参考にしてみてください。

スケッチ2.8　　　　　　　　　　　　　　　　　　　m5avatar_ballon.ino

```
 1  #include <M5Stack.h>
 2  #include <Avatar.h>
 3  #include <faces/DogFace.h>
 4
 5  using namespace m5avatar;
 6  Avatar avatar;
 7  const char* lyrics[] = {"Hello,", "brave", "dog", "and",
 8                          "what a", "beautiful", "cat!"};
 9  const int lyricsSize = sizeof(lyrics) / sizeof(char*);
10  int lyricsIdx = 0;
11
12  void setup()
13  {
14    M5.begin();
15    avatar.init();
16  }
17
18  void loop()
19  {
20    M5.update();
21    if (M5.BtnA.wasPressed())
22    {
23      const char* l = lyrics[lyricsIdx++ % lyricsSize];
24      avatar.setSpeechText(l);
25      avatar.setMouthOpenRatio(0.7);
26      delay(200);
27      avatar.setMouthOpenRatio(0);
28    }
29  }
```

　今回はサンプルスケッチのうち吹き出しを表示するものを例として紹介しましたが、他にも表情を変更するものや色を変更するもの、クラウドサービスと連携してM5Stackのスピーカーからセリフを話してくれるものなどありますのでぜひ試してみてください。

2.8 GPIOを利用して M5StackでLチカする

　[1.2 M5Stackシリーズのインターフェース]でも紹介しましたが、M5Stack BasicはGPIOというインターフェースが利用できます。GPIOは「General-purpose input/output」の略で「汎用入出力」を意味し、M5Stack社以外から販売されている電子部品の多くにも搭載されています。このGPIOを利用することで、M5Stack社以外から販売されている電子部品との入出力や制御を行うことができ、M5Stackの活用の幅が大きく広がります。今回は、一定時間ごとに点滅を繰り返す動作を例に、市販品のLEDを制御する方法を紹介します。

完成図

図2.47

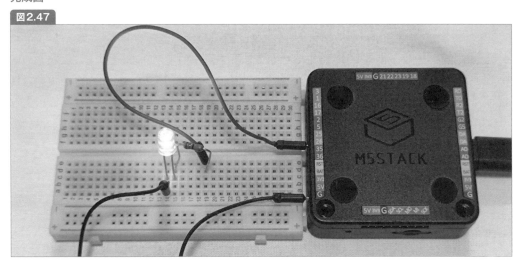

このセクションで使う部品

1. 赤色LED GL5HD43 順方向電圧2.0V 標準電流20mA[9]
2. カーボン抵抗 1/4W 68Ω[10]
3. ジャンパワイヤ（M5Stack Basic付属品）
4. ブレッドボード（市販品）

....

[9] http://akizukidenshi.com/catalog/g/gl-11034/
[10] http://akizukidenshi.com/catalog/g/gR-14290/

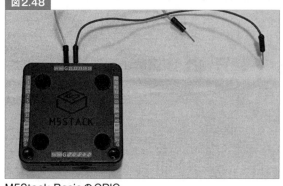

図2.48

M5Stack BasicのGPIO

　M5Stack BasicにはGPIOのピンが左右各15ポート、上下各8ポートの計46ピンあります。左右のピンと上下のピンは電気的につながっており、下図のように説明することができます。G1やG2と書かれているのはGPIOの**汎用IOポート**と呼ばれるポート番号です。これは特定の用途が決まっておらず、ソフトウェアの指示によりさまざまな機器・センサーとのやりとりに使える物です。たとえば複数のセンサーを接続したい場合は、温度センサーをG1に、湿度センサーをG2に、というように接続することができます。また、GPIOは1つのピンに複数の機能を持っている場合があり、たとえば、下図の「G35」と「G36」はそれぞれ「AD」と接続されており、これはADコンバーターとしても利用できることを意味しています。一見するとG35

とG36側のピンはADコンバーターの機能を持っていないように見えますが、どちら側に挿しても、汎用入力ポートとしても利用できますし、ADコンバーターとしても利用できるものです。これは電気的に接続されており、どちらのピンも違いがないことを示しています。

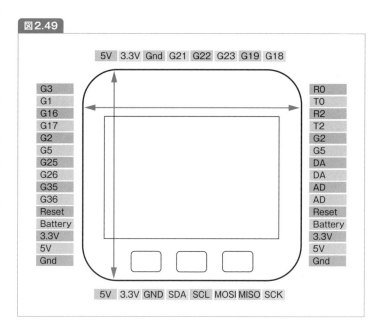

図2.49

表2.2 M5Stack本体に書かれている各ラベルの意味

3V3	3.3Vの電源を供給するピンです。小数点(.)を読み落とすことを防止するため、慣習的にこのように表記されることがあります
5V	5Vの電源を供給するピンです
Reset	リセットする際に利用するピンです
Battery	バッテリーが接続できるピンです
Gnd	GやGroundとも示され、「接地」を意味するピンです
MI/MO/SCK	SPIと呼ばれる通信方式で接続する際に利用するピンです。(MI：MISO MO：MOSIと表記されることもあります。)
SDA/SCL	I2Cと呼ばれる通信方式で接続する際に利用するピンです
DA	アナログ出力を利用する際のピンです
AD	アナログ入力を利用する際のピンです

● GPIOのデジタル入出力の仕組みと制御

　GPIOでデジタル制御を行う際、デジタル入力とデジタル出力のどちらを使って制御するかをスケッチ上で最初に選択します。デジタル入力は、ピンの状態（[HIGH]または[LOW]）をトリガとして、スケッチ上で任意の処理を行うことができます。たとえば、人感センサーが反応した際に人がいるという情報を送信したい場合は、GPIOのデジタル入力に人感センサーを接続しておき、センサーが反応した際にGPIOの電圧をトリガとしてM5Stackに任意の処理を行わせることができます。

　GPIOでデジタル入力を行う場合、何ボルトの電圧が印加されたかでピンの状態が[HIGH]か[LOW]か決定します。[HIGH]は何ボルトから何ボルトの電圧を印加すべきなのか、[LOW]は何ボルトから何ボルトなのかはマイコンごとに決まっており、推奨範囲を大きく超えたり下回らないようにします。M5Stackでは[HIGH]は3.3Vで[LOW]は0Vになるようにして制御を行います。

　反対にデジタル出力は、GPIOのデジタル出力に部品を接続しておき、特定の条件（ボタン押下時、一定時間経過時、インターネットからの情報取得時など）でオン・オフを切り替えるなどの制御を行うことができます。本節ではこちらのデジタル出力を使って実際にLEDを光らせる方法を解説します。デジタル出力は、M5Stackでは[HIGH]にした際はおおむね3.3Vが出力され、[LOW]にした場合は0Vが出力されます。

　ただし、すべてのGPIOのピンがデジタル入力にもデジタル出力にも対応しているわけではなく、ピンによって入力のみ対応しているものもあり、注意が必要です。なお、GPIOは同じ機能を持つピンが複数ある場合は基本的にどれを使ってもかまいません。使いたいGPIOのピンがデジタル入出力対応なのか、あるいはデジタル入力のみ対応しているのかは、多くの場合はメーカーが配布しているデータシートに記載されています。

M5Stackでは以下のようになっています。

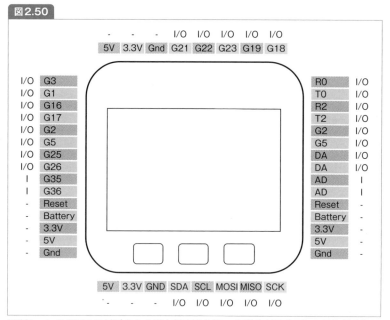

図2.50

M5StackのGPIOのデジタル入出力対応表（I/O：入出力対応 I：入力のみ対応）

● LEDの選び方と抵抗

LEDは発光ダイオードとも呼ばれ、電圧を加えた際に発光する半導体素子です。本節で紹介する小型のLEDは微量の電流で光る為、直接GPIOに接続して、制御と点灯を同時に行います。デジタル出力で［HIGH］にすることでLEDを点灯させ、［LOW］にすることで消灯させます。

図2.51

LED

LEDは足の長い方をアノード（＋極）、足の短い方をカソード（－極）と呼びます。豆電球と異なり電流を流す方向が決まっており、向きを間違えてつなぐと光りません。電源の＋極側をアノードに、電源の－極側をカソードに接続します。

今回のようにM5StackのGPIOを直接電源をとる場合、デジタル出力時、GPIOのピン番号の方からGND（グランドと読みます）側に3.3Vの電圧が印加されます。つまりM5StackのGPIOピンのうち1つを選びLEDのアノードに、M5StackのGNDをLEDのカソードへつなぎます。GNDピンは複数ありますが、内部的につながっている為どれにつないでも問題ありません。

また、M5StackのGPIOから取り出せる電流も決まっており、おおよそ20mAとなります。LEDを購入する際は、上記のようにLEDの電流とGPIOのピンから取り出せる電流の両方の条件を考慮して選ぶ必要があります。

今回は、シャープ株式会社の定番の赤色LED、GL5HD43を例に説明します。GL5HD43は標準電流20mA、順方向電圧（VF）2.0Vの赤色に発光するLEDです。接続するM5Stackもピンあたり20mAの電流は流せますので、電圧と電流の値をオームの法則の計算式に当てはめると、次のようになります。1A＝1000mAなので、20mA＝0.02Aとして計算しています。

$$(3.3 - 2.0) \div 0.02 = 65\,\Omega$$

上記の計算から、GL5HD43をM5Stackに接続する際は65Ωの抵抗があればよいことがわかりました。ただし、ピッタリ65Ωの抵抗器はあまり一般的ではありません。65Ωを超えており、入手もしやすい68Ωのカーボン抵抗を接続するのがよいでしょう。厳密性を重視するのであれば複数の抵抗を足してもよいのですが（「合成抵抗」といいます）、手間がかかってしまいます。

こうしてLEDと抵抗をM5Stackに接続すると図2.52、図2.53のようになります。今回は例としてGPIOの26番（G26）を使用して接続しています。M5Stack Basicの左側に図示しているものはブレッドボードと呼ばれる部品で、ジャンパワイヤと呼ばれる導電性のケーブルで接続することができます。ブレッドボードの穴どうしはそれぞれ縦のラインが電気的につながっており、ジャンパワイヤをブレッドボードの穴に差すだけで回路を作成できます。はんだごてを必要としないことから、プロトタイピングによく利用されます。

図2.52

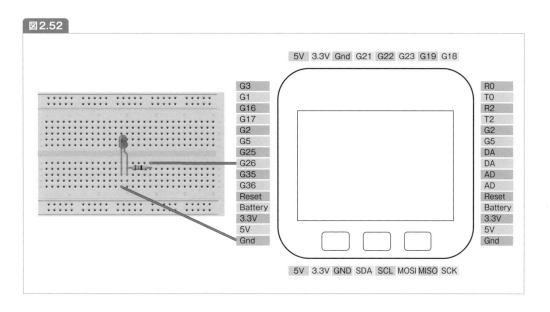

図2.53

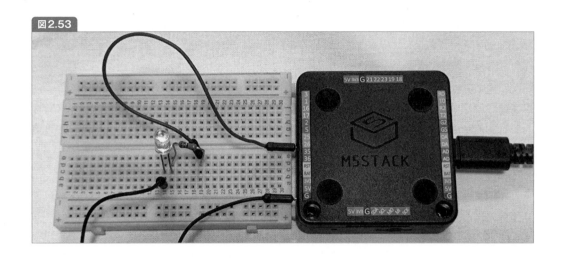

● LEDを一定時間ごとに点滅させるスケッチを作成する

次に Arduino IDE で、この LED を制御し一定時間ごとに点滅を繰り返すプログラムを作成します。[ファイル] → [新規ファイル] で新規スケッチの作成画面を開いたら、以下のようにプログラムを記載していきましょう。

スケッチ2.9　　　　　　　　　　　　　　　　　　　　　　　　　　　　　　　　　　　　m5gpio.ino

```
1  //ledという名前の変数を宣言し、今回使用するピン番号である26を代入します。
2  int led = 26;
3
4  void setup() {
5    //指定したGPIOピンを出力用として設定します。
6    pinMode(led, OUTPUT); ←❶
7  }
8
9  void loop() {
10   //指定したピンをHIGHにします
11   digitalWrite(led, HIGH); ←❷
12   //1000ミリ秒（1秒）何もせずに待機します
13   delay(1000); ←❸
14   //指定したピンをLOWにします
15   digitalWrite(led, LOW);
16   //1000ミリ秒（1秒）何もせずに待機します
17   delay(1000);
18  }
```

▶ **スケッチの解説**

❶ pinMode(led, OUTPUT)

GPIOを入力モードにするか出力モードにするかを設定する関数です。1つ目の引数に
GPIOの番号を指定し、2つ目の引数にINPUT（入力モード）かOUTPUT（出力モード）かを
指定します。

❷ digitalWrite(led, HIGH)

指定したピンを[HIGH]にしたり[LOW]にする関数です。1つ目の引数にGPIOの番号を
指定し、2つ目の引数にHIGHかLOWを指定します。

❸ delay(1000)

指定した時間、何も処理を行わずに待機する関数です。引数はミリ秒で指定します。1秒
=1000ミリ秒なので、1秒間処理を止めたい場合は引数に「1000」を入れます。

　作成できたら、[書き込み]ボタンをクリックして書き込みします。新規作成の場合はスケッ
チの保存先を指定することになりますので、[ファイル] → [名前を付けて保存]の順にクリックし、
「m5gpio」などの名前を付けて[保存]ボタンをクリックしましょう。書き込みが終わったら、
M5StackにLEDを接続し、1秒ごとに点灯→消灯を繰り返すことを確認してください。delay
関数の引数を自由に変更してもう一度書き込みを実行してみましょう。LEDの点滅間隔が変わ
ることがわかると思います。

2.9　Grove を利用して Unit センサーで情報を取得する

● M5Stack と Grove

　M5Stack Basic には Grove と呼ばれる規格に対応した拡張ポートが搭載されています。Grove は Seeed 社が開発した規格で、ケーブル 1 本で簡単にマイコンと Grove 対応製品を接続することができます。[2.8 GPIO を利用して M5Stack で L チカする] で紹介したように、M5Stack の GPIO はあらかじめピンが出ておりジャンパワイヤを接続することができるため、市販されている多くのマイコンと比べると比較的使い易くなっているものの、やはりどの部品をどこの GPIO ポートに挿して良いかなどの判断には、知識や慣れが必要な点は否めません。その点 Grove は、ケーブルは 1 種類のみなので迷うことがない上、接続機器が Grove 規格に対応しているか対応していないかのみ確認すれば良い点が魅力です。

　Grove 対応製品は大きく分けて、M5Stack 社が公式に開発・販売している Grove 規格対応のモジュール「Unit」と、Seeed 社などが販売している製品があります。どちらも M5Stack Basic で利用することが可能ですが、M5Stack での実績があり確実に動作する点、M5Stack と接続するためのドキュメントが充実している点から、初心者であればまずは前者をおすすめします。

　Unit は、接続する機器のタイプによってポート A、ポート B、ポート C と 3 タイプあります。いずれもケーブルや見た目はまったく同じなため、購入前によく確認する必要があります。M5Stack 社から発売されている Unit 製品は、製品パッケージにポート A〜ポート C のどれなのかが記載されています。　M5Stack Basic は標準でポート A の Grove が搭載されています。M5Stack Basic でポート B またはポート C の Unit が使用したい場合は変換用の Module で接続する必要があります。[5.2 主な Module/Hat の例] でポート B やポート C が利用できる Module を紹介していますので参考にしてください。ここでは、センサーから対象物までの距離を最大 2 メートルまで非接触で測ることができる「ToF 測距センサユニット」を利用して、測定結果を画面に表示する方法を紹介します。

● Unit（Grove互換）センサーで距離を取得するスケッチを作成する

このセクションで使う部品

1. M5Stack 用 ToF 測距センサユニット[*11]

完成図

図2.54

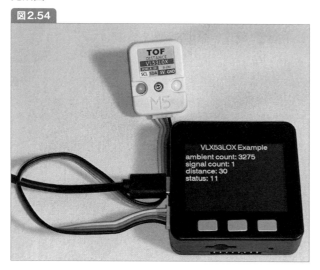

　Unit（Grove互換）センサーから距離を取得するプログラムですが、今回は Arduino IDE に入っているサンプルスケッチをそのまま使用し、Unit を使う上で重要な関数のみ紹介します。Arduino IDE で、［ファイル］→［スケッチ例］→［M5StickC］→［Unit］→［ToF_VL53L0X］の順に開いてください。このように、Unit 以下に製品ごとのサンプルスケッチがあり、ほかの製品を購入した場合も同様にここからサンプルスケッチを利用することができます。新製品などの場合でサンプルスケッチがない場合もありますのでそのような場合はインターネット上で情報を探してみましょう。

▶ スケッチの解説

❶ Wire.begin()

　Wire ライブラリを初期化し、I2C バスに接続する関数です。

❷ Wire.beginTransmission(address)

＊11 https://www.switch-science.com/catalog/5219/

I2C での送信処理を開始します。

❸ Wire.write(data)

データをキューへ書き込みます。この関数は beginTransmission と endTransmission の間
で実行してください。

❹ Wire.endTransmission()

I2C での送信を実行します。

　書き込みが終わったら、周りのいろいろなものに ToF センサーモジュールを向けて、液晶に
表示される距離が変わることを確認してください。応用として、距離に応じて音を鳴らしてみ
たり、LED を光らせて見るのも面白いでしょう。

2.10 SDカードのデータを読み書きする

M5Stack BasicにはmicroSDカードスロットが搭載されており、ソフトウェアから自由に読み書きすることができます。M5Stack本体には16MBのFlashROMが搭載されていますが、これは大容量の画像ファイル、写真ファイル、音声ファイル、フォントファイルを保存するには十分とは言えません。microSDカードを利用することでこれら大容量ファイルを保存しておき、自由に読み書きするようプログラムすることができます。

今回は、JPEG形式の画像ファイルをあらかじめmicroSDカードに入れておき、それを順番に表示していく簡易画像ビューアの作り方を紹介します。

完成図

図2.55

このセクションで使う部品

1. microSDHCカード

   メーカーや型番は不問です。容量が2GB〜16GBのものを利用してください。あまり容量が大きいと動作が不安定になることがあります。

図2.56

● microSDカードに画像を保存する

　microSDカードのルートに「m5jpg」というフォルダを作成し、好きなjpgファイルを10枚保存してください。その際、画像の一部分しか表示されないなどの問題が発生しないように、M5Stackの画面の大きさ（解像度）を考慮して画像を準備する必要があります。M5Stack Basicの液晶の解像度は240×320ですので、あらかじめこの解像度に合わせ、画像を縮小しておきます。IrfanView[12]などの画像編集ソフトウェアを利用すると一括で縮小することができます。

● microSDカードに保存した画像を表示するスケッチを作成する

　次にArduino IDEで、microSDカードに保存した画像を表示するプログラムを作成します。［ファイル］→［新規ファイル］で新規スケッチの作成画面を開いたら、以下のようにプログラムを記載していきましょう。

　このスケッチの大まかな処理の流れとしては以下のとおりです。

1. M5Stackの起動と同時に、SDカードの指定したフォルダ（/m5jpg）以下からjpgファイルを探します。見つけたら、ファイルパスを一時リストに格納します。

2. 処理1.でjpgファイルの総数が判明しますので、配列を作成して順次格納していきます。

3. M5Stackのボタンが操作されたタイミングで右ボタン（配列の一つ先の要素）、左ボタン（一つ前の要素）、中央ボタン（0番目の要素）からファイルパスを取り出し、M5.Lcd.drawJpgFile()によって描画します。

スケッチ2.10　　　　　　　　　　　　　　　　　　　　　　　　　　　m5sdphoto.ino

```
1   #include <M5Stack.h>
2
3   //SDカードの中の以下で指定したフォルダ配下を読み込みます
4   String sdroot = "/m5jpg/m5jpg";
5   char** nameList; //ファイル名を記憶しておくリスト変数
6   int numList = 0; //リスト内に含まれるファイル数
7   int num = 0;
8
9   void setup() {
10    M5.begin();
11    Serial.println("初期化完了");
12
13    //SDカードをオープンします
```

* 12 https://forest.watch.impress.co.jp/library/software/irfanview/

```
14    File root = SD.open(sdroot); ←❶
15    String listTemp = "";
16    //ファイルが見つからなくなるまで繰り返します
17    while(true){
18      //次のファイルを取得します
19      File entry = root.openNextFile(); ←❷
20      if(!entry){
21        break; //これ以上ファイルがない場合
22      }
23
24      if(!entry.isDirectory()){ //ディレクトリ名ではない場合
25        String fileName = entry.name(); ←❸
26        //ファイル名から拡張子を抽出します
27        String ext = fileName.substring(fileName.lastIndexOf('.')); ←❹ ←❺
28        //拡張子が画像（jpgまたはJPEG）の場合
29        if(ext.equalsIgnoreCase(".jpg") || ext.equalsIgnoreCase(".JPEG")){
30          //ファイル名を一時変数に入れます（カンマ区切り）
31          listTemp += String(fileName);
32          listTemp += ",";
33        }
34      }
35    }
36
37    //作成した一時リストを処理して画像ファイルリストを作成します
38    if(listTemp.length() > 0){ //ファイルが1つ以上ある場合
39      //画像の数を数えます
40      for(int i=0; i<listTemp.length(); i++){
41        i = listTemp.indexOf(',', i); //カンマの位置を探します
42        numList++;
43      }
44
45      //二次元配列を新規作成します
46      nameList = new char*[numList];
47      //一時リストの中にある画像ファイル名を順番に配列に保存します
48      for (int i=0; i<numList; i++){
49      //カンマの位置を探し、その位置までをファイル名とします
50        int index = listTemp.indexOf(',');
51        String temp = String(listTemp.substring(0, index));
52        nameList[i] = new char[temp.length() + 1]; //配列[i]をファイル名の長さで初期化します
53        temp.toCharArray(nameList[i], temp.length() + 1); ←❻
54        Serial.println(nameList[i]);
55
56        //一時リストから読み込み済みのデータを削除します
57        listTemp.remove(0, index + 1);
58      }
59    }
60    else {
```

```
61      //ファイルが見つからなければ終了
62      Serial.println("Jpgファイルが見つかりませんでした");
63    }
64    showjpgSD(); ←❼
65  }
66
67  void loop() {
68    //ボタンの状態を反映します。
69    M5.update();
70    if (M5.BtnA.wasReleased()) {
71      num--;
72      Serial.println(num);
73      showjpgSD();
74    } else if (M5.BtnB.wasReleased()) {
75      num = 0;
76      Serial.println(num);
77      showjpgSD();
78    } else if (M5.BtnC.wasReleased()) {
79      num++;
80      Serial.println(num);
81      showjpgSD();
82    }
83  }
84
85  void showjpgSD(){
86    if (num >= numList || num < 0) {
87      num = 0;
88    }
89    //液晶に画像を表示します
90    M5.Lcd.clear();
91    int x = 0;
92    int y = 0;
93    int width = 0;
94    int height = 0;
95    int offset_x = 0;
96    int offset_y = 0;
97    jpeg_div_t scale = JPEG_DIV_NONE;
98    M5.Lcd.drawJpgFile(SD, nameList[num], ←❽
99                       x, y, width, height,
100                       offset_x, offset_y,
101                       scale);
102 }
```

▶ **スケッチの解説**

❶ **SD.open(sdroot)**

SDカードをオープンしてファイルオブジェクトを返却します。引数で指定したフォルダ以下、またはファイルを対象とします。

❷ **ファイルオブジェクト.openNextFile()**

SDカード内の次のファイルオブジェクトを返却します。フォルダも対象となります。

❸ **ファイルオブジェクト.name()**

オープンしたファイルのファイル名を取得するための関数です。

❹ **文字列.lastIndexOf('.')**

文字列から引数文字「.」(ドット) が最後に出現した位置を番号で返却する関数です。見つからなかった場合は-1となります。

❺ **文字列.substring(from, to)**

文字列の一部を返却します。toは省略可能で、fromだけが指定されているときは、from+1文字目から末尾までの文字列を返します。toも指定されているときは、末尾ではなくtoまでを返します。今回のサンプルスケッチの場合、ファイル名 (fileName) から一番最後に登場する「.」(ドット) を探しそれより末尾までをsubstring関数で取得することで、結果的に拡張子を取得できます。

例:photo01.aaa.jpgの場合、jpgが取得できる。

❻ **temp.toCharArray(nameList[i], temp.length() ＋ 1)**

作成したファイル名をchar配列に変換して代入する関数です。1つ目の引数に代入先の配列を、2つ目の引数に文字の長さを指定します。ヌル終端文字列 (文字の終わりである目印) のために+1します。

❼ **showjpgSD()**

液晶に画像を表示するために用意したユーザー定義関数です。液晶をクリアした後に描画します。

❸ **M5.Lcd.drawJpgFile(SD, nameList[num], x, y, width, height, offset_x, offset_y, scale)**
実際に液晶に画像を表示する関数です。

　作成できたら、[書き込み] ボタンをクリックして書き込みします。書き込みが終わったら、microSD カードが挿入された状態で、一度本体の電源をオフ→オンし、M5Stack の右のボタンを押してみてください。画像が切り替わることが確認できると思います。同様に左のボタンを押すことで1つ前の画像を表示することができます。

第 **3** 章

M5StickCを
使ってみる

入 門 編

本章ではM5StickCの基本仕様、また基本仕様を活用した具
体例を解説します。できるだけ様々な基本機能に触れられる
ような構成にしています。

3.1　M5StickCの構成

● M5StickCとは?

図3.1

M5StickC[*1]

M5StickCはM5Stack Basicと並んでM5Stackシリーズの主力製品の1つです。M5Stack Basic/M5Stack Grayモデルに比べ、小型化されていながら、フルカラー液晶や加速度センサー、押しボタン、Groveポートなども搭載されており、自由度の高い開発が可能です。M5Stack BasicにないM5StickC独自の機能としては、IR(赤外線)、マイク、RTCが挙げられます。また、M5StickCには6軸IMU(3軸加速度+3軸角速度)が内蔵されており、加速度や姿勢角度を取得することができます。

　M5StickC Plusは、基本機能はM5StickCと同じですが、M5StickCと比較して液晶のサイズが1.14インチ(解像度は135x240)と18.7%大きくなっています。また、バッテリー容量は120mAhに性能が向上しており、ブザーも追加されています。

[*1]　https://www.switch-science.com/catalog/6350/

図3.2

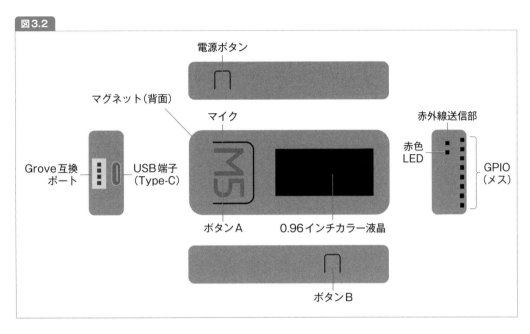

表3.1 M5StickCの基本仕様

CPU	ESP32-PICOベース 240MHz dual core, 600 DMIPS
FlashROM	4MB
SRAM	520KB
Wi-Fi	IEEE802.11b/g対応
Bluetooth	対応
電源入力	5 V-5.5 V / 500 mA(USB Type-C経由)
スピーカー	なし
LCD	80×160 カラーTFT LCD
6軸IMU	内蔵(MU6886)
内蔵電池	3.7 V / 95 mAh(2020/03より前のロットは80mAh)
動作温度	0℃～40℃
寸法	48.2×25.5×13.7 mm
重量	15.1 g
その他	マイク 赤色LED 汎用ボタン×2 SPI×1 GROVE(I2C+I/O+UART)×1 UART×2 I2S(SCLK、WS、MCLK、IN、OUT)×1 ※microSDスロット無し

3.2 Arduino IDEの環境設定

　M5StickCも、M5Stack Basicと同様に購入してすぐに開発を始めることができますが、最初のみPC側に開発環境の準備（セットアップ）が必要です。次節以降を読み進める前に、USBシリアルドライバがインストールされており、正常に動作していることを確認してください（[1.4 M5Stackを始める前に]）。必要なUSBシリアルドライバはM5Stack Basic用と同じものですので、M5Stack Basicのためにインストールしているのであれば、改めてインストールする必要はありません。以下は、USBシリアルドライバが正常にインストールされている前提で解説します。

● M5StickCのボード定義のインストール

　[2.2 Arduino IDEを動かすための初期設定]と同様の手順でボード定義のインストールを行ってください。M5Stack Basicのためにボード定義のインストールを行っている場合はこの手順は不要となります。

　M5StickCにスケッチを書き込む際は、Arudino IDEで［ツール］→［ボード］を開き、「M5Stick-C」を指定してください。M5StickC向けのスケッチを書き込む時には、この操作を忘れないようにしましょう。

● M5StickC用ライブラリのインストール

　続いてライブラリのインストールです。M5StickCのライブラリには液晶描画、ボタン制御など便利な機能が多く含まれています。［スケッチ］→［ライブラリをインクルード］→［ライブラリを管理］の順番でクリックします（図3.3）。

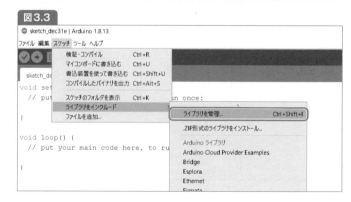

図3.3

ライブラリマネージャが表示されますので、図3.4のように検索ウィンドウに「m5Stick」と入力してください。複数の検索結果が表示されますが、「M5StickC by M5stickC」を探し、インストールボタンをクリックすればOKです。

図3.4

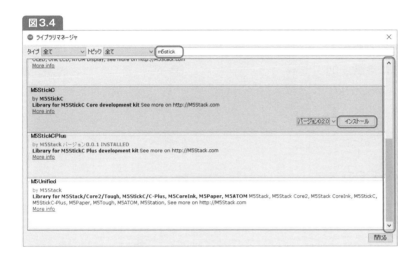

本書では執筆時点の最新バージョンである0.2.0を前提に説明します。ここまでの手順が問題なく終わったら、M5StickCとPCを接続していない場合は接続してください。シリアルポートは正しいもの[*2]を選択してください。

図3.5

これで初期設定はすべて終わりです。この環境を使ってプログラムを書いて、M5StickCで実行する準備が整いました。

....

*2　シリアルポートの確認方法については、［1.4 M5Stack開発を始める前に］で詳しく解説しています。

● サンプルプログラムの実行

最初に、M5StickCに「Dices」というサンプルソフトウェアを書き込んでみましょう。Arduino IDEでは、ライブラリにスケッチ例を同梱している場合があり、開発時に参照したり流用したりできます。M5StickCはスケッチ例が非常に充実しています。

M5StickCのスケッチ例の1つである Dices へは、Arduino IDE のメニューバーを［ファイル］→［スケッチ例］→［M5Stack］→［Stick］→［Dices］とクリックすることでアクセスできます（図3.6）。

図3.6

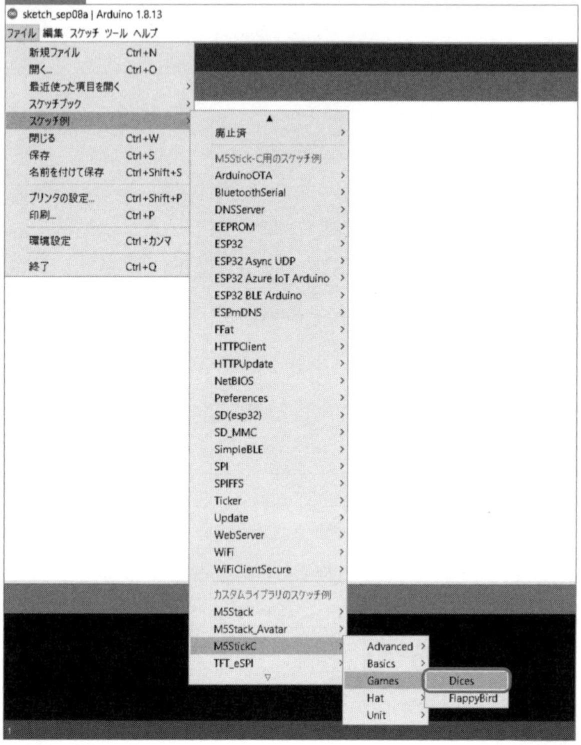

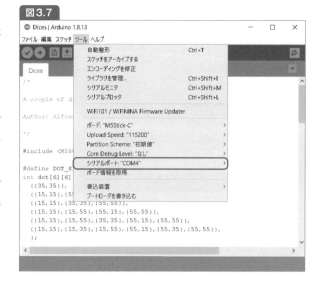

すると新しくArduino IDEのウィンドウが開き、スケッチ例が表示されたかと思います。さっそくM5StickCに書き込みをしてみましょう。書き込みをする前に、M5StickCをUSBでPCとつなぎ、Arduino IDEでシリアルポートが認識されていることを確認してください（図3.7）。認識されない場合は、［1.4 M5Stack開発を始める前に］を確認してください。

図3.7

準備ができたらいよいよ［マイコンボードに書き込む］ボタンをクリックします（**図3.8**）。

図3.8

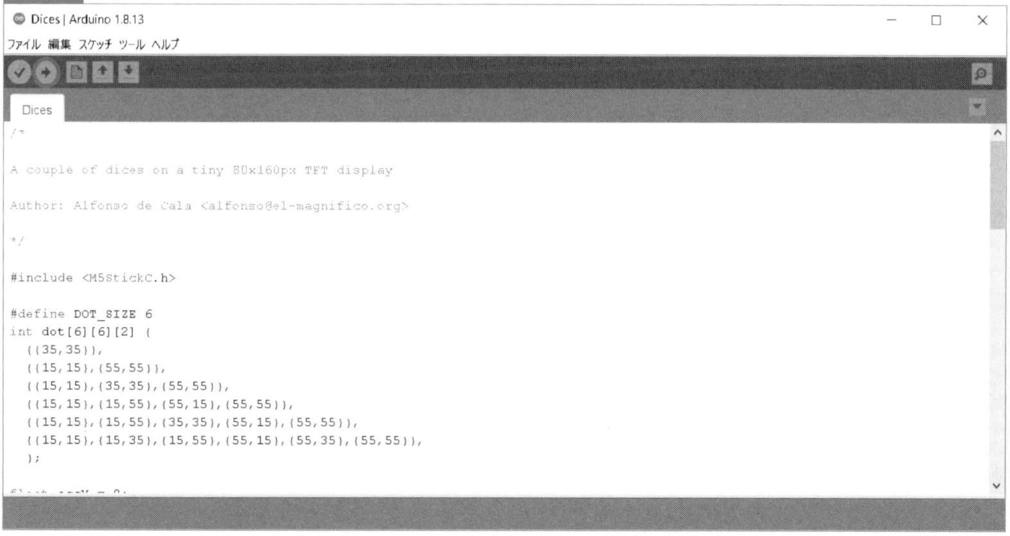

完成図

図3.9

Dices実行画面1

図3.10

Dices実行画面2

　ここまでできればM5StickCで開発するためのArduino IDEの環境設定はすべて完了です。DicesはM5StickC本体を振ることで液晶画面のサイコロの目が変わる簡単なソフトウェアで、M5StickCに搭載されている加速度センサーを活用した一例となります[3]。このような、M5StickCに搭載されている各種センサーや周辺機能などを用いた基本的な例を以降の節で解説していきます。

＊3　加速度センサーを活用した具体的な例は［3.8 M5StickCの加速度/角速度センサーの情報を取得する］でも解説しています。

3.3　画面に文字を表示する

　画面に任意の文字を表示するプログラムを作成します。92ページで解説したように、カラーディスプレイを備え付けているのがM5StickCの特徴です。さまざまな用途において、このカラーディスプレイに情報を表示します。本節では、カラーディスプレイの利用の簡単な例として、画面（LCD）に英語や数字を表示する方法、および文字色、背景色、文字サイズの変更の仕方を紹介します。

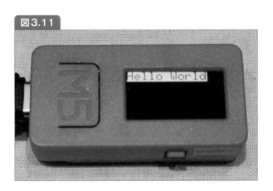

図3.11

● Hello, Worldのスケッチを作成する

　[ファイル] → [新規ファイル] で新規スケッチの作成画面を開いたら、以下のようにプログラムを記載していきましょう。

スケッチ3.1　　　　　　　　　　　　　　　　　　　　　　　　　　　　　　　　　　m5chello.ino

```
 1  #include <M5Stack.h>
 2
 3  void setup() {
 4    //M5Stackを初期化します
 5    M5.begin();
 6    //M5StickCの液晶の画面の向きを指定します（0:0度 1:270度 2:180度 3:90度）
 7    M5.Lcd.setRotation(3); ←❶
 8    //M5Stackに表示する文字色、背景色を指定します
 9    M5.Lcd.setTextColor(DARKGREEN, LIGHTGREY);
10    //M5Stackに表示する文字の大きさを指定します
11    M5.Lcd.setTextSize(2);
12    //M5Stackに文字を表示します。
13    M5.Lcd.println("Hello, World");
14  }
15
16  void loop() {
17  }
```

▶ スケッチの解説

❶ M5.Lcd.setRotation(0)

M5StickCの液晶の画面の向きを指定します。M5StickCの「M5ボタン」を上にした時を
0度としたとき、以下のように画面の向きを指定することができます。この関数を呼び出し
た後で文字を表示する関数を呼び出すと、指定した通りの向きに表示されます。ちなみに
M5Stack Basicでもこの関数を利用することはできますが、縦長液晶であるM5StickCで
利用するケースが多いと思います。

　　0：0度
　　1：270度
　　2：180度
　　3：90度

作成できたら、[書き込み]ボタンをクリックします。新規作成の場合はスケッチの保存先を
指定することになりますので、[ファイル]→[名前を付けて保存]の順にクリックし、「m5chello」
などとし、[保存]ボタンをクリックしましょう。

書き込みが終わったら、M5StickCの画面に[Hello, World]の文字が表示されたことが確認
できると思います。文字や文字色、背景色、文字サイズ、画面の向きを自由に変更してもう一
度書き込みを実行してみましょう。

● M5Stack Basicとの関数（API）の互換性について

M5Stack BasicとM5StickCの関数（API）については、共通で利用できるものも多いですが、
利用できずコンパイルエラーになるものもあります。本書では、[2章 M5Stack Basicを使っ
てみる]のスケッチの解説で解説済みのもので、特筆すべき差異がない場合は以降説明を省略
します。M5Stack Basicと比較してどのように対応しているかについて、代表的なものを付
録の[製品ごとの関数（API）対応表]にまとめましたの参考にしてください。

Column ┃ 日本語の表示に挑戦してみる

　本節の冒頭で紹介したとおり、日本語の表示にはフォントファイルが必要となります。2章の
コラムではmicroSDカードを利用して日本語を表示する方法を紹介しましたが、M5StickCには
microSDカードスロットがありません。そこで本コラムでは、「efonts」というライブラリを利用
して日本語を表示する方法を紹介します。この方法は、コンパイル時にフォントデータをいったん
FlashROMに書き込み、フォントを使用する際にSRAMに展開する仕組みになっています。

　2章で紹介した方法と比較した場合のデメリットとしては、フォントの種類（見た目）が変更でき
ない点です。それでも、microSDが必要ないというメリットはやはり大きいので、M5StickCで日
本語表示を行いたい場合はこの方法を試してみてください。

　ライブラリはArudino IDEのライブラリマネージャからインストールできます。ライブラリマネー
ジャから「efont Unicode Font Data」をインストールします（図3.13）。

図3.12

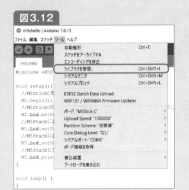

図3.13

　サンプルスケッチが付属してい
るので、スケッチ例から開きます
（図3.14）。

図3.14

あとは、本節で解説した手順と同様に書き込みを行うことで、日本語フォントを表示することができます。

スケッチ3.2   m5chello_jp.ino

```
 1  #include <M5StickC.h>
 2  //日本語フォントの読み込み
 3  #include "efontEnableAll.h"
 4  #include "efont.h"
 5  #include "efontM5StickC.h"
 6
 7  void setup() {
 8    M5.begin();
 9    M5.Lcd.setRotation(3);
10    M5.Lcd.setCursor(0, 0);
11
12    //画面に文字を表示します。
13    printEfont("Hello", 0, 16*0);
14    printEfont("こんにちは", 0, 16*1);
15    printEfont("你好", 0, 16*2);
16  }
17
18  void loop() {
19  }
```

完成図

図3.15

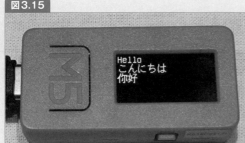

3.4　LEDライトを光らせる

　M5StickC には標準で赤色の LED ライトが搭載されており、ボタンを押したタイミングで光らせたり、処理が完了したら光らせるなど任意のタイミングで光らせることができます。LED は、たとえば何か処理が終わったときの通知に利用したり、ユーザーに操作を促すなどの場面で活用することができます。本節では、M5StickC の LED ライトを光らせる方法について紹介します。

完成図

図3.16

● LEDライトを光らせるスケッチを作成する

　M5StickC に搭載されている赤色 LED は GPIO と呼ばれる機能を使って光らせることができます。GPIO はスケッチにてピン番号を用いて制御しますが、M5StickC の赤色 LED を制御するためのピン番号は10で、これは購入時から決まっています。ピン番号については M5StickC 本体の背面ラベルにも「LED G10」のように記載がありますので確認してみてください。GPIO の詳しい使い方については [3.7 GPIO や Grove で機能拡張する] でも解説していますので合わせて参考にしてください。

　Arduino IDE のメニューを [ファイル] → [新規ファイル] とクリックし、新規スケッチの作成画面を開いたら、以下のようにプログラムを記載していきましょう。

スケッチ3.3　　　　　　　　　　　　　　　　　　　　　　　　　　　　　　　　m5cled.ino

```
 1  //ledという名前の定数を宣言し、今回使用するピン番号である10を代入します。
 2  #define led 10
 3
 4  void setup(){
 5    //指定したGPIOピンを出力用として設定します。
 6    pinMode(led, OUTPUT);
 7  }
 8
 9  void loop(){
10    //指定したピンをLOWにします
11    digitalWrite(led, 0);
12    //1000ミリ秒（1秒）何もせずに待機します
13    delay(1000);
14    //指定したピンをHIGHにします
15    digitalWrite(led, 1);
16    //1000ミリ秒（1秒）何もせずに待機します
17    delay(1000);
18  }
```

　作成できたら、[書き込み] ボタンをクリックします。新規作成の場合はスケッチの保存先を指定することになりますので、[ファイル] → [名前を付けて保存] の順にクリックし、「m5cled」などとし、[保存] ボタンをクリックしましょう。

　書き込みが終わったら、内蔵の赤色LEDが1秒ごとに点灯→消灯を繰り返すことを確認してください。delay関数の引数を自由に変更してもう一度書き込みを実行してみましょう。赤色LEDの点滅間隔が変わることがわかると思います。

3.5 ボタンを押して 画面の色を変える

　M5StickCにはプログラムによって制御可能な2つのボタンがついています。ボタンの活用例としては、1画面で表示しきれない場合にボタンで切り替えたり、ストップウォッチのリセットボタンのように状態を初期化するボタンを作ったり、ボタンを押したタイミングでインターネットから情報を取得するなどが考えられます。本節ではこのボタンを使って、押したボタンによって画面の色を変えるプログラムの作り方を紹介します。M5StickCのボタンは以下のように定義されています。

図3.17

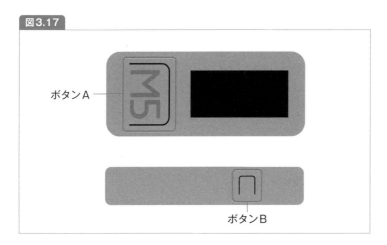

完成図

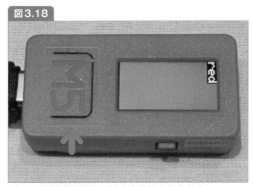

ボタンA（本体正面のボタン）が押されたとき

ボタンB（本体右側面のボタン）が押されたとき

● ボタンを押して画面の色を変更するスケッチを作成する

［ファイル］→［新規ファイル］で新規スケッチの作成画面を開いたら、以下のようにプログラムを記載していきましょう。

スケッチ3.4　　　　　　　　　　　　　　　　　　　　　　　　　　　　　　m5cbutton.ino

```
1  #include <M5StickC.h>
2
3  void setup() {
4    M5.begin();
5  }
6
7  void loop() {
8    //ボタン操作の状況を読み込みます
9    M5.update();
10   //カーソル位置をx:0 y:0に移動します。
11   M5.Lcd.setCursor(0, 0);
12   //文字サイズを変更します
13   M5.Lcd.setTextSize(2);
14
15   //ボタンA (本体正面のボタン) が押されたとき
16   if (M5.BtnA.wasReleased()) {
17     //液晶を赤色にします
18     M5.Lcd.fillScreen(RED);
19     //液晶に"red"という文字を表示します
20     M5.Lcd.print("red");
21   //ボタンB (本体右側面) が押されたとき
22   } else if (M5.BtnB.wasReleased()) {
23     //液晶を緑色にします
24     M5.Lcd.fillScreen(GREEN);
25     //"green"という文字を表示します
26     M5.Lcd.print("green");
27   //ボタンB (本体右側面) が長押し (700ミリ秒) されたとき
28   } else if (M5.BtnB.wasReleasefor(700)) {
29     //液晶を黒色にします
30     M5.Lcd.fillScreen(BLACK);
31   }
32 }
```

　作成できたら、［書き込み］ボタンをクリックします。書き込みが終わったら、M5StickC のボタンを左から順番に押してみましょう。押したボタンによって画面の色と文字が切り替わるのを確認できると思います。応用例として、表示する内容を切り替えたり（例：ボタンAで温度、ボタンBで湿度）、自分だけのオリジナルメニューを作ってみても面白いでしょう。

3.6 ライブラリを利用して画面に顔を表示する

　M5StickC ではメーカーが提供しているライブラリだけでなく、第三者が作成したプログラムを流用して、さらに自分好みにプログラミング（アレンジ）することができます。2 章ではArduino IDE のライブラリマネージャーに登録されている「M5Stack-Avatar」というライブラリを利用する方法を紹介しましたが、このライブラリは M5StickC には対応していません。そこで今回は GitHub と呼ばれる数多くのソースコードが登録されているサイトから「ESP32_Faces」というライブラリをダウンロードしてインストールし、M5StickC の画面に顔を表示する方法を紹介します。

完成図

図3.20

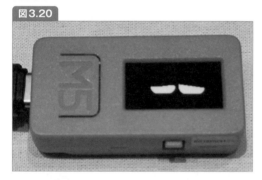

● 顔を表示する「ESP32_Faces」ライブラリのインストール

　まずはライブラリのインストールです。「ESP32_Faces」はライブラリマネージャーに対応していないライブラリなので、Web ブラウザからダウンロードしてくる必要があります。Web ブラウザから以下の URL にアクセスし、ライブラリをダウンロードしてください（**図3.21**）。ダウンロードした zip ファイルは**解凍しないでください**。

https://github.com/luisllamasbinaburo/ESP32_Faces

図3.21

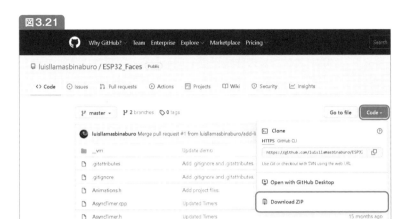

Arduino IDEのメニューを[スケッチ]→[ライブラリをインクルード]→[ZIP形式のライブラリをインストール]の順番でクリックします(**図3.22**)。

図3.22

ウィンドウが表示されますので、先ほどダウンロードしたzipファイルを選択して開くと、自動的にインストールが行われます。このライブラリはESP32向けのライブラリとなりますので、ESP32をベースに開発された他のM5Stackシリーズ製品でも使用可能です。他にもESP32に対応したライブラリはたくさんありますし、ここで紹介したのと同じ方法でインストールできます。いろいろ探してみても面白いのではないでしょうか。

● 顔を表示するスケッチを作成する

　［ファイル］→［新規ファイル］で新規スケッチの作成画面を開いたら、以下のようにプログラムを記載していきましょう。

スケッチ3.5　　　　　　　　　　　　　　　　　　　　　　　　　　　　　　　　　　m5cfaces.ino

```
 1  #include <M5StickC.h>
 2  #include "Face.h"
 3
 4  #define WIDTH 80
 5  #define HEIGHT 168
 6  #define EYE 40
 7
 8  //ESP32-Facesを使用する準備をします
 9  TFT_eSprite Buffer = TFT_eSprite(&M5.Lcd);
10  Face face(Buffer, HEIGHT, WIDTH, EYE);
11
12  void setup (void) {
13    //M5StickCを初期化します
14    M5.begin();
15
16    //色ビット数を指定します。
17    Buffer.setColorDepth(8); ←❶
18    //スプライトを作成します
19    Buffer.createSprite(WIDTH, HEIGHT); ←❷
20    //M5StickCのIMU（6軸センサー）を初期化します
21    M5.IMU.Init();
22  }
23
24  void loop() {
25    float accX = 0;
26    float accY = 0;
27    float accZ = 0;
28    M5.IMU.getAccelData(&accX, &accY, &accZ); ←❸
29
30    //M5StickC本体の傾きによって表情を変更します
31    if (accZ > 0.8 || accZ < -0.8) {
32      face.Behavior.Clear(); ←❹
33      //悲しい
34      face.Behavior.SetEmotion(eEmotions::Sad, 1.0); ←❺
35    } else if (accY > 0.8) {
36      face.Behavior.Clear();
37      //怒り
38      face.Behavior.SetEmotion(eEmotions::Angry, 1.0); ←❺
39    } else if (accY < -0.8) {
```

```
40     face.Behavior.Clear();
41     //激怒
42     face.Behavior.SetEmotion(eEmotions::Furious, 1.0); ←⑤
43   } else {
44     face.Behavior.Clear();
45     //通常
46     face.Behavior.SetEmotion(eEmotions::Normal, 2.0); ←⑤
47     //ハッピー
48     face.Behavior.SetEmotion(eEmotions::Happy, 1.0); ←⑤
49   }
50
51   //表情を更新します
52   face.Update(); ←⑤
53 }
```

▶ スケッチの解説

ライブラリを使用するときはライブラリの仕様に沿ってスケッチを作成する必要があります。

❶ Buffer.setColorDepth(8)

色ビット数を選択します。引数の数字によって、1＝白黒、8＝8ビットカラー、16＝16ビットカラーとなります。なお、「Buffer」という名称は本スケッチで利用している変数名で、実態はライブラリで定義されているTFT_eSpriteという構造体となります。

❷ Buffer.createSprite(WIDTH, HEIGHT)

スプライトを作成する関数です。第1引数に横幅、第2引数に縦幅を指定します。

❸ M5.IMU.getAccelData(&accX, &accY, &accZ)

M5Stackの加速度センサーの情報を取得します。第1引数に加速度X、第2引数に加速度Y、第3引数に加速度Zの情報が入ります。加速度のセンサーデータはfloat（浮動小数点型）で取得されるため、直前でfloat型で変数を宣言して初期化しています。加速度センサーの利用方法については[3.8 M5StickCの加速度/角速度センサーの情報を取得する]で詳しく解説しています。

❹ face.Behavior.Clear()

表示されている表情をクリアします。

❺ face.Behavior.SetEmotion(eEmotions::Normal, 1.0)

表情を設定します。一例として以下の表情が設定できます。

- Normal：通常
- Angry：怒り
- Happy：幸せ
- Sad：悲しい
- Worried：心配
- Sleepy：眠い

❻ face.Update()

　表情を更新します。この関数をloop内で呼ばないと顔が表示されません。

　作成できたら、［書き込み］ボタンをクリックします。新規作成の場合はスケッチの保存先を指定することになりますので、［ファイル］→［名前を付けて保存］の順にクリックし、「m5cfaces」などの名前を入れて［保存］ボタンをクリックしましょう。

　書き込みが終わったら、M5StickCの画面にキャラクター風の顔が表示されたことが確認できると思います。このライブラリでは、顔の表情も変更できるので、本ライブラリを利用した応用例として、加速度センサーの代わりに温度センサーの値によって表情を変えたり、インターネットの情報（たとえば天気）によって表情を変えてみるのも面白いでしょう。

3.7 GPIOやGroveで機能拡張する

>>>

本節では、GPIOやGrove（Unit）にLEDや、Unit製品のToF測距センサーと呼ばれる距離を測定するセンサーを接続してM5StickCから制御する方法について紹介します。

● GPIOでLEDを一定時間ごとに点滅させる

［1.2 M5Stackシリーズのインターフェース］でも紹介しましたが、M5StickCはM5Stack Basicと同様にGPIOというインターフェースが利用できます。このGPIOを利用することで、M5Stack社以外から販売されている電子部品との入出力や制御を行うことができ、M5StickCの活用の幅が大きく広がります。今回は、一定時間ごとに点滅を繰り返す動作を例に、市販品のLEDをデジタル制御する方法を紹介します。

完成図

図3.23

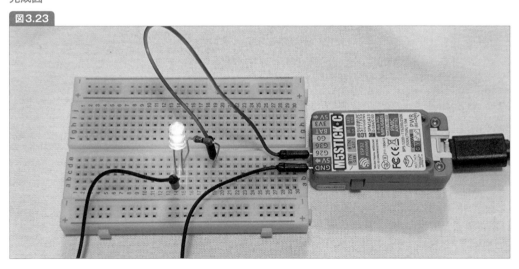

GPIOの仕組みと制御、LEDの選び方やLEDなどの部品を使う際に重要になる抵抗については、［2.8 GPIOを利用してM5StackでLチカする］を参考にしてください。

このセクションで使う部品

1. 赤色LED GL5HD43 順方向電圧2.0V 標準電流20mA[4]
2. カーボン抵抗 1/4W 68Ω[5]

● M5StickCのGPIOピンの配置

　M5StickCのGPIOは8ピンあります。Hatと呼ばれるM5StickC用の拡張モジュールを使用する場合は、これらのGPIOピンは物理的に塞がります。Hatの種類によってGPIOピンが新たに外に出されて利用できるようになるものと、塞がったままで完全に利用できなくなるものがあります。また、M5Stack Basicと同様にすべてのGPIOのピンがデジタル入力にもデジタル出力にも対応しているわけではなく、ピンによって入力のみ対応しているものもあり、注意が必要です。

　使いたいGPIOのピンがどちらなのかは、多くの場合はメーカーが配布しているデータシートに記載されています。M5StickCでは以下のようになっています。

図3.24

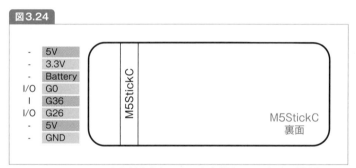

M5StickCのGPIO入出力対応表(I/O：入出力対応 I：入力のみ対応)

　LEDと抵抗をM5StickCに接続すると**図3.25**のようになります。今回は例としてGPIOの26番（G26）を使用して接続しています。

＊4　http://akizukidenshi.com/catalog/g/gl-11034/

＊5　http://akizukidenshi.com/catalog/g/gR-14290/

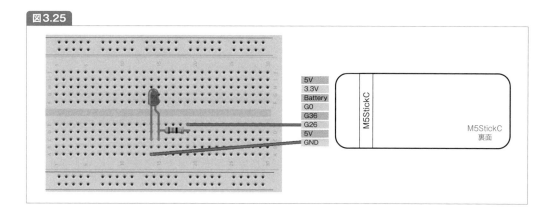

図3.25

● GPIO接続したLEDを一定時間ごとに点滅させるスケッチを作成する

次にArduino IDEで、このLEDを制御し一定時間ごとに点滅を繰り返すプログラムを作成します。［ファイル］→［新規ファイル］で新規スケッチの作成画面を開いたら、以下のようにプログラムを記載していきましょう。

スケッチ3.6　　　　　　　　　　　　　　　　　　　　　　　　　　　　　　　m5cgpio.ino

```
1   //ledという名前の変数を宣言し、今回使用するピン番号である26を代入します。
2   int led = 26;
3
4   void setup() {
5       //指定したGPIOピンを入力用または出力用として設定します。
6       pinMode(led,OUTPUT);
7   }
8
9   void loop() {
10      //指定したピンをHIGHにします
11      digitalWrite(led,HIGH);
12      //1000ミリ秒（1秒）何もせずに待機します
13      delay(1000);
14      //指定したピンをLOWにします
15      digitalWrite(led,LOW);
16      //1000ミリ秒（1秒）何もせずに待機します
17      delay(1000);
18  }
```

作成できたら、［書き込み］ボタンをクリックして書き込みします。新規作成の場合はスケッチの保存先を指定することになりますので、［ファイル］→［名前を付けて保存］の順にクリックし、「m5cgpio」などとし、［保存］ボタンをクリックしましょう。書き込みが終わった

ら、M5StickC に LED を接続し、1秒ごとに点灯→消灯を繰り返すことを確認してください。delay 関数の引数を自由に変更してもう一度書き込みを実行してみましょう。LED の点滅間隔が変わることがわかると思います。

● Grove（Unit）センサーから距離を取得するスケッチを作成する

Grove（Unit）センサーから対象物までの距離を最大2メートルまで非接触で測ることができる「ToF 測距センサユニット」を利用して、測定結果を画面に表示する方法を紹介します。

完成図

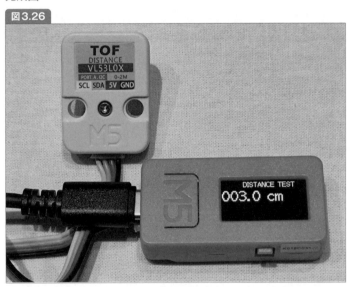

図3.26

● M5StickC と Grove

M5StickC には M5Stack Basic と同様に Grove と呼ばれる規格に対応した拡張ポートが搭載されており、Unit 製品を接続して使用することができます。M5Stack Basic と M5StickC の違いとして、M5StickC は M5Stack Basic におけるポート A～ポート C の役割を、スケッチ上で切り替えることが可能です。そのため、M5Stack Basic 用に販売されているポート A～ポート C いずれのタイプのほとんどの製品は、拡張することなくそのまま使用することが可能です。

● Grove（Unit）センサーから距離を取得するスケッチを作成する

このセクションで使う部品

1. M5Stack用ToF測距センサユニット[*6]

次にArduino IDEで、Grove（Unit）センサーから距離を取得するプログラムを作成します。サンプルスケッチについては［2.9 Groveを利用してUnitセンサーで情報を取得する］と同様の方法で、M5StickC用のスケッチを使用することができます。［ファイル］→［スケッチ例］→［M5StickC］→［Unit］→［ToF_VL53L0X］のように、Unit以下に製品ごとのサンプルスケッチがありますのでそれを使用してみましょう。スケッチの解説は2章を参照してください。

サンプルスケッチを流用して今後さらに応用したい場合は、スケッチに別名をつけて保存しておくとよいでしょう。その場合は保存先を指定することになりますので、［ファイル］→［名前を付けて保存］の順にクリックし、「m5ctof」などとし、［保存］ボタンをクリックしましょう。

書き込みが終わったら、周りのいろいろなものにToFセンサーモジュールを向けて、液晶に表示される距離が変わることを確認してください。距離に応じて音を鳴らしてみたり、LEDを光らせてみるのも面白いでしょう。

[*6] https://www.switch-science.com/catalog/5219/
名前はM5Stack用となっていますが、M5StickCでも利用することができます。

3.8　M5StickC の加速度 / 角速度センサーの情報を取得する

M5StickC には、加速度と角速度を計測できるセンサーである6軸IMUが内蔵されており、上下左右の運動、回転運動、どの方向にどの程度動いたかなどを取得することができます。たとえば振動や落下を検知したり、ユーザーの手の動きを検知したり、入力デバイスとして使うなど、アイデア次第で多くの応用パターンが考えられるセンサーです。今回は、加速度、角速度センサーとそれらから計算することのできる姿勢角度をすべて取得し表示するプログラムの作り方を紹介します。

完成図

図3.28

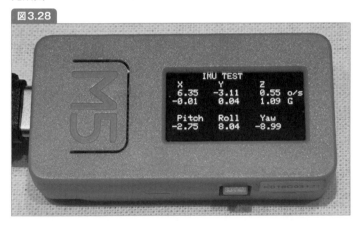

● 加速度、角速度センサーの情報を表示するスケッチを作成する

[ファイル] → [新規ファイル] で新規スケッチの作成画面を開いたら、以下のようにプログラムを記載していきましょう。

スケッチ3.7　　　　　　　　　　　　　　　　　　　　　　　　　　　　　　　　m5c6axis.ino

```
1  #include <M5StickC.h>
2
3  float accX = 0.0F;
4  float accY = 0.0F;
```

```
 5  float accZ = 0.0F;
 6
 7  float gyroX = 0.0F;
 8  float gyroY = 0.0F;
 9  float gyroZ = 0.0F;
10
11  float pitch = 0.0F;
12  float roll  = 0.0F;
13  float yaw   = 0.0F;
14
15  void setup() {
16    M5.begin();
17    //M5StickCの6軸センサーを初期化します
18    M5.IMU.Init(); ←❶
19    M5.Lcd.setRotation(3);
20    M5.Lcd.fillScreen(BLACK);
21    M5.Lcd.setTextSize(1);
22    M5.Lcd.setCursor(40, 0);
23    M5.Lcd.println("IMU TEST");
24    M5.Lcd.setCursor(0, 10);
25    M5.Lcd.println("  X       Y       Z");
26    M5.Lcd.setCursor(0, 50);
27    M5.Lcd.println("  Pitch   Roll    Yaw");
28  }
29
30  void loop() {
31    //ジャイロ、加速度、姿勢情報を取得します。
32    M5.IMU.getGyroData(&gyroX,&gyroY,&gyroZ); ←❷
33    M5.IMU.getAccelData(&accX,&accY,&accZ); ←❸
34    M5.IMU.getAhrsData(&pitch,&roll,&yaw); ←❹
35
36    //液晶画面に取得した情報を表示します
37    M5.Lcd.setCursor(0, 20);
38    M5.Lcd.printf("%6.2f  %6.2f  %6.2f      ", gyroX, gyroY, gyroZ);
39    M5.Lcd.setCursor(140, 20);
40    M5.Lcd.print("o/s");
41    M5.Lcd.setCursor(0, 30);
42    M5.Lcd.printf(" %5.2f   %5.2f   %5.2f   ", accX, accY, accZ);
43    M5.Lcd.setCursor(140, 30);
44    M5.Lcd.print("G");
45    M5.Lcd.setCursor(0, 60);
46    M5.Lcd.printf(" %5.2f   %5.2f   %5.2f   ", pitch, roll, yaw);
47
48    delay(100);
49  }
```

▶ スケッチの解説

❶ M5.IMU.Init()

M5StickC内蔵の加速度センサーを初期化する関数です。

❷ M5.IMU.getGyroData(&gyroX,&gyroY,&gyroZ)

ジャイロセンサー(角速度センサー)からのデータを取得する関数です。

❸ M5.IMU.getAccelData(&accX,&accY,&accZ)

加速度センサーからのデータを取得する関数です。

❹ M5.IMU.getAhrsData(&pitch,&roll,&yaw)

姿勢角度センサーからのデータを取得する関数です。

　作成できたら、[書き込み] ボタンをクリックして書き込みします。新規作成の場合はスケッチの保存先を指定することになりますので、[ファイル] → [名前を付けて保存] の順にクリックし、「m5c6axis」などとし、[保存] ボタンをクリックしましょう。

　書き込みが終わったら、M5StickCを上下左右に動かしてみたり、回転させてみたり、さまざまなやり方で動かしてみて、値が変化することを確認してみてください。上記スケッチでは1秒間に10回値を更新していますが、delay関数の引数を変更することで、より低頻度に値を取得したり、反対にもっと高頻度に値を取得することもできます。

第 **4** 章

M5Stackで
ネットワークを利用する

本章ではM5Stack Basicを例にネットワークとの連携方法
について解説します。Bluetoothや独自規格でのM5Stack
間での通信や、インターネットへのセンサーデータなどのアッ
プロード方法、またアップロードした情報をさらに別のアプ
リケーションと連携する方法についても紹介しています。

4.1 M5Stackが利用できる通信規格

  M5Stackシリーズでは、共通機能として**Wi-Fi**および**Bluetooth**での通信機能が搭載されており、一部の例外を除き、機能拡張なしですぐに利用可能になっています。M5Stack Basic/M5ScickCを始めとする、ESP32チップを搭載しているすべてのM5Stackシリーズで利用できます。例外はM5StickVで、Kendryte K210というAI向けのCPUが採用されており、こちらはWi-FiもBluetoothも搭載されていません。

  M5Stackシリーズをインターネットに接続することで、センサーで取得した情報をインターネットに送信したり、反対にインターネット上にある情報を取得してM5Stackで表示をしたりするなどの処理を行うことができます。また、M5Stack同士で通信を行うことも可能となっており、ESP-NOWという仕組みやBluetoothを用いて直接通信することができます。

● 本章で扱うスケッチについて

  本章で扱うスケッチは、特記ある場合を除き、M5Stack Basicを例に紹介します。基本的には各製品向けに用意されているライブラリをライブラリマネージャでインストールした上で、インクルードするヘッダファイルを修正すれば動作します。ただし、製品の仕様の違いによりうまく機能しなかったり、一部使用できる関数が異なっていたりすることがありますので、その場合は製品に合わせてスケッチを修正する必要があります。

  たとえば、M5StickCやM5StickC Plusは、M5Stack Basicよりも小さく縦長の液晶が採用されています。このため、そのままM5Stack Basicで描画していた文字量やフォントサイズをそのままでスケッチを書いてしまいますと、表示が非常に見づらいだけでなく、すぐに画面からはみ出ることになります。また、Atomシリーズは液晶がありませんので、液晶を制御する関数（M5.Lcd）が使用できません。

  このように、製品ごとの関数の利用方法の違いは非常に多岐にわたり、ライブラリのバージョンによっても利用方法は異なります。このため本書で網羅して紹介するのは難しく、やや上級者向けではありますが、メーカーが公開している以下のGitHubのリポジトリ（https://github.com/m5stack）にアクセスし、製品ごとに確認するのがよいでしょう。

  なお、本章で紹介するネットワーク関連の関数は、基本的にM5Stackの製品の種類には依存しませんので、製品が変わってもスケッチを変更する必要はありません。

4.2 Wi-Fiでインターネットに接続して時刻を取得する

>>>

M5Stackシリーズは時刻情報を扱うことができ、時計アプリを作成したり、指定した時間に決めておいた処理を走らせるなどの使い方ができます。M5Stackシリーズで時間情報を取得したい場合、インターネットから時間を取得するのがおすすめです。NTPサーバーと呼ばれる時刻を配信しているサーバーと通信することで簡単に時間を取得することができます。NTPサーバーは利用料もかからず誰でも利用することができます。

完成図

図4.1

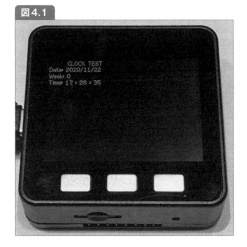

● M5Stackシリーズでインターネットに接続する準備

M5Stackシリーズをインターネットに接続するためには、無線LAN（Wi-Fi）対応のルーターを用意する必要があります。また、インターネットに接続するためのSSID（アクセスポイント名）とパスワードを控えておきましょう。準備としてはこれだけですが、M5Stackシリーズには有線LANポートは標準では備えていないのでこれらは必須の手順となります。また、M5Stackシリーズに搭載されている無線LANは11b/11g（2.4GHz帯）のみに対応しており、11a/11acなど5GHz帯のSSIDしか設定していないルーターでは利用することができません。そのため、11b/11gのSSIDが使用できるようルーターの設定を変更する必要があります。

◉ M5Stackシリーズをインターネットに接続するスケッチの基本

ここでは、M5Stackシリーズで共通したWi-Fiを利用してインターネットに接続するための方法を解説します。

まずスケッチの冒頭でWiFi.hのライブラリを呼び出す必要があります。これはM5Stack社の提供するライブラリではなくESP32用のものです。次に、setup()関数内でWi-Fiに接続するための処理を書きます。

```
#include <WiFi.h>

// 引数にSSIDとパスワードを文字列で入力します。
WiFi.begin(SSID, PASSWORD);
```

最後に、Wi-Fiを切断するための処理を書きます。消費電力が抑えられることがあります。これは引き続きインターネットに接続した処理を行う場合は不要です。

```
WiFi.disconnect(true);
WiFi.mode(WIFI_OFF);
```

上記をベースにスケッチを作成すると以下の例のようになります。この設定を雛形にすれば、簡単にM5Stackをインターネットに接続することができます。

スケッチ4.1　　　　　　　　　　　　　　　　　　　　　　　　m5ntime.ino
```
 1  #include <M5Stack.h>
 2  #include <WiFi.h>
 3
 4  void setup(){
 5    M5.begin();
 6
 7    //Wi-Fi接続
 8    WiFi.begin(ssid, password);
 9    //Wi-Fi接続が完了するまで待機します
10    while (WiFi.status() != WL_CONNECTED) {
11        delay(500);
12        Serial.print(".");
13    }
14    Serial.println(" CONNECTED");
15
16    //ここにインターネット接続が必要な処理を書きます。
17
18    //Wi-Fi接続を切断します
19    WiFi.disconnect(true);
```

```
20    WiFi.mode(WIFI_OFF);
21  }
22
23  void loop() {
24    //ここに繰り返しの処理を書きます。
25    //インターネットからは切断済みのため、ここにインターネットに接続する処理は記載できません。
26  }
```

● 時刻情報を取得して画面に表示するスケッチを作成する

　[ファイル] → [新規ファイル] で新規スケッチの作成画面を開いたら、以下のようにプログラムを記載していきましょう。「変更箇所」と書かれた行はWi-FiのアクセスポイントのSSIDとパスワードに置き換えてください。

スケッチ4.2　　　　　　　　　　　　　　　　　　　　　　　　　　　　　　　　m5ntime.ino

```
 1  #include <M5Stack.h>
 2  #include <WiFi.h>
 3
 4  const char* ssid = "XXXXXXXXXXXXXXX"; //←変更箇所
 5  const char* password = "YYYYYYYYYYYYYYY"; //←変更箇所
 6  const char* ntpServer = "ntp.nict.jp";
 7  const long  gmtOffset_sec = 3600 * 9;
 8  const int   daylightOffset_sec = 0;
 9
10  void printLocalTime(){
11    struct tm timeInfo;
12    if (getLocalTime(&timeInfo)){ ←❷
13      M5.Lcd.setCursor(0, 15);
14      M5.Lcd.printf("Data: %04d/%02d/%02d\n", timeInfo.tm_year + 1900, timeInfo.↲
        tm_mon + 1, timeInfo.tm_mday);
15      M5.Lcd.printf("Week: %d\n", timeInfo.tm_wday);
16      M5.Lcd.printf("Time: %02d : %02d : %02d\n", timeInfo.tm_hour, timeInfo.↲
        tm_min, timeInfo.tm_sec);
17    }
18  }
19
20  void setup(){
21    //M5Stackを初期化します
22    M5.begin();
23
24    M5.Lcd.fillScreen(BLACK);
25    M5.Lcd.setTextSize(1);
26    M5.Lcd.setCursor(40, 0, 2);
27    M5.Lcd.println("CLOCK TEST");
28
```

```
29    //Wi-Fi接続
30    Serial.println("Connecting to " + String(ssid));
31    WiFi.begin(ssid, password);
32    //Wi-Fi接続が完了するまで待機します
33    while (WiFi.status() != WL_CONNECTED) {
34        delay(500);
35        Serial.print(".");
36    }
37    Serial.println(" CONNECTED");
38
39    //初期化、時刻の取得
40    configTime(gmtOffset_sec, daylightOffset_sec, ntpServer); ←❶
41    //時刻を画面に表示します
42    printLocalTime();
43
44    //Wi-Fi接続を切断します
45    WiFi.disconnect(true);
46    WiFi.mode(WIFI_OFF);
47 }
48
49 void loop(){
50    //0.5秒毎に画面に表示する時刻を更新します
51    printLocalTime();
52    delay(500);
53 }
```

▶ スケッチの解説

❶ configTime(gmtOffset_sec, daylightOffset_sec, ntpServer)

　NTPサーバーから時刻を取得し、ローカル時刻と同期を行う関数です。
- **第1引数**：GMTとローカル時刻との差（単位は秒）
- **第2引数**：夏時間で進める時間（単位は秒）
- **第3引数**：NTPサーバーのアドレス

❷ getLocalTime(&timeinfo)

　ローカル時刻を取得する関数です。時刻は引数で指定したtmオブジェクトに格納されます。

　作成できたら、［書き込み］ボタンをクリックします。新規作成の場合はスケッチの保存先を指定することになりますので、［ファイル］→［名前を付けて保存］の順にクリックし、「m5ntime」などとし、［保存］ボタンをクリックしましょう。

　書き込みが終わったら、M5Stackの画面に日付と時刻が表示されたことが確認できると思います。電源を切るまで取得した日付と時刻の情報は保持され続けますが、これらは電源を切

ると消えてしまいます。日時の情報を保持するためにはRTCと呼ばれるモジュールが必要ですが、M5Stack Basicには搭載されていません。M5Stack Basic単体で時刻を使ったアプリケーションを作成する必要がある場合は、起動する際に毎回NTPから日時情報を取得する必要があります。

Column ── **M5StickCでRTCに時刻を設定してみる**

　本節で説明したとおり、電源を切ると取得した日時の情報は消えてしまいます。再度インターネットに接続できれば日時を再取得できますが、RTCというモジュールを利用すれば一度設定した日時情報をバッテリーで保持することができます。M5Stackシリーズでは、M5StickC/M5StickC PlusにRTCが内蔵されていますので、インターネットから取得した日時情報をRTCにセットする方法を紹介します。なお、この方法はRTCを搭載していないM5Stack Basicには利用できません。
　以下にスケッチ例を示します。「変更箇所」と書かれた行はWi-FiのアクセスポイントのSSIDとパスワードに置き換えてください。

スケッチ4.3　　　　　　　　　　　　　　　　　　　　　　　　　　　　　　　m5crtc.ino

```
1   #include <M5StickC.h>
2   #include <WiFi.h>
3
4   RTC_TimeTypeDef RTC_TimeStruct;
5   RTC_DateTypeDef RTC_DateStruct;
6
7   const char* ssid = "xxxxxxxxxxxxx"; //←変更箇所
8   const char* password = "yyyyyyyyyyyyyyyy"; //←変更箇所
9   const char* ntpServer = "ntp.nict.jp";
10  const long  gmtOffset_sec = 3600 * 9;
11  const int   daylightOffset_sec = 0;
12
13  void setup(){
14    //M5StickCを初期化します
15    M5.begin();
16    M5.Lcd.setRotation(3);
17    M5.Lcd.fillScreen(BLACK);
18
19    M5.Lcd.setTextSize(1);
20    M5.Lcd.setCursor(40, 0, 2);
21    M5.Lcd.println("CLOCK TEST");
22
23    //Wi-Fi接続
24    Serial.println("Connecting to " + String(ssid));
25    WiFi.begin(ssid, password);
26    int cnt = 0;
```

第4章

```
27    //Wi-Fi接続が完了するまで待機します（5秒で接続できない場合は諦めます）
28    while (WiFi.status() != WL_CONNECTED && cnt < 10) {
29        delay(500);
30        Serial.print(".");
31        cnt++;
32    }
33    if (WiFi.status() == WL_CONNECTED) {
34      Serial.println(" CONNECTED");
35      //初期化、日時の取得
36      configTime(gmtOffset_sec, daylightOffset_sec, ntpServer);
37    }
38    //日時を取得してRTCにセットします
39    struct tm timeInfo;
40    if (getLocalTime(&timeInfo)){
41      // Set RTC time
42      RTC_TimeTypeDef TimeStruct;
43      TimeStruct.Hours   = timeInfo.tm_hour;
44      TimeStruct.Minutes = timeInfo.tm_min;
45      TimeStruct.Seconds = timeInfo.tm_sec;
46      M5.Rtc.SetTime(&TimeStruct);
47
48      RTC_DateTypeDef DateStruct;
49      DateStruct.WeekDay = timeInfo.tm_wday;
50      DateStruct.Month = timeInfo.tm_mon + 1;
51      DateStruct.Date = timeInfo.tm_mday;
52      DateStruct.Year = timeInfo.tm_year + 1900;
53      M5.Rtc.SetData(&DateStruct);
54    }
55
56    //Wi-Fi接続を切断します
57    WiFi.disconnect(true);
58    WiFi.mode(WIFI_OFF);
59 }
60
61 void loop(){
62    //0.5秒毎に画面に表示する日時を更新します
63    M5.Rtc.GetTime(&RTC_TimeStruct);
64    M5.Rtc.GetData(&RTC_DateStruct);
65    M5.Lcd.setCursor(0, 15);
66    M5.Lcd.printf("Data: %04d/%02d/%02d\n", RTC_DateStruct.Year, ⏎
      RTC_DateStruct.Month, RTC_DateStruct.Date);
67    M5.Lcd.printf("Week: %d\n", RTC_DateStruct.WeekDay);
68    M5.Lcd.printf("Time: %02d : %02d : %02d\n", RTC_TimeStruct.Hours, ⏎
      RTC_TimeStruct.Minutes, RTC_TimeStruct.Seconds);
69    delay(500);
70 }
```

4.3 M5Stackを簡易サーバーにして センサー値をブラウザから閲覧する

ここまでの章で、M5StackやM5StickCの液晶画面にセンサーや文字などの情報を表示する方法を紹介してきました。さらに、M5StackやM5StickCはプログラムすることで本体自体を簡易Webサーバーにすることもできます。パソコンやスマートフォンなどの外部デバイスからアクセスすることができるようになるので、大きな画面で一度にたくさんの情報をみたり、家族や他人との間で情報を共有したりといった使い方ができるようになります。今回は、M5Stackシリーズ用の「環境センサユニット ver.2」または「環境センサユニット ver.3」を接続し、本体をWebサーバーとして動作させ、温度・湿度・気圧情報を外部のWebブラウザから見れるようにする方法を紹介します。

完成図

図4.2

図4.3

パソコンのWebブラウザからM5StackやM5StickC
にアクセスしたときの表示

このセクションで使う部品

1. 以下のいずれかのセンサー

   M5Stack用環境センサユニット ver.2 (ENV II) [*1]
   M5Stack用環境センサユニット ver.3 (ENV III) [*2]

[*1] https://www.switch-science.com/catalog/6344/
[*2] https://www.switch-science.com/catalog/7254/

　本章では以降、「M5Stack用環境センサユニット ver.2」のことをユニットをENV II Unit、「M5Stack用環境センサユニット ver.3」のことをENV III Unitと呼称します。なお、どちらもM5Stack用と表記がありますが、M5StickCでも利用することができます

● 環境センサユニットのライブラリのインストール

　ENV II UnitやENV III Unitは温度と湿度センサーを制御するためのAdafruit_BMP280、および気圧センサーを制御するためのUNIT_ENVのライブラリが必要ですのでインストールします。Arudino IDEの [ツール] → [ライブラリを管理] からライブラリマネージャを開き、検索窓に「bmp280」と入力してください。[Adafruit BMP280 Library]を探し、[インストール]をクリックすれば自動的にライブラリのインストールは完了します（**図4.4**）。

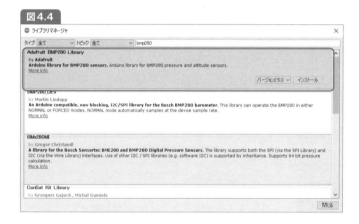

図4.4

　続けて、検索窓に [unit_env] と入力してください。[UNIT_ENV] を探し、[インストール]をクリックすれば自動的にライブラリのインストールは完了します。

図4.5

温度・湿度・気圧を取得してブラウザに表示するスケッチを作成する

［ファイル］→［新規ファイル］で新規スケッチの作成画面を開いたら、以下のようにプログラムを記載していきましょう。「変更箇所」と書かれた行はWiFiのアクセスポイントのSSIDとパスワードに置き換えてください。

スケッチ 4.4　　　　　　　　　　　　　　　　　　　　　　　　　　　　　　m5server_env.ino

```
 1  #include <M5Stack.h>
 2  #include <WebServer.h>
 3  #include "Adafruit_Sensor.h"
 4  #include <Adafruit_BMP280.h>
 5  #include "UNIT_ENV.h"
 6  SHT3X sht30;
 7  Adafruit_BMP280 bmp;
 8  QMP6988 qmp6988;
 9
10  float tmp = 0.0;
11  float hum = 0.0;
12  float pressure = 0.0;
13
14  const char* ssid = "XXXXXXXXXXXXXXX"; //←変更箇所
15  const char* password = "YYYYYYYYYYYYYYY"; //←変更箇所
16  WebServer server(80); //Webサーバーを80番ポートで待ち受け
17
18  //コンテンツ内容を作成し、クライアントに送信する関数
19  void handleRoot() { ←❶
20    String body = "\tENV2 UNIT TEST on Web\n";
21    body += "Temp      : ";
22    body += tmp;
23    body += " C\n";
24    body += "Humidity : ";
25    body += hum;
26    body += " %\n";
27    body += "Pressure : ";
28    body += pressure / 100;
29    body += " hPa\n";
30    server.send(200, "text/plain", body);
31  }
32
33  //クライアントから存在しないリソースに対してアクセスがあった場合に404を送信する関数
34  void handleNotFound(){ ←❷
35    server.send(404, "text/plain", "File Not Found\n\n"); ←❸
36  }
37
38  void setup() {
```

129

```
39    //M5Stackを初期化します
40    M5.begin();
41    Wire.begin();
42    qmp6988.init(); ←⑩
43
44    //WiFi接続
45    WiFi.begin(ssid, password);
46    Serial.println("");
47    //WiFi接続完了するまで待機します
48    while (WiFi.status() != WL_CONNECTED) {
49      delay(500);
50      Serial.print(".");
51    }
52    Serial.println("Connected!");
53
54    M5.Lcd.setTextSize(2);
55
56    //M5Stackの画面にIPアドレスを表示します
57    M5.Lcd.print("Connected to ");
58    M5.Lcd.println(ssid);
59    M5.Lcd.print("IP : ");
60    M5.Lcd.println(WiFi.localIP());
61
62    //Webサーバーのルートリソースへのアクセスに対する挙動を設定します
63    server.on("/", handleRoot); ←④
64    //存在しないリソースへのアクセスに対する挙動を設定します
65    server.onNotFound(handleNotFound); ←⑤
66    //Webサーバーを開始します
67    server.begin(); ←⑥
68    Serial.println("HTTP server started");
69
70    //GroveポートにBME280センサーが接続されていない、または認識できない場合にエラーを表示します
71   while (!bme.begin(0x76)){
72      Serial.println("Could not find a valid BMP280 sensor, check wiring!");
73      M5.Lcd.println("Could not find a valid BMP280 sensor, check wiring!");
74    }
75  }
76
77  void loop() {
78    //気圧を取得します
79    if(!bmp.begin(0x76)){ //ENV2用気圧センサーの初期化
80      pressure = qmp6988.calcPressure(); //ENV3から気圧を取得 ←⑪
81    } else {
82      pressure = bmp.readPressure(); //ENV2から気圧を取得 ←⑧
83    }
84    //温度と湿度を取得します
85    if(sht30.get()==0){ ←⑨
```

```
86      tmp = sht30.cTemp;
87      hum = sht30.humidity;
88    }
89
90    //Webサーバーとして動作を継続
91    server.handleClient(); ←❼
92    //100ミリ秒待機します
93    delay(100);
94  }
```

▶ スケッチの解説

❶ handleRoot()

クライアント（Webブラウザ）からアクセスされたときの表示データを用意するユーザー関数です。

❷ handleNotFound()

クライアント（Webブラウザ）からアクセスされたときに存在しないパス（登録されていないリソースへのアクセス）だった場合の表示データを用意するユーザー関数です。

❸ server.send(200, "text/plain", body)

クライアントにレスポンスを送信する関数です。

❹ server.on("/", handleRoot)

登録しているリソースにアクセスがあった時に呼び出す関数を登録する関数です。

❺ server.onNotFound(handleNotFound)

登録していないリソースにアクセスがあった時に呼び出す関数を登録する関数です。

❻ server.begin()

Webサーバーを開始する関数です。

❼ server.handleClient()

登録した情報に従ってクライアントからのリクエストを処理する関数です。

❽ bmp.readPressure()

BMP280センサーから気圧を取得します（Env II Unit）。

❾ sht30.get()

SHT30センサーから温度と湿度を取得します。

❿ qmp6988.init()

気圧センサーを初期化します（ENV III）。

⓫ qmp6988.calcPressure();

QMP6988センサーから気圧を取得します（ENV III）。

　作成できたら、［書き込み］ボタンをクリックします。書き込みが終わったら、しばらくすると画面に接続先となるIPアドレスが表示されると思います。表示されなかった場合、M5Stack BasicがWi-Fiアクセスポイントに接続できていない可能性があります。SSIDやパスワードが間違っていないか、また5GHzのものしか対応していないアクセスポイントでないか確認してみてください。

　画面にIPアドレスが表示されたら、お使いのスマートフォンのブラウザ、またはパソコンのブラウザからhttp://【IPアドレス】と入力してアクセスしてみてください。このとき、スマートフォンまたはブラウザはM5Stackと同じネットワークに接続している必要があります。**図4.6**のように温度・湿度・気圧が表示されればOKです。応用例として、別のセンサーの情報を表示してみたり、インターネットから天気の情報を取得して表示したりする等の活用方法もありますのでいろいろチャレンジしてみてください。

図4.6

4.4 Ambientを使って センサー値をWeb上で可視化する

>>>

　M5Stackシリーズで利用できる各種センサーを、実際の日常もしくは業務のシーンで活用しようと思ったとき、グラフによる可視化をしたくなるケースがあるかと思います。時間による変化を見たい場合や、過去の特定の値と比較したい場合、得られたデータを可視化することで初めて見えてくる気付きもあります。

　今回はAmbientという無料で誰でも可視化を行えるインターネットのサービスを使って、M5Stackから温度・湿度・気圧データをインターネット経由で送信し、折れ線グラフで見る方法を紹介します。なお、このセンサーは［4.3 簡易サーバーにして、センサー値をブラウザから閲覧する］で使用したものと同じセンサーです。

　具体的には、Ambient用に公開されているライブラリを利用し、M5Stackで取得したセンサー値をインターネット経由で定期的にAmbientに送信します。Ambientは送られてきたセンサー値を自動的に蓄積していくので、ユーザーはWebブラウザからアクセスすることで、蓄積したデータを折れ線グラフなどの方法で見ることが可能です。

図4.7

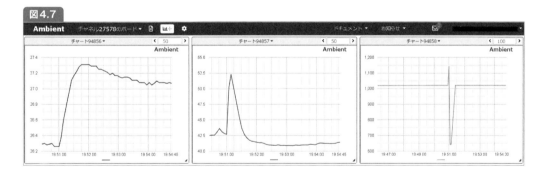

このセクションで使う部品

1. 以下のいずれかのセンサー

　　M5Stack用環境センサユニット ver.2（ENV II）
　　M5Stack用環境センサユニット ver.3（ENV III）

手 順

① M5Stack用環境センサユニット ver.2（ENV II）
　またはM5Stack用環境センサユニット ver.3（ENV III）を入手
② Adafruit_BMP280、およびUNIT_ENVライブラリのインストール
③ Ambientのアカウントを作成し、チャネルを作成する
④ Ambientライブラリをインストールする
⑤ Ambientでグラフを作るスケッチを作成する
⑥ ブラウザより、Ambientで表示されることを確認

[4.3 簡易サーバーにして、センサー値をブラウザから閲覧する] と同様のセンサーを使用するため、Adafruit_BMP280、およびUNIT_ENVライブラリが必要です。インストールしていない場合は4.3を参考に事前にインストールしてください。

● Ambientのアカウントを作成し、チャネルを作成する

以下のURLからAmbientの公式サイトにアクセスし、[ユーザー登録（無料）] と書かれたボタンをクリックします（**図4.8**）。ユーザー登録はご自分のメールアドレスとログインで使用するパスワードを入力してください。

https://ambidata.io/

図4.8

ユーザー登録が完了し、Ambientにログインすると、下記のような画面が表示されます。[チャネルを作る] をクリックすると即座にチャネルが作られます（**図4.9**）。画面に表示されているチャネルIDとライトキーを控えておきましょう。この [チャネル] に対してデータを送信することで、ただちにデータが蓄積され可視化を行うことができます。

図4.9

● Ambientライブラリをインストールする

Arudino IDE の [ツール] → [ライブラリを管理] からライブラリマネージャを開き、検索窓に「ambient」と入力してください。[Ambient ESP32 ESP8266 lib] を探し、[インストール] をクリックすれば自動的にライブラリのインストールは完了します（**図4.10**）。

図4.10

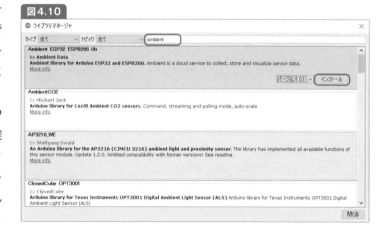

● Ambientでグラフを作るスケッチを作成する

前節 [4.3 M5Stackを簡易サーバーにしてセンサー値をブラウザから閲覧する] のスケッチ、「m5server_env.ino」を開いてください。このスケッチをベースに書き換えていきますので、せっかく前節で作成したプログラムが無駄にならないように、[ファイル] → [名前を付けて保存] から「m5ambient_env.ino」などとし別名で保存してください。保存後、以下のようにプログラムを記載・変更していきます。Wi-Fiのアクセスポイント情報のほかに、コード中の「channelId」を先ほど控えたAmbientのチャネルIDに、「writeKey」はライトキーに置き換えてください。

```
1   #include <M5Stack.h>
2   #include <Ambient.h>
3   #include "Adafruit_Sensor.h"
4   #include <Adafruit_BMP280.h>
5   #include "UNIT_ENV.h"
6
7   SHT3X sht30;
8   Adafruit_BMP280 bmp;
9   QMP6988 qmp6988;
10
11  float tmp = 0.0;
12  float hum = 0.0;
13  float pressure = 0.0;
14
15  unsigned int channelId = 12345; // AmbientのチャネルID
16  const char* writeKey = "ZZZZZZZZZZZZZZZZ"; // 変更箇所
17
18  const char* ssid = "XXXXXXXXXXXXXXX"; // 変更箇所
19  const char* password = "YYYYYYYYYYYYYYY"; // 変更箇所
20  Ambient ambient; // Ambientオブジェクトを定義
21  WiFiClient client;
22
23  void setup() {
24    //M5Stackを初期化します
25    M5.begin();
26    Wire.begin();
27    qmp6988.init();
28
29    //WiFiに接続します
30    WiFi.begin(ssid, password);
31    Serial.println("");
32
33    //WiFi接続完了するまで待機します
34    while (WiFi.status() != WL_CONNECTED) {
35      delay(500);
36      Serial.print(".");
37    }
38    Serial.println("Connected!");
39
40    M5.Lcd.setTextSize(2);
41
42    ambient.begin(channelId, writeKey, &client);
        // チャネルIDとライトキーを指定してAmbientの初期化
43  }
44
45  void loop() {
```

```
46    //気圧を取得します
47    if(!bmp.begin(0x76)){ //ENV2用気圧センサーの初期化
48      pressure = qmp6988.calcPressure(); //ENV3センサーから気圧を取得
49    } else {
50      pressure = bmp.readPressure(); //ENV2センサーから気圧を取得
51    }
52    //温度と湿度を取得します
53    if(sht30.get()==0){
54      tmp = sht30.cTemp;
55      hum = sht30.humidity;
56    }
57
58    M5.Lcd.setCursor(0, 0);
59    M5.Lcd.setTextColor(WHITE, BLACK);
60
61    M5.Lcd.printf("Temperature: %2.1f C \n", tmp);
62    M5.Lcd.printf("Humidity    : %2.0f %% \n", hum);
63    M5.Lcd.printf("Pressure    : %2.0f hPa \n", pressure / 100);
64
65    // センサー値をセットしてAmbientに送信します
66    ambient.set(1, tmp);
67    ambient.set(2, hum);
68    ambient.set(3, pressure/100);
69    ambient.send();
70
71    //30秒待機します（ambientの制限が1日3000件の為）
72    delay(1000 * 30);
73  }
```

▶ スケッチの解説

❶ ambient.begin()

ambientライブラリを初期化する関数です。

❷ ambient.set(1, tmp)

ambientに送信するデータをセットします。第1引数には、他のデータと同時に送信する場合にデータの種類が区別できるよう、1～8までの数字を他と被らないように入力します（つまり最大8種類のデータを送信できます）。第2引数に実際のデータを入力してください。

❸ ambient.send()

ambientにデータを送信する関数です。

書き込みが終わったら、しばらくすると画面にIPアドレスが表示された後、温度・湿度・気

圧の情報が表示されます。画面に何も表示されなければWi-Fiアクセスポイントに接続できていない可能性があります。SSIDやパスワードの確認、また5GHzのものしか対応していないアクセスポイントでないか確認してみてください。

　画面にセンサー情報が表示されたら、今回使用したambientのチャネルIDをクリックしてみてください（**図4.11**）。

図4.12のように温度・湿度・気圧が折れ線グラフで表示されればOKです。チャートの名前や色やグラフの配置などはこの画面で設定できますのでいろいろ変更してみてください。

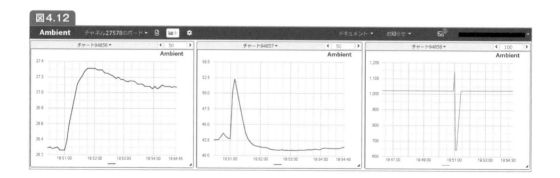

4.5 M5StackとM5StickCをESP-NOWで通信する

M5StackにはESP-NOWという独自の通信機能があり、M5Stack同士、もしくはM5Stack
とM5StickC間の通信を簡単に行うことができます。この仕組みはインターネット接続も不
要で、2台のM5Stackシリーズがあれば行えるので、非常に手軽に試すことができます。今
回はESP-NOWを用いて、M5StickCの加速度センサーのデータを処理した結果をM5Stack
Basicに送信する方法を紹介します。

完成図

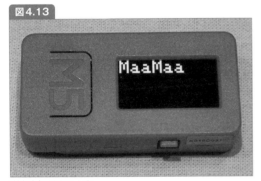

図4.13

送信側M5StickC

図4.14

受信側M5Stack Basic

送信側のM5StickCを傾けると、傾けた方向に応じて受信側のM5Stack Basicに表示され
るメッセージが変化します。

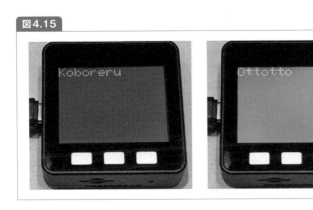

図4.15

139

ESP-NOWとは

ESP-NOWとは、M5Stackシリーズに使用されているマイコンであるESP32の開発元Espressif社が開発した通信仕様です。Espressif社のWi-Fiデバイス間でデータを送受信するための独自技術で、M5Stack Basic同士、M5Stack BasicとM5StickCなどで通信を行うことができます。インターネット経由ではなく直接通信ができること、他の通信方式に比べて非常に高速に送受信ができることが特徴です。テキストやセンサーデータなどをやりとりするのに有効な手段である一方で、一度に通信できるデータ量は250バイトとなっているため、画像や音声などのマルチメディア的な用途には適していません。また、通信は1対1のみとなっており、複数デバイスに同じデータを共有するような使い方にも向きません。

M5StickCとM5Stack BasicをESP-NOWで通信するスケッチを作成する

Arduino IDEのメニューの［ファイル］→［新規ファイル］から新規スケッチの作成画面を開いたら、スケッチ4.6のようにプログラムを記載してきましょう。今回はM5StickC（マスター）からM5Stack Basic（スレーブ）に送信しますが、その際にスレーブ側のMACアドレスが必要になるため、先にスレーブ側のM5Stack Basicからスケッチの作成と書き込みを行います。

スレーブ側（受信側＠M5Stack Basic）のスケッチ

スケッチ4.6　　　　　　　　　　　　　　　　　　　　　　　　　　　　　　　m5espnow_slave.ino

```
1  #include <M5Stack.h>
2  #include <esp_now.h>
3  #include <WiFi.h>
4
5  int state = -1;
6
7  //データを受信したときに実行される関数
8  void OnDataRecv(const uint8_t *mac_addr, const uint8_t *payload, int data_len) {  ←❶
9    Serial.print("Received Data: ");
10   //受信したデータをString型に変換
11   String msg = String((char *)payload);
12   Serial.println(msg);
13   M5.Lcd.setCursor(0, 0);
14   M5.Lcd.setTextSize(4);
15
16   //マスターのM5StickCが前に傾いている場合の表示
17   if(msg.equals("3")) {
18     if (state != 3){
19       M5.Lcd.fillScreen(CYAN);
```

```
20      }
21    state = 3;
22    M5.Lcd.setTextColor(WHITE, CYAN);
23    M5.Lcd.setCursor(0, 0);
24    M5.Lcd.print("Ottotto");
25    //マスターのM5StickCが左右に傾いている場合の表示
26  } else if(msg.equals("1") || msg.equals("2")) {
27    if (state != 2){
28      M5.Lcd.fillScreen(MAGENTA);
29    }
30    state = 2;
31    M5.Lcd.setTextColor(WHITE, MAGENTA);
32    M5.Lcd.setCursor(0, 0);
33    M5.Lcd.print("Koboreru");
34    //マスターのM5StickCが直立している場合の表示
35  } else {
36    if (state != 0){
37      M5.Lcd.fillScreen(BLACK);
38    }
39    state = 0;
40    M5.Lcd.setTextColor(WHITE, BLACK);
41    M5.Lcd.setCursor(0, 0);
42    M5.Lcd.print("SakeKure");
43  }
44 }
45
46 void setup() {
47    //M5Stackを初期化
48    M5.begin();
49    M5.Lcd.setTextSize(2);
50
51    //WiFiをSTAモードで開始
52    WiFi.mode(WIFI_STA);
53    //液晶画面にMACアドレスを表示
54    M5.Lcd.print("STA MAC: ");
55    M5.Lcd.println(WiFi.macAddress()); ←④
56    //WiFiを切断します。
57    WiFi.disconnect();
58    //ESP-NOWの初期化に失敗したら終了
59    if (esp_now_init() != ESP_OK) { ←②
60      Serial.println("ESP-Now Init Failed....");
61      return;
62    }
63
64    //データ受信時のコールバック関数を登録
65    esp_now_register_recv_cb(OnDataRecv); ←③
66 }
```

```
67
68  void loop() {
69  }
```

　ここで、いったんM5Stack Basicに書き込みを行います。書き込みが終わるとM5Stack Basicの画面にMACアドレスが表示されるので、これをメモしておいてください。

マスター側（送信側＠M5StickC）のスケッチ

　コード中のslaveMAC[]は、先ほど控えたMACアドレスに置き換えてください。

スケッチ4.7　　　　　　　　　　　　　　　　　　　　　　　　　　　　**m5espnow_master.ino**

```
1   #include <M5StickC.h>
2   #include <esp_now.h>
3   #include <WiFi.h>
4
5   #define CHANNEL 0
6   uint8_t slaveMAC[] = {0x01, 0x02, 0x03, 0x04, 0x05, 0x06}; //←変更箇所
7
8   float accX = 0.0F;
9   float accY = 0.0F;
10  float accZ = 0.0F;
11
12  //送信時に実行される関数です
13  void OnDataSent(const uint8_t *mac_addr, esp_now_send_status_t status) { ←❶
14    Serial.println(status == ESP_NOW_SEND_SUCCESS ? " ...Success" : " ...Fail");
15  }
16
17  //子機(Slave)にデータを送信する関数です
18  void sendData(String payload) {
19    //String型をuint8_t*型に変換します
20    const uint8_t* p = reinterpret_cast<const uint8_t*>(payload.c_str());
21
22    Serial.print("Sending: ");
23    Serial.print(payload);
24    //データを送信します
25    esp_err_t result = esp_now_send(slaveMAC, p, sizeof(payload)); ←❷
26  }
27
28  void setup() {
29    //M5StickCを初期化します
30    M5.begin();
31    M5.IMU.Init();
32
33    M5.Lcd.setRotation(3);
34    M5.Lcd.setTextSize(1);
35
```

```
36    //WiFiモードをSTAモードにします
37    WiFi.mode(WIFI_STA);
38    //ESP-NOWを初期化できているか確認します
39    if (esp_now_init() != ESP_OK) {
40      Serial.println("Error initializing ESP-NOW");
41      return;
42    }
43
44    //ESP-NOWでデータ送信する際のコールバック関数を登録する関数です
45    esp_now_register_send_cb(OnDataSent); ←❸
46    //ESP-NOWのpeer情報を定義します。
47    esp_now_peer_info_t peerInfo;
48    //slaveのMACアドレスをセットします。
49    memcpy(peerInfo.peer_addr, slaveMAC, 6); ←❹
50    //peerのチャネル情報の設定
51    peerInfo.channel = CHANNEL;
52    //peerの暗号化有無の設定
53    peerInfo.encrypt = false;
54
55    //Slaveと接続できたことを確認します
56    if (esp_now_add_peer(&peerInfo) != ESP_OK) { ←❺
57      Serial.println("Failed to add peer");
58      return;
59    }
60  }
61
62  void loop() {
63    M5.IMU.getAccelData(&accX,&accY,&accZ);
64    Serial.print("accX: "); Serial.println(accX);
65    Serial.print("accY: "); Serial.println(accY);
66    Serial.print("accZ: "); Serial.println(accZ);
67
68    //M5StickCを傾けた方向によって、送信する数値を代入します。
69    unsigned int rot = 1; //1:left 2:right 3:front or back
70    if (accX > 0.4){
71      rot = 1;
72    } else if (abs(accX) > 0.4) {
73      rot = 2;
74    } else if (accY < 0.6) {
75      rot = 3;
76    } else {
77      rot = 0;
78    }
79
80    //Slaveにデータを送信する関数です
81    sendData(String(rot));
82
83    //液晶に"MaaMaa"という文字を表示します。
```

第
4
章

```
84    M5.Lcd.setCursor(0, 0);
85    M5.Lcd.setTextSize(3);
86    M5.Lcd.println("MaaMaa");
87
88    //100ミリ秒待機します
89    delay(100);
90  }
```

作成できたら、[書き込み] ボタンをクリックします。注意点としては、直前に書き込みを行ったのがM5Stack Basicで、今回書き込むのはM5StickCですので、この場合はボードの設定を[M5Stick-C] に変更してから書き込みを行う必要があります。

▶ スケッチの解説

スレーブ側のスケッチ

❶ OnDataRecv()

マスター側からデータが送られてきたときに実行される関数です。データ (state) によって画面の色や文字を変えています。

- state = -1：初期状態
- state = 0：送信側が傾いていないことを表します
- state = 1：送信側が左に傾いていることを表します
- state = 2：送信側が右に傾いていることを表します
- state = 3：送信側が前に傾いていることを表します

❷ esp_now_init()

ESP-NOWを初期化する関数です。初期化が正常に完了した場合はESP_OKが返ってきます。

❸ esp_now_register_recv_cb(OnDataRecv)

データ受信時のコールバック関数を登録する関数です。

❹ WiFi.macAddress()

WiFiのMACアドレスを取得する関数です。

マスター側のスケッチ

❶ OnDataSent()

データ送信時に実行される関数です。

❷ esp_now_send(slaveMAC, p, sizeof(payload))

ESP-NOWでデータを送信する関数です。1つ目の引数に送信先のMACアドレス、2つ目に送信データ、3つ目に送信データサイズを指定します。

❸ esp_now_register_send_cb(OnDataSent)

ESP-NOWでデータ送信する際のコールバック関数を登録します。

❹ memcpy(peerInfo.peer_addr, slaveMAC, 6)

slaveのMACアドレスをセットします。

❺ esp_now_add_peer(&peerInfo)

ピアリスト（通信の相手方のリスト）に引数で指定したピア（スレーブ情報）を追加します。問題なく追加できればESP_OKが返ります。

　書き込みが終わったら、スレーブ側（M5StickC）を傾けてマスター側（M5Stack Basic）の画面の色や文字が変わることを確認してみてください。このようにESP-NOWを使うと非常に高速にM5Stackシリーズ同士で通信ができますので、さまざまなセンサーデータをやりとりするなど、複数のM5Stackを使ってさまざまなアイデアを試してみてください。

4.6 M5StackとM5StickCを Bluetoothで連携する

　M5StackにはBluetoothが内蔵されているので、近距離の通信はインターネット接続なしで行うことができます。前節のESP-NOWと同様に、2台のM5Stackシリーズがあれば通信できるため手軽に試すことができます。ESP-NOWによる通信と比較すると、Bluetoothほうが一般的な通信規格であるため、他のBluetooth規格の機器と通信ができたり、大容量データのやりとりが行えるなどのメリットがありますが、一方で通信手順がシンプルなESP-NOWと比べると、通信手順が多いなど仕様が複雑で調べにくかったりもします。今回はM5Stack BasicとM5StickCを使い、Bluetooth経由でメッセージを送り、メッセージ内容によってM5StickC側のLEDを点灯・消灯・点滅を切り替える方法を紹介します。

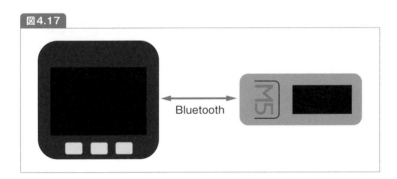
図4.17

完成図

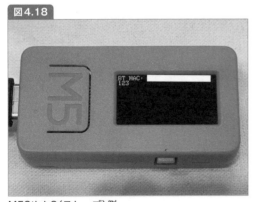
図4.18

M5StickC（スレーブ）側

図4.19

M5Stack Basic（マスター）側

● Bluetoothとは

Bluetoothとは、おおよそ10m〜100m程度の範囲の近距離で機器同士がデータ通信するために作られた無線通信の規格です。以下、本書ではBluetooth Classicのことを「Bluetooth」、Bluetooth SMARTのことを「BLE」と表記します。

Bluetoothは1台のマスター(Master)デバイスに対して、最大7台のスレーブ(Slave)デバイスを接続することができます。同じM5Stack同士で通信する場合であっても、必ずどちらかをマスターにし、どちらかがスレーブになる必要があります。Bluetoothでは必ずマスターとなったデバイスから通信を行います。スレーブから通信をしたい場合もマスターから送信要求(Pollといいます)があるまで通信することができません。今回は、1台のスレーブと1台のマスター用のスケッチをそれぞれM5StickC、M5Stack Basicに書き込み、SPP(Bluetoothでシリアル通信のようにデータを送受信するためのプロファイル)を利用してマスターであるM5Stack BasicからM5StickCにデータを送信します。

● M5StickCとM5Stack BasicをBluetooth Serialで通信するスケッチを作成

Arduino IDEのメニューから[ファイル]→[新規ファイル]で新規スケッチの作成画面を開いたら、以下のようにプログラムを記載していきましょう。今回はM5Stack Basic(マスター)からM5StickC(スレーブ)にデータ送信しますが、その際にスレーブ側のMACアドレスが必要になるため、先にスレーブ側からスケッチの作成と書き込みを行います。

スレーブ側(受信側@M5StickC)のスケッチ

スケッチ4.8　　　　　　　　　　　　　　　　　　　　　　　　　　m5cserialbt_slave.ino

```
 1  #include <M5StickC.h>
 2  #include "BluetoothSerial.h"
 3
 4  #define LedPin 10
 5
 6  BluetoothSerial SerialBT;
 7  int mode = 0;
 8
 9  void setup(void) {
10    //M5StickCを初期化します
11    M5.begin();
12    M5.Lcd.setRotation(3);
13    M5.Lcd.setTextSize(1);
14
15    //BluetoothのMACアドレスを取得します
```

```
16    uint8_t macBT[6];
17    esp_read_mac(macBT, ESP_MAC_BT); ←①
18    //液晶画面にMACアドレスを表示します
19    M5.Lcd.print("BT MAC: ");
20    M5.Lcd.printf("%02X:%02X:%02X:%02X:%02X:%02X\r\n", macBT[0], macBT[1], ⏎
      macBT[2], macBT[3], macBT[4], macBT[5]);
21
22    //Bluetoothシリアルデバイスを開始します。
23    SerialBT.begin("M5BTSerial_slave"); //Bluetooth device name ←②
24    Serial.println("The device started, now you can pair it with bluetooth!");
25
26    pinMode(LedPin, OUTPUT);
27  }
28
29  void loop() {
30    //シリアルでメッセージを受信した場合
31    if (Serial.available()) {
32      SerialBT.write(Serial.read());
33    }
34    //Bluetoothシリアル経由でメッセージを受信した場合
35    if (SerialBT.available()) { ←③
36      char c = SerialBT.read(); ←④
37      Serial.write(c);
38      /*受信メッセージが1:LED点滅
39       *受信メッセージが2:LED点灯
40       *受信メッセージが3:LED消灯*/
41      if (c == '1') {
42        mode = 1;
43      } else if (c == '2') {
44        mode = 2;
45      } else if (c == '3') {
46        mode = 3;
47      }
48    }
49    if (mode == 1) {
50      digitalWrite(LedPin, 0);
51      delay(1000);
52      digitalWrite(LedPin, 1);
53      delay(1000);
54    } else if (mode == 2) {
55      digitalWrite(LedPin, 0);
56    } else if (mode == 3) {
57      digitalWrite(LedPin, 1);
58    }
59    delay(20);
60  }
```

　ここで、いったん M5StickC に書き込みを行います。スケッチが作成できたら、［書き込み］ボタンをクリックします。書き込みが終わったら M5StickC の画面に表示されている MAC アドレスをメモしておきます。

マスター側 (送信側@M5Stack Basic) のスケッチ

　slaveMAC[] について、先ほど控えた MAC アドレスに置き換えてください。

スケッチ4.9　　　　　　　　　　　　　　　　　　　　　　　　　　m5nserialbt_master.ino

```
1  #include <M5Stack.h>
2  #include "BluetoothSerial.h"
3
4  BluetoothSerial SerialBT;
5
6  uint8_t slaveMAC[6]  = {0x01, 0x02, 0x03, 0x04, 0x05, 0x06}; //←変更箇所
7  bool connected;
8
9  void setup() {
10    //M5StackまたはM5StickCを初期化します
11    M5.begin();
12
13    //Bluetoothシリアルデバイスを開始します。
14    SerialBT.begin("M5BTSerial", true); ←❶
15
16    //接続
17    while (!SerialBT.hasClient()) {
18      Serial.println("Connecting... Make sure remote device is available and in ⏎
      range.");
19      M5.Lcd.println("Connecting...");
20      if (!SerialBT.connect(slaveMAC)) { ←❷
21        while(!SerialBT.connected(10000)) { ←❸
22        }
23      }
24    }
25    Serial.println("Connected Successfully!");
26    M5.Lcd.println("Connected Successfully!");
27  }
28
29  void loop() {
30    //シリアルでメッセージを受信した場合
31    if (Serial.available()) {
32      char c = Serial.read();
33      M5.Lcd.print(String(c));
34      Serial.print(String(c));
35      SerialBT.write(c);
36    }
```

```
37    //Bluetoothシリアル経由でメッセージを受信した場合
38    if (SerialBT.available()) {
39      Serial.write(SerialBT.read());
40    }
41    //通信相手がいなくなった場合に再接続します
42    if (!SerialBT.hasClient()) { ←❹
43      while (!SerialBT.hasClient()) {
44        Serial.println("Reconnecting... Make sure remote device is available ⏎
          and in range.");
45        M5.Lcd.println("Reconnecting...");
46        if (!SerialBT.connect(slaveMAC)) {
47          while(!SerialBT.connected(10000)) {
48          }
49        }
50      }
51      Serial.println("Reconnected Successfully!");
52      M5.Lcd.println("Reconnected Successfully!");
53    }
54    delay(20);
55  }
```

　作成できたら、[書き込み] ボタンをクリックします。直前に書き込みを行ったのは M5StickC で、今回は M5Stack Basic です。この場合、ボードの設定を [M5Stack-Core-ESP32] に変更してから書き込みを行う必要がありますので注意してください。

▶ スケッチの解説

スレーブ側のスケッチ

❶ esp_read_mac(macBT, ESP_MAC_BT);

ESP32のMACアドレスを読み取り、第1引数に格納します。読み取れるMACアドレスには以下のような種類があります

- **ESP_MAC_BT**：Bluetooth用のMACアドレス
- **ESP_MAC_WIFI_STA**：Wi-Fi (STAモード) 用のMACアドレス
- **ESP_MAC_WIFI_SOFTAP**：Wi-Fi (SOFTAP) 用のMACアドレス
- **ESP_MAC_ETH**：イーサネットMACアドレス

❷ SerialBT.begin("M5BTSerial_slave")

Bluetoothシリアルデバイスを開始します。このとき引数で指定した文字列がBluetoothのデバイス名になります。

❸ SerialBT.write(Serial.read())

シリアルで読み取った内容を Bluetooth シリアルで送信します。

❹ SerialBT.available()

Bluetooth シリアルポートから読み取り可能なバイト数（文字数）を取得する関数です。戻りは文字ではなくバイト数となります。

❺ SerialBT.read()

Bluetooth シリアルポートから受信したデータを読み出す関数です。

マスター側のスケッチ

❶ SerialBT.begin("M5BTSerial_master", true)

スレーブ側のスケッチと同じですが、第2引数に true を指定することでマスターとして開始します。

❷ SerialBT.connect(address)

引数には MAC アドレスを指定します。Bluetooth デバイス名も利用できますが、MAC アドレスでの接続のほうが一般的に高速です。戻りは bool（成功：true 失敗：false）です。

❸ SerialBT.connected(10000)

引数で指定した時間（ミリ秒）以内に接続できれば true、そうでなければ false となります。

❹ SerialBT.hasClient()

Bluetooth クライアント（slave）が存在しているか確認し、1以上存在すれば true、そうでなければ false を返します。

　書き込みが終わったら、Arduino IDE にてマスター側（M5Stack basic）のつながっている COM ポートを選択し、シリアルモニタを開いてください（**図4.20**）。次に、スレーブ側（M5StickC）の LED が点滅することを確認してみてください。

図4.20

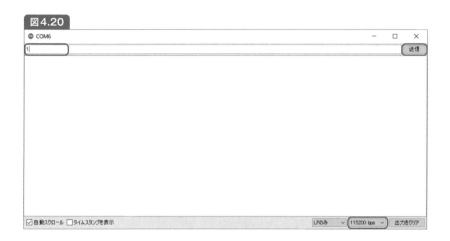

　1を送信すると点滅、2を送信すると点灯、3を送信すると消灯するようになっています。このようにBluetoothを使うと便利に通信することができます。M5Stackシリーズ同士だけでなく、Bluetooth規格に対応したさまざまな機器と通信ができますので、市販の対応機器とのやりとりするなど、さまざまなアイデアを試してみてください。

4.7 M5Stack同士をMQTTで連携する

M5StackにはWi-Fiが内蔵されていますが、本節ではより実践的な活用方法として、IoT向けの通信プロトコルであるMQTTを使い、M5StackとM5StickCを連携する方法について紹介します。前節ではESP-NOWやBluetoothを使って連携する方法について紹介しましたが、MQTTはインターネットにつながってさえいれば距離の制約を受けずに通信することができます。また多数のデバイスと同時に通信できるメリットもあります。

ここではシンプルに、M5StackまたはM5StickCのボタンを押すと、画面の色が変わると同時にもう1台のM5StackまたはM5StickCも同じ色に変わるようにする方法を題材に、MQTTの使い方を紹介します。センサーで取得した情報を送ったり、チャットのような機能を実装したりするなど、MQTTの活用方法は多岐にわたりますので、本節の内容をマスターするとM5Stackの世界観が大きく広がることと思います。

完成図

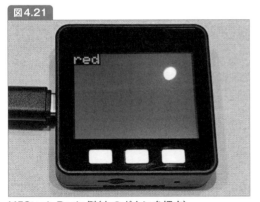

図4.21

M5Stack Basic側（左のボタンを押す）

図4.22

M5StickC側（ボタンを直接押すことなく画面の色とテキストが変わる）

● MQTTとは

MQTT（エムキューティーティー）とはIoT機器同士の接続のために開発されたプロトコルです。軽量にメッセージを配送できるように設計されており、ハードウェアの性能が低かったり、ネットワーク帯域が貧弱な遠隔地との通信にも利用することができます。「Message Queue

Telemetry Transport」の頭文字を取ってMQTTと呼ばれます。MQTTを利用することで、インターネット越しの機器を制御したり、通知を送るアプリケーションを自由に開発することができます。

たとえば、もし自宅を離れたらエアコンをOFFにする、もし天気予報が雨だと言っていたらメールで通知するなどのように、MQTTを使えば自分だけのオリジナルのアプリケーションができてしまいます。[4.8 M5StackとLINEをIFTTTで連携する]で紹介している「IFTTT」と似ていますが、こちらのほうが汎用性が高い分、自分で連携部分を設計する必要があるため、比較すると難易度はやや高めと言えます。

MQTTでは、送受信するデータのことを「メッセージ」と呼び、メッセージを送信する側のことを「Publisher（パブリッシャー）」と呼びます。反対に、メッセージを受信する側のことを「Subscriber（サブスクライバー）」と呼びます。また、「MQTTブローカー」と呼ばれる、MQTTのメッセージを仲介するサーバーが必ず必要になります。SubscriberはMQTTブローカーへの接続時にトピック名と呼ばれる受信対象の識別子を指定しておき、条件に一致したメッセージのみを受信します。このMQTTブローカーはOSS（オープンソースソフトウェア）として公開されているものを利用して自身でサーバーを運用することもできますし、昨今ではクラウドサービス型のMQTTブローカーも無償のものからありますので、MQTTを利用したソフトやハードの開発は気軽に行うことができます。MQTTはTCP/IP上で動作し、SubscriberがMQTTブローカーへ接続する際は、通常1883ポートや8883ポートなどが使用されます。

MQTT用語

- MQTTブローカー
  MQTTのメッセージを仲介するサーバーのことをこのように呼びます。
- Topic（トピック）
  SubscriberはMQTTブローカーへの接続時にトピック名を指定しておき、条件に一致したメッセージのみを受信します。
- Publisher（パブリッシャー）
  メッセージを送信する側のことをこのように呼びます。
- Subscriber（サブスクライバー）
  メッセージを受信する側のことをこのように呼びます。パブリッシャーとサブスクライバーを兼任することも可能です。
- clientID
  MQTTクライアント（パブリッシャー）を識別するための識別子です。他の個体と被るとメッセージが正しく送受信できなくなる可能性があるため、ユニークでなければいけません。

手 順

① Beebotteのアカウント登録を行う
② Beebotteのコンソールで上でチャネルを作成する
③ Arduino IDEでM5Stack用のスケッチを作成する
④ 2台のM5Stackに同じスケッチを書き込む
⑤ M5StackまたはM5StickCのボタンを押して、もう1台のM5Stackが変化するか確認する

　この作例で利用しているBeebotteとは、MQTTブローカーとしても利用できるIoT向けのクラウドサービスです。一定以下のメッセージ量であれば無料で利用することができます。MQTTブローカーを自分で用意する必要がないため、登録すればすぐに使い始められます。

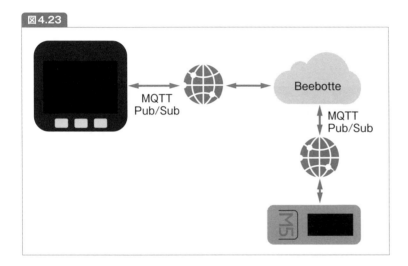

図4.23

● Beebotteのアカウント登録を行う

　M5StackからBeebotteを利用するためには、Beebotteにアカウント登録し、Webのコンソール上でチャネル（MQTTのメッセージ配送の際に利用する識別子）を作成しておく必要があります。以下URLからBeebotte公式ページにアクセスし、[Sign Up]からアカウント登録をしましょう（図4.24）。

https://beebotte.com/

　ユーザー名、メールアドレス、パスワードを入力し、登録を行ってください（**図4.25**）。入力したメールアドレスに確認メールが届きますので、確認リンクへアクセスするとアカウントが有効になります。

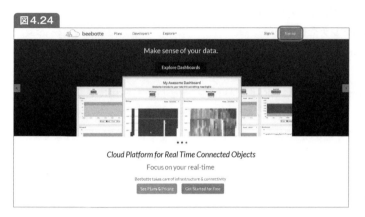

図4.24

図4.25

● Beebotteのコンソール上でチャネルを作成する

　登録が完了し、ログインすると**図4.27**のような画面になります。なお、Webサイト画面は随時リニューアルされ、変更される可能性があります。最初からtestチャネルが作成されていますがこちらは使用しません。[Create New]をクリックしてください（**図4.26**）。

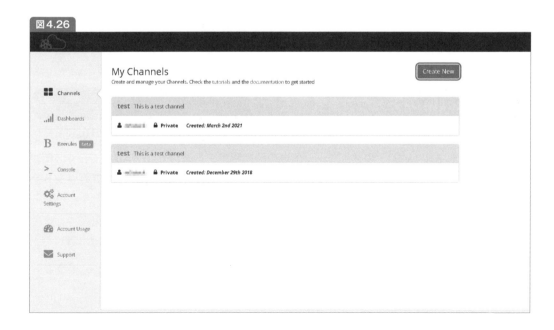

図4.26

[Create a new channel] に「m5」と入力し、[Configured Resources] に「button」と入力してください（**図4.27**）。他は空欄でかまいません。最後に [Create channel] をクリックしましょう。

図4.27

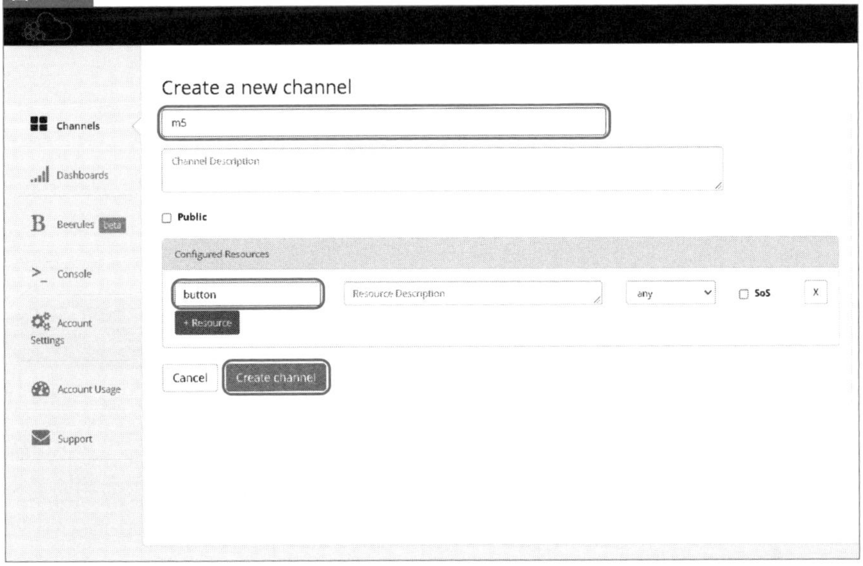

作成するとm5というチャネルが作成されていますので、クリックしてください（**図4.28**）。

図4.28

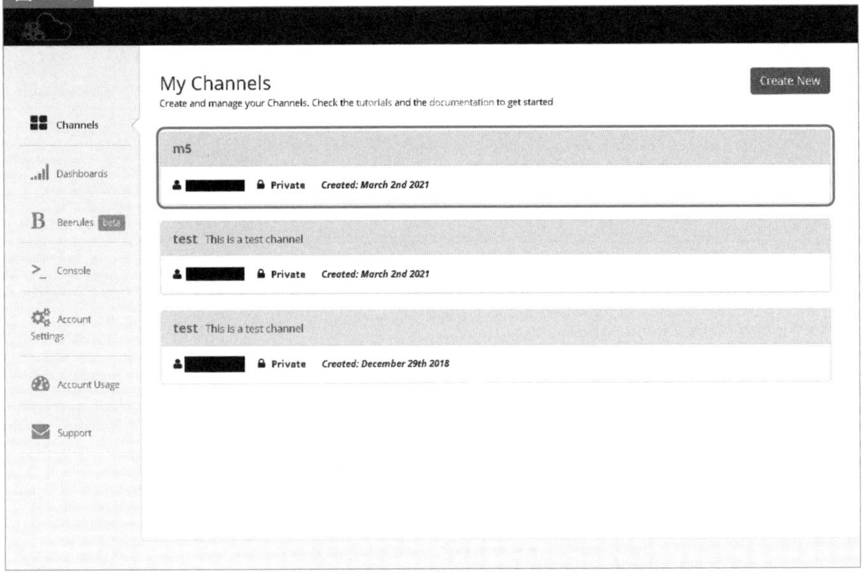

　ここで、[Channel Token:] と書かれた箇所のコロンより右側をメモしておいてください（図4.29）。のちほどArduino IDEのスケッチ内にこちらを記載します。

図4.29

● MQTT用のライブラリのインストール

　MQTTで通信するためには、PubSubClientというライブラリが必要です。[2.7 ライブラリを利用して画面に顔を表示する] と同様の手順となりますので、[スケッチ] → [ライブラリをインクルード] → [ライブラリを管理] の順番でクリックし、ライブラリマネージャを開いてください。ライブラリマネージャが表示されたら、下図のように検索ウィンドウに「pubsub」と入力してください。複数の検索結果が表示されると思いますが、「PubSubClient by Nick O' Leary」を探して、インストールボタンをクリックすればOKです（図4.30）。

図4.30

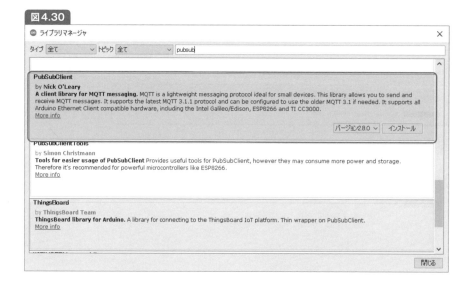

M5Stack 同士をMQTTで連携するスケッチを作成する

［ファイル］→［新規ファイル］で新規スケッチの作成画面を開いたら、以下のようにプログラムを記載していきましょう。Wi-Fiのアクセスポイント情報の他、［channelToken］についても先ほど控えたものに置き換えてください。スケッチが作成できたら、［書き込み］ボタンをクリックします。ここで紹介するスケッチは、M5StickC同士でもM5Stack Basic同士でも混在でも動作するようになっています。2台以上持っている場合はぜひ複数台のM5Stackに書き込んでみてください。

スケッチ4.9　　　　　　　　　　　　　　　　　　　　　　　　　　　　　　　m5nmqtt.ino

```
1   //M5StickCの場合
2   #ifdef ARDUINO_M5Stick_C
3     #include <M5StickC.h>
4   //M5Stack Basicの場合
5   #else
6     #include <M5Stack.h>
7   #endif
8   #include <WiFi.h>
9   #include <PubSubClient.h>
10
11  const char* ssid        = "XXXXXXXXXXXXXX"; //←変更箇所
12  const char* password    = "YYYYYYYYYYYYYYYY"; //←変更箇所
13  //MQTTの接続先(Beebotte)のURLを指定
14  const char *endpoint = "mqtt.beebotte.com";
15  //MQTTのポート番号を指定
16  const int port = 1883;
17  //Beebotteのチャネルトークンを指定
18  const char* channelToken = "token_ZZZZZZZZZZ"; //←変更箇所
19  //メッセージを知らせるトピックを指定
20  char *pubTopic = "m5/button";
21  //メッセージを待つトピックを指定
22  char *subTopic = "m5/button";
23
24  WiFiClient espClient;
25  PubSubClient client(espClient);
26
27  long lastReconnectAttempt = 0;
28  const char chars[] = "abcdefghijklmnopqrstuvwxyzABCDEFGHIJKLMNOPQRSTUVWXYZ ↵
    1234567890";
29  char id[17];
30
31  //MQTTのクライアントID用としてランダムIDを生成
32  const char * generateID() {
33    randomSeed(analogRead(0)); ←❶
```

第4章

159

```
34    int i = 0;
35    for(i = 0; i < sizeof(id) - 1; i++) {
36      id[i] = chars[random(sizeof(chars))];
37    }
38    id[sizeof(id) -1] = '\0';
39    Serial.print("clientid: ");
40    Serial.println(String(id));
41
42    return id;
43  }
44
45  //コールバック用の関数
46  void callback(char* topic, byte* payload, unsigned int length) {
47    Serial.print("Message arrived ["); //トピック名を出力
48    Serial.print(topic);
49    Serial.print("] ");
50
51    payload[length] = '\0'; //受信メッセージをString型に変換
52    String msg = String((char*) payload);
53    Serial.println(msg);
54
55    M5.Lcd.setCursor(0, 0); //カーソル位置をx=0 y=0で初期化
56    //受信したメッセージの内容で分岐
57    if (msg == "1") {
58      M5.Lcd.fillScreen(RED); //液晶を赤色にし、"red"という文字を表示
59      M5.Lcd.print("red");
60    } else if (msg == "2") {
61      M5.Lcd.fillScreen(GREEN); //液晶を緑色にし、"green"という文字を表示
62      M5.Lcd.print("green");
63    } else if (msg == "3") {
64      M5.Lcd.fillScreen(BLUE); //液晶を青色にし、"blue"という文字を表示
65      M5.Lcd.print("blue");
66    }
67  }
68
69  //切断時に再接続する
70  boolean reconnect() {
71    //再接続を試行
72    if (client.connect(generateID(), channelToken, "")) { ←❷
73      //接続が完了したらpublish
74      client.publish(pubTopic, "hello from m5stack"); ←❸
75      //サブスクライブする
76      client.subscribe(subTopic); ←❹
77
78      Serial.println("Connected to Beebotte MQTT");
79      M5.Lcd.println("Connected to Beebotte MQTT");
80    }
```

```
81    return client.connected();
82  }
83
84  void setup() {
85    //M5StackまたはM5StickCを初期化
86    M5.begin();
87
88    //M5StickCの場合
89    #if defined(ARDUINO_M5Stick_C)
90      M5.Lcd.setRotation(3);
91      M5.Lcd.setTextSize(1);
92    #else
93    //M5Stackの場合
94      M5.Lcd.setTextSize(2);
95    #endif
96
97    Serial.print("Connecting to "); //Wi-Fi接続
98    Serial.println(ssid);
99    WiFi.begin(ssid, password);
100   while (WiFi.status() != WL_CONNECTED) { //Wi-Fi接続完了するまで待機
101     delay(500);
102     Serial.print(".");
103   }
104   Serial.println("WiFi Connected!");
105
106   client.setServer(endpoint, port); ←❺
107   client.setCallback(callback); ←❻
108 }
109
110 void loop() {
111   M5.update();
112
113   //ボタンA（左のボタン）が押されたとき
114   if (M5.BtnA.wasReleased()) {
115     client.publish(pubTopic, "1");
116   //ボタンB（中央のボタン）が押されたとき
117   } else if (M5.BtnB.wasReleased()) {
118     client.publish(pubTopic, "2");
119   }
120
121 //M5Stack Basicのみ
122 #ifndef ARDUINO_M5Stick_C
123   //ボタンC（中央のボタン）が押されたとき
124   if (M5.BtnC.wasReleased()) {
125     client.publish(pubTopic, "3");
126   }
127 #endif
```

```
128
129    //接続が切れてしまった場合に再接続を試行
130    if (!client.connected()) {
131      long now = millis();
132      if (now - lastReconnectAttempt > 5000) {
133        lastReconnectAttempt = now;
134        //再接続を試行
135        if (reconnect()) {
136          lastReconnectAttempt = 0;
137        }
138      }
139    } else {
140      //接続できている場合
141      client.loop();
142    }
143  }
```

▶ スケッチの解説

❶ randomSeed(analogRead(0))

乱数を生成する関数です。今回のスケッチではClientID生成用に使用しています。

❷ client.connect(generateID(), channelToken, "")

指定されたアドレスに接続します。

❸ client.publish(pubTopic, "hello from m5stack")

MQTTブローカーに第1引数で指定したTopic、第2引数に指定したメッセージをPublish
します。

❹ client.subscribe(subTopic)

引数に指定したTopicでSubscribeします。

❺ client.setServer(endpoint, port)

MQTTブローカーの設定を行う関数です。第1引数に接続先アドレス、第2引数にポート番
号を指定します。

❻ client.setCallback(callback)

MQTTメッセージを受信した際に実行されるコールバック関数を設定します。

スケッチの書き込みが終わったら、どちらかのM5Stackのボタンを押してみましょう。正常に設定できていればボタンを押したM5Stackの画面の色が変わるだけでなく、もう片方のM5Stackの画面も連動するように変わることが確認できると思います。もし3台以上にスケッチを書き込んでいれば、そのM5Stackも同様に画面の色が変わっているはずです。このようにインターネット越しでありながら、別のM5Stackに反映されるまでの時間はほぼリアルタイムで、ボタンを押してから色が変わるまではほとんど遅れを感じないほどだと思います。

● MQTT.fx で MQTT メッセージを確認する

MQTT.fxというWindows用のクライアントソフトを利用すると、Windows上でMQTTメッセージのPublishとSubscribeを行うことができます。M5Stackに書き込んだもののうまく動作しない場合などに実際にMQTTメッセージが送信されているかを見ることができます。MQTT.fxのWebサイトからクライアントソフトをダウンロードできます。

https://mqttfx.jensd.de/

MQTTブローカーの設定画面で、Beebotteの場合、**図4.31**のように設定してください。User Nameはスケッチの箇所でも置き換えた [channelToken] を指定し、Passwordにも [channelToken] を入れてください。

図4.31

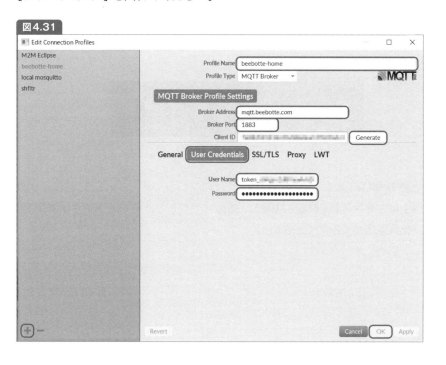

　設定したプロファイルを指定し、Connectをクリックして右側の丸印が緑色になれば接続が正しく行われています。

　下図のようにTopicは「m5/button」を指定し、1から3の好きな半角数字を入力し［Publish］をクリックすることで、MQTTブローカーにメッセージが送信されます。

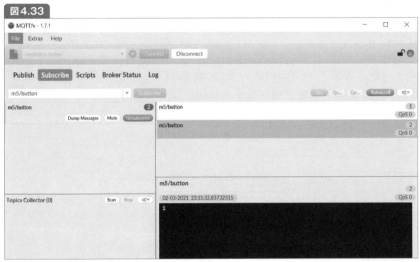

MQTT.fxでMQTTのデータを受信したところ

　冒頭でも述べたとおりMQTTは汎用性の高いIoT向けのプロトコルです。MQTTでやりとりをすることで理論上は世界中のIoT機器と通信し、情報をやりとりすることができますので、ぜひ自分のアイデアを具現化してみてください。

4.8 M5StackとLINEをIFTTTで連携する

>>>

　M5Stack には Wi-Fi が内蔵されていますが、本節ではより実践的な活用方法として、M5Stack を外部サービスである LINE と連携する方法について紹介します。前節では連携のために MQTT を用いましたが、ここではより簡単で便利なサービスとして IFTTT を利用します。このサービスを利用すると、本来連携のために必要なプログラミングが不要になりますので、ここであわせて紹介します。

　今回は、M5Stack のボタンを押したときに電池残量の情報を LINE に通知する方法を題材に紹介します。応用として、センサーで取得した情報を送ったり、帰宅したことを家族の LINE に通知する見守りアプリなど、活用方法は多岐にわたりますので、本節の内容をマスターすると M5Stack の世界観が大きく広がることと思います。

第
4
章

完成図

図4.34

図4.35

スマートフォンの LINE に通知が届いたところ

手順

① IFTTT のアカウント登録を行う
② IFTTT 上で LINE のアカウント認証を行い、アプレットを作成する
③ Arduino IDE で M5Stack 用のスケッチを作成する
④ M5Stack のボタンを押して、LINE に通知が表示されることを確認

● LINE Notifyとは

LINE Notifyは誰でも簡単にWebアプリなどから自分のLINEアカウントに通知を送ることのできる仕組みです。LINE Notifyという公式アカウントに通知することができ、自分だけが内容を見ることができます。

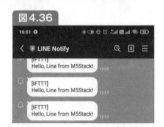

図4.36

● IFTTTとは

IFTTT（イフト）とは、世界中のWebサービス同士をプログラミングレスで接続することのできるサービスです。「If This Then That」の頭文字を取ってIFTTTと呼ばれます。たとえば、もし自宅を離れたらエアコンをOFFにする、もし天気予報が雨だと言っていたらメールで通知するなどのようにサービス同士を自由に組み合わせることで自分だけのオリジナルのアプリケーションができてしまいます。

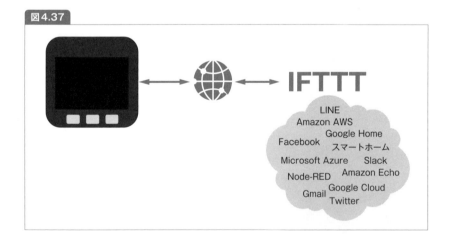

図4.37

IFTTTの世界ではこのサービス同士の組み合わせ方を**アプレット**と呼び、アプレットは公開することもできます。公開されているアプレットは自由に利用することができます。作ったアプレットはIFTTTのサービス上で動作するため、自前でサーバーなどを用意せずとも設定したとおりに動いてくれます。IFTTTが対応しているサービスは数百〜数千ありますので組み合わせは無限大です。もちろんM5StackもWebhookというサービスを使って連携することができますので、アイデア次第でM5Stackと世界中のサービスを連携できることになります。IFTTTには無料版と有料版があり、無料版の場合、3つまでアプレットを作ることができます。

● IFTTTのアカウント登録を行う

以下URLからIFTTT公式ページ（https://ifttt.com/）にアクセスし、［Sign Up］からアカウント登録をしましょう（**図4.38**）。AppleやGoogle、Facebookのアカウントを利用して登録することもできます。持っていなければ、通常のパスワード作成で登録しましょう。

図4.38

● IFTTT上でLINEのアカウント認証を行い、アプレットを作成する

登録完了後、ログインしたところです。Webサイト画面は随時リニューアルされ、変更される可能性があります。［Create］をクリックしてください（**図4.39**）。

図4.39

［If This］をクリックしてください（**図4.40**）。

図4.40

「Choose a service」(サービスを選んでください) と表示されるので、検索窓に [webhook] と入力し、[Webhooks] をクリックしてください (**図4.41**)。Webhook は、特定のイベント

を別のWebアプリケーションに通知を
発行するよう仕掛けておくもので、通知
の発行にはHTTPリクエストが利用され
ます。今回は、「M5Stackのボタン押下」
がイベントとなり、IFTTTに通知されます。
通知の際はパラメーター(文字列) を渡す
ことができますので、今回はM5Stackの
電池残量を渡しています。

Choose a trigger (トリガを選択して
ください) と表示されるので [Receive
a web request] をクリックします (**図
4.42**)。[Receive a web request] の設
定画面が表示されるので、Event Name
のところに「m5button_pressed」と入
力しましょう。ここで入力した文字はあ
とでArduino IDEで使います。

[If This] の設定が終わりましたので、
次は [Then That] をクリックしてくだ
さい (**図4.43**)。

先ほどと同様に「Choose a service」
(サービスを選んでください) と表示され
るので検索窓に「line」と入力し、[LINE]
をクリックしてください (**図4.44**)。

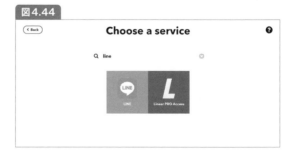

「Choose an action」（アクションを選択してください）と表示されるので [Send message] をクリックしてください（**図4.45**）。

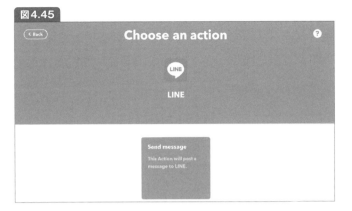

図4.45

Connect serviceの画面が表示されますので、[Connect] をクリックします。LINEの認証画面が表示されます。ここで自分のLINEアカウント情報を入力しましょう（**図4.46**）。

図4.46

「IFTTTとLINEを連携していいですか？」と聞かれますので [同意して連携する] をクリックしてください。[Message] のところは、以下のように入力しましょう。

```
<br>{{Value1}} {{Value2}} {{Value3}}
```

上記の {{Value1}}、{{Value2}}、{{Value3}} にはM5StackからWebhookで渡された電池残量のパラメーターが入っており、変数であることを示すために {{}} で囲っています。
冒頭の
はLINEで表示する際に、IFTTTの仕様で必ず [IFTTT] という文字列が表示されるため、電池残量の表示を見やすくするために改行するように指示しています。

入力したら［Create action］をクリックしてください（図4.47）。

図4.47

［Cotinue］をクリックしてください（図4.48）。

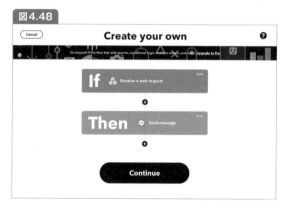

図4.48

Review and finish（確認と終了）画面です。［Finish］をクリックしてください（図4.49）。

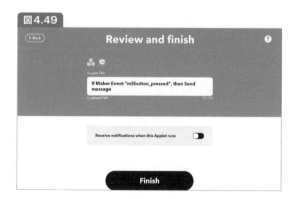

図4.49

設定は完了しましたが、Webhook の makerkey を確認する必要があります。[Webhook] アイコンをクリックしてください（**図4.50**）。

図4.50

Webhooks の画面が表示されますので、[Settings] をクリックしましょう（**図4.51**）。赤枠の中に表示されている文字列がmakerkeyです。これをコピーして Arduino IDE に貼り付けます。

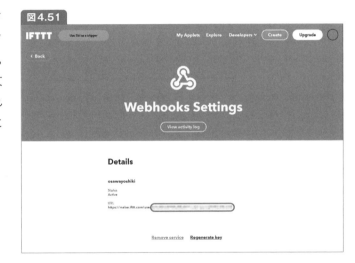

図4.51

URLエンコード用のライブラリのインストール

URLエンコードするためのライブラリが必要ですので、[2.7 ライブラリを利用して画面に顔を表示する] と同様の手順で以下のURLからライブラリをダウンロードし、インストールしてください。

https://github.com/MHCooke/URLEncoding

M5StackとLINEをIFTTTで連携するスケッチを作成する

[ファイル] → [新規ファイル] で新規スケッチの作成画面を開いたら、以下のようにプログラムを記載してきましょう。Wi-Fiのアクセスポイント情報の他、[Webhook の Event Name] と [maker key] についても先ほど控えたものに置き換えてください。スケッチが作成できたら、[書き込み] ボタンをクリックしてください。

スケッチ4.10　　　　　　　　　　　　　　　　　　　　　　　　　　　m5nline_ifttt.ino

```
1   #include <M5Stack.h>
2   #include <WiFi.h>
3   #include <WiFiClient.h>
4   #include <URLEncoding.h>
5
6   const char* ssid     = "XXXXXXXXXXXXXX"; //←変更箇所
7   const char* password = "YYYYYYYYYYYYYY"; //←変更箇所
8
9   String makerEvent = "m5button_pressed"; //Event Nameを入力
10  String makerKey = "ZZZZZZZZZZZZZZ"; //makerkey
11
12  const char* server = "maker.ifttt.com"; //IFTTTのURL
13  WiFiClient client;
14
15  //IFTTTにデータを送信する関数です。
16  void send(String value1, String value2, String value3) {
17    //サーバーを起動
18    Serial.println("\nStarting connection to server...");
19    if (!client.connect(server, 80)) { ←❷
20      Serial.println("Connection failed!");
21    } else {
22      Serial.println("Connected to server!");
23      //送信先のURLを作成
24      String url = "/trigger/" + makerEvent + "/with/key/" + makerKey;
25      url += "?value1=" + urlEncode(value1) ←❶
26          + "&value2=" + urlEncode(value2)
27          + "&value3=" + urlEncode(value3);
28      //URLリクエストを送信
29      client.println("GET " + url + " HTTP/1.1"); ←❸
30      client.print("Host: "); ←❹
31      client.println(server);
32      client.println("Connection: close");
33      client.println();
34      Serial.print("Waiting for response ");
35
36      int count = 0;
37      while (!client.available()) { ←❺
38        delay(50);
39        Serial.print(".");
40      }
41      //サーバーからのレスポンスを読み込んでシリアルに出力
42      while (client.available()) {
43        char c = client.read(); ←❻
44        Serial.write(c);
45      }
46
```

```
47      //サーバーとの通信を終了
48      if (!client.connected()) { ←❼
49        Serial.println();
50        Serial.println("disconnecting from server.");
51        client.stop(); ←❽
52      }
53    }
54  }
55
56  void setup() {
57    //M5Stack or M5StickCを初期化
58    M5.begin();
59
60    M5.Power.begin();
61
62    M5.Lcd.fillScreen(BLACK);
63    M5.Lcd.setCursor(40, 0, 2);
64    M5.Lcd.println("LINE NOTIFY");
65
66    //Wi-Fi接続
67    Serial.println("Connecting to " + String(ssid));
68    WiFi.begin(ssid, password);
69    //Wi-Fi接続が完了するまで待機
70    while (WiFi.status() != WL_CONNECTED) {
71        delay(500);
72        Serial.print(".");
73    }
74    Serial.println(" CONNECTED");
75
76    M5.Lcd.setTextSize(2);
77  }
78
79  void loop(){
80    M5.update();
81    M5.Lcd.setCursor(0, 15);
82
83    if(M5.BtnA.wasReleased()){
84      //LINEに送信したいメッセージを3つ指定
85      M5.Lcd.println("Hello, Line from M5Stack!");
86      send("Hello, ", "Line ", "from M5Stack!");
87    } else if (M5.BtnB.wasReleased()){
88      //LINEに電池残量を送信
89      String vbat_p;
90      if(!M5.Power.canControl()) {
91        vbat_p = String(M5.Power.getBatteryLevel()); ←❾
92      } else {   //電源情報が取得できない古いM5Stack
93        vbat_p = "??";
```

```
 94      }
 95
 96      M5.Lcd.println(String(vbat_p) + "% / 100%              ");
 97      send("Battery(%): ", String(vbat_p), "% / 100%");
 98    }
 99    delay(20);
100  }
```

▶ スケッチの解説

❶ urlEncode(value)

URLエンコードする関数です。引数にURLエンコードしたい文字列を指定します。URLエンコードとは、URLにおいて使用できない文字をルールに基づき変換することです。受信側ではもとに戻して（URLデコードされて）から解釈されます。

❷ client.connect()

指定されたIPアドレスとポートに接続する関数です。

❸ client.println()

接続されているサーバーに引数の中身＋改行コードを送信します。

❹ client.print()

接続されているサーバーに引数の中身を送信します。改行コードは付加されません。

❺ client.available()

サーバーから送信されてきた読み込み可能なデータをバイト数で返す関数です。

❻ client.read()

サーバーからのレスポンスデータを読み込みます。

❼ client.connected()

サーバーに接続されていればtrue、接続されていなければfalseが返されます。ただし、未読のデータがある場合には、クライアントは接続されていると見なされます。

❽ client.stop()

サーバーとの接続を切断します。

❾ M5.Power.getBatteryLevel()

　M5Stack用の電池残量を取得する関数です。取得できる値の単位は％です。

　書き込みが終わったら、M5Stackのボタンを押してみましょう。正常に設定できていればスマートフォンのLINEアプリに通知が届くと思います。届くまで時間がかかることはありますが、おおむね1分以内には届くと思います。届かない場合、IFTTTの設定を見直したり、Arduino IDEのシリアルモニタを開きサーバーからのレスポンスが届いているか確認してみてください。

　今回はポピュラーなツールであるLINEと連携しましたが、冒頭でも述べたとおりIFTTTの先にはいくつものサービスがあり、自由に利用することができます。このようなツールを活用してぜひ自分のアイデアを具現化してみてください。

ModuleとHatで
M5Stackを拡張する

本章ではM5Stack およびM5StickC向けに市販されている拡張製品との連携方法について解説します。それぞれの拡張製品の基本的な使い方や注意点、拡張製品を使った具体例を紹介します。

5.1　Module/Hatとは?

　M5Stackシリーズでは、機能拡張する場合の選択肢として、2章や3章で紹介したUnitや Grove規格に対応したものだけでなく、**Module**や**Hat**と呼ばれる拡張製品を利用すること ができます。ModuleやHatはM5Stack BasicやM5StickCの機能を拡張する製品です。 ModuleがM5Stack BasicおよびM5Stack Gray用、HatがM5StickC/M5StickC Plus用と なっています。

　本体だけではできない機能を後付で追加することができる点はUnit、Hat、Moduleいずれも 同様ですが、Moduleだけの利点として複数のModuleを物理的に重ねて(Stackして)利用す ることができます。これにより、簡単にM5Stack/M5StickCの活用の幅を広げることが可能 になります。本節では、主なModuleやHatの種類を紹介し、さらにM5Stack Basic+GPSモ ジュールで位置情報を取得する方法とM5StickC + SERVO HATでサーボモーターを制御す る方法を紹介します。

　M5Stack Basicは購入時、図5.1左のように本体CoreとBottomの2つで構成されていま す。本体Coreがマイコン、LCD、ボタンなどを含んでおり、BottomがLipoバッテリーを含ん でいます。Moduleを拡張する場合は図5.1右のようになります。本体CoreとBottomまた はBaseの間にM-BUSコネクタでモジュールを接続していきます。理論上はいくつでも拡張 可能ですが、組み合わせには注意が必要ですので本章の解説を参考に必要なModuleを拡張し ていってください。

図5.1

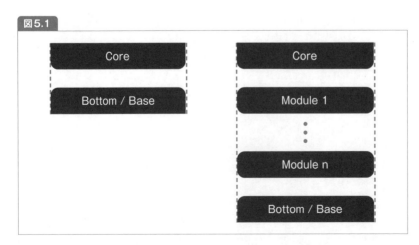

なお、Bottomに対して、Baseというのはバッテリー以外の機能を持ったもののうち追加の
M-BUSコネクタを持たないものをいいます。Baseの下に追加のモジュールを接続することは
できません。種類は少ないですが、例としてLAN Module W5500 with PoE[1]やBaseX[2]な
どがあります。

M5Stack Basicに拡張モジュールを接続する

今回は**M5Stack PLUSエンコーダモジュール**[3]を例に、M5Stack
Basicに接続する方法を説明します。モジュールによって形が異なっ
たり、追加の接続が必要な場合がありますが、ここで紹介するのは最
もオーソドックスな接続方法になります。

M5Stack Basicは前述の通り本体CoreモジュールとBottomに
分かれています。割れ目から爪を使って分割することができますので、
まずは分割します（**図5.2**）。

図5.2

右の本体CoreモジュールのM-BUSコネクタ（メス）にM5Stack PLUSエンコーダモジュー
ルのM-BUSコネクタ（オス）を合わせるようにして接続します（**図5.3**）。

図5.3

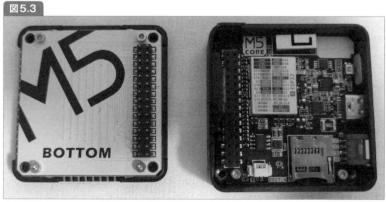

左：Bottom　右：本体Coreモジュール

---

*1　https://www.switch-science.com/catalog/6544/
*2　https://www.switch-science.com/catalog/6354/
*3　https://www.switch-science.com/catalog/5206/

本体 Core モジュールに M5Stack
PLUS エンコーダモジュールを接続し
たところです。ここに Bottom を接続
すれば Module の接続作業は完了です
（図5.4）。

図5.4

図5.5 のように、補強のために左右
2か所のネジ穴に M3 ネジ [4] を接続す
ることも可能です。

図5.5

● M5StickC に拡張モジュールを接続する

Hat も基本的な考え方は Module と同じですが、Hat は Module のように複数重ねることが
できませんので1つのみとなります。

図5.6

＊4　https://www.switch-science.com/catalog/6358/

今回はM5StickC Servo Hat[5]を例に、M5StickCに接続する方法を説明します。M5Stack Basicのときと比べて接続はシンプルです。M5StickCの8ピンコネクタ（メス）にM5StickC Servo Hatの8ピンコネクタ（オス）を差し込みます。

図5.7

図5.8

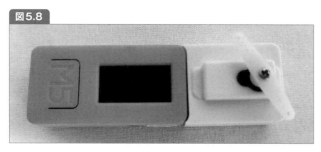

拡張機能の選び方

前述の通り、M5Stackシリーズ本体だけではできない機能を使って開発したい場合に、ModuleやHat、Unitの利用を検討することになります。実際にM5Stackシリーズ用の製品をインターネット上で探すと、似たような機能を持つ ModuleやHat、Unitが複数あり、どうやって選んだらいい？という疑問が生まれると思います。これらは基本的には目的の機能を持つものを自由に選んでかまいませんが、次の注意点に気を付けて購入すると良いでしょう。

1. 目的の機能を持つものがModuleまたはHatとUnit（ポートA）どちらも存在する場合、見た目を気にしないのであれば基本的にどれを選んでもかまわない
2. バッテリーモジュールを複数重ねてはいけない
3. 無線モジュールは日本国内で使用する場合は技適に気を付ける
4. 複数の拡張機能を接続する場合、GPIO番号が競合していないか注意する

＊5　https://www.switch-science.com/catalog/6076/

　　5. 非公式モジュールを使用する場合は作者からの情報をよく読む

順番に説明します。

1. 目的の機能を持つものが Module と Unit、Hat である場合、見た目を気にしないのであれば基本的にどれを選んでもかまわない

同じ機能を持つものが Module と Unit、Hat である場合、機能的にはどれ選んでもかまいません。ただし、Module にしかないもの、Unit にしかないもの、Hat にしかないものは一定数ありますので、事前によく考えて購入する必要があります。また、Unit 製品の場合ですと Grove ケーブルおよび Unit 製品が M5Stack 本体からぶら下がる形になりますので、見た目が気になるかどうかが選択のポイントになります。気にならないのであれば最も汎用性が高いのが Unit シリーズです。Unit 製品は M5Stack でも M5StickC でも Atom シリーズでも使用できるためです。ただし、ENV Unit のように、バージョンが上がったことで使われるチップがアップグレードされ、仕様が変わっているものもありますのでよく調べてから購入しましょう。

2. バッテリーモジュールを複数重ねてはいけない

バッテリーモジュールは重ねるだけで本体の容量を増やすことができます。ただし、このバッテリーモジュールと他のバッテリー製品（M5Stack 用 Bottom、M5GO/FIRE バッテリー Bottom など）を同時に使用してはいけません。容量の異なるバッテリーを並列で充電または放電することにより、過充電や過放電の危険があるため、同時に使用すると最悪の場合、発火する危険性があります。

3. 無線モジュールは日本国内で使用する場合は「技適」に気を付ける

M5Stack シリーズは Wi-Fi や Bluetooth などが使えますが、日本国内でこれらの無線を使用する場合、製品は総務省の定めにより、**技術適合証明**（「技適」と省略したり「TELEC」と呼ばれることもあります）を取得している必要があります。スイッチサイエンスから発売されている製品はすべてこの技術適合証明を取得していますので安心して使用できます。一方で M5Stack 公式ストアで購入する場合は注意が必要です。M5Stack シリーズの一部の無線製品は、他国で使用することは何ら問題なくても、日本で使用する場合に違法となってしまう場合がありますので、よくわからない場合はスイッチサイエンスで購入するのが良いでしょう。通信機能は M5Stack シリーズで利用できる Wi-Fi や Bluetooth 以外にも、本節で紹介する Module を使うことでさらに多くの種類の通信機能を利用することができ

ます。一例を挙げると、ソラコム社から発売されている「M5Stack用 3G 拡張ボード＊6」などがあり、このようなサードパーティ製モジュールを利用することで、3GやLTEなどの通信規格も利用可能になります。上記は「技適」を取得している製品ですので安心して使うことができます。

4. 複数の拡張機能を接続する場合、GPIO番号が競合していないか注意する

製品によっては、使用するGPIO番号が競合しているものがあり、組み合わせて使えないことがあります。一例として、ソラコム社から発売されている3G拡張ボードはGPIOの16と17を利用しますが、本章の [5.3 GPSモジュールで位置情報を取得する] で利用する「M5Stack用GPSモジュール V2」もGPIOの16と17を利用します。競合を回避するにはハードウェアの変更とスケッチの変更の両方が必要となり、注意が必要です。

5. 非公式モジュールを使用する場合は作者からの公表情報をよく読む

M5Stack社から発売されたものではない非公式モジュールがスイッチサイエンスから委託販売という形で販売されています。作者のWebページやTwitterなど、公式サイト以外から情報を取得する必要がありますので使い方をよく読んで購入・使用する必要があります。

第
5
章

＊6　https://soracom.jp/products/kit/3g_module_m5stack/

5.2　主な Module/Hat の例

Module/Hat は、その使い方で分けた場合に大きく以下の3種類に分けることができます。

❶ Arduino IDE などでプログラムをすることで初めて機能する Module/Hat
❷ 接続するだけで機能する Module/Hat
❸ ハードウェア実装とプログラムが両方必要な Module/Hat

　3種類のうち「Arudino IDE などでプログラムをすることで初めて機能する Module」に分類されるものは、GPS モジュール、各種センサー系モジュール、アプリケーションモジュール、コントローラー系モジュール、インターフェース増設系モジュールなど、圧倒的に多くの製品があります。以下に、代表的なモジュールをいくつか紹介していきます。M5Stack シリーズの日本の代理店であるスイッチサイエンスで購入できるもののうち、できるだけ用途が異なる Module と Hat を厳選して紹介します。

❶ Arduino IDE などでプログラムをすることで初めて機能する Module/Hat

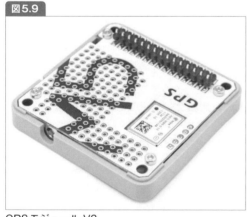

図5.9

GPS モジュール V2

図5.10

ENV II Hat

図5.11

BALA-C ミニセルフバランスカー

図5.12

JoyC コントローラーモジュール

図5.13

GOPLUS2モジュール

❷接続するだけで機能するModule/Hat

図5.14

電池モジュール(バッテリーモジュール)

図5.15

PowerC Hat

❸ ハードウェア実装とプログラムが両方必要な Module/Hat

図5.16	図5.17

プロトモジュール	Proto Hat

● Module の例

表5.1

Module 名	概要	Module 写真
M5Stack 用 GPS モジュール V2	GPS で緯度経度情報等を取得できる Module。外部アンテナも内蔵アンテナも利用できる。	
M5Stack 用 電池モジュール	700 mAh のリチウムポリマー電池を搭載した Module。M5Stack の動作時間を標準と比べ大きく増やすことができる。	
M5Stack 用 GOPLUS2 モジュール	さまざまなインターフェースを搭載した Module。DC モーター× 2、サーボモーター× 4、IR トランスミッター、IR レシーバーを搭載。M5-BUS のポート B を 3 チャンネルに拡張	
M5Stack 用 プロトモジュール	M5Stack 用のピンソケットを装着しただけの Module。空いているスペースに自分で部品を実装するなどして利用する。	
M5Stack PLUS エンコーダモジュール	電池とさまざまなインターフェースを搭載した Module。500 mAh バッテリー、ロータリエンコーダ、赤外線トランスミッター、Grove ポート B、Grove ポート C を搭載。	
M5Stack 用 MAX3421E 搭載 USB モジュール	USB ポートと GPIO 拡張ピンを搭載した Module。キーボードやマウスなどの USB 機器を接続可能。USB 標準 A ポート× 1、拡張 GPIO ピン× 10 を搭載。	

● Hat の例

表5.2

Hat名	概要	Hat写真
M5StickC Servo Hat	サーボモーターが内蔵されているモジュール。小型サーボも付属しているので、M5StickCと本製品があればサーボを動かすことができる。	
M5StickC ENV II Hat	温度、湿度、気圧、磁界がこれ1つで計測できる製品。	
BALA-C	サーボモーターを制御し、走らせることのできる二輪車。	
JoyC	ジョイスティックを2つ搭載した製品。たとえばオリジナルのラジコンやゲームのコントローラーなどを開発できる。	
PowerC Hat	16340というリチウムイオンバッテリーを装着することでM5StickCを長時間動作させることができる製品。以下の拡張インターフェースも搭載されている。I2Cコネクタ、電源入力（5V）用のUSB Type-C、電源出力（5V / 1.5 A）用のUSB Type-Aを搭載。	
M5StickC Proto Hat	M5StickC用のピンソケットを装着したモジュール。空いているスペースに自分で部品を実装するなどして利用する。	
M5StickC Speaker Hat（PAM8303搭載）	M5StickC用のスピーカーモジュール。抵抗4Ω、出力3W。	

実装方法

　Module、Hat、Unit どれを選んでもサンプルスケッチがあるものがほとんどです。まずはサンプルスケッチを実行してみて、期待通りの動きをしていることを確認してから、自分の思うとおりのスケッチに書き換えるのが良いでしょう。5.3節の「GPS モジュールで位置情報を取得・表示する」や5.4節の「M5StickC SERVO HAT でサーボを回転させる」で具体例を紹介します。

5.3　GPS モジュールで位置情報を取得する

GPS モジュールの中で、現在使われることが多いのは M5Stack 用 GPS モジュール V2[*7] です。GPS モジュールを使うことで、現在地の緯度情報、経度情報などが取得できます。アイデア次第とはなりますが、オリジナルのナビアプリや、現在地をトリガとしてあらかじめプログラムしておいたアクションをするジオフェンシング技術などを応用することで、さまざまなアプリケーションを開発できる可能性があります。GPS モジュールを開発するにあたっては、GPS 情報だけ（緯度・経度など）の取得であればインターネット接続は不要です。たとえばオンラインの地図情報を合わせて表示したりする場合は、インターネット接続が必要になります。

このセクションで使う部品

1. M5Stack 用 GPS モジュール V2[*8]

完成図

図5.18

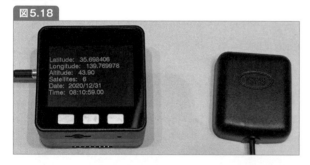

● GPS モジュール V2 の使い方

GPS モジュール V2 は外付けアンテナと内蔵アンテナの 2 つのアンテナが利用可能です。同時に使うことはできませんので、事前に配線を行っておく必要があります。外付けアンテナのほうが利得が稼げますので受信感度が良くなる可能性がありますが、当然ケーブルやアンテナが出っ張ることになります。目的に合わせて選択してください。

＊7　V1 という旧製品もあり、こちらは販売を終了していますが、V1 と比べて外部アンテナを必須とせず、内蔵アンテナのみで受信できるので使いやすくなりました。

＊8　https://www.switch-science.com/catalog/3861/

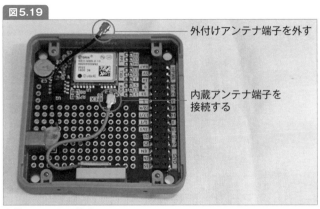

図5.19

外付けアンテナ端子を外す

内蔵アンテナ端子を
接続する

内蔵アンテナ配線時

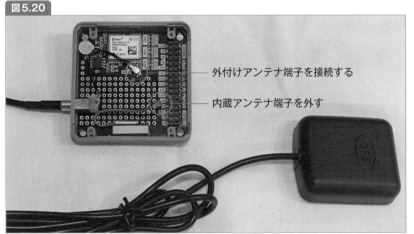

図5.20

外付けアンテナ端子を接続する

内蔵アンテナ端子を外す

外付けアンテナ配線時

● TinyGPS++ライブラリのインストール

　GPSモジュールにはサンプルスケッチがありますが、次項で紹介するサンプルスケッチは別途ライブラリが必要です。TinyGPS++のライブラリはインターネットからダウンロードする必要があります。ちなみにライブラリマネージャからはTinyGPSというライブラリが利用できますが、これはTinyGPS++とは別物ですので今回のサンプルスケッチには利用できません。

　Webブラウザから以下のURLにアクセスし、ライブラリをダウンロードしてください。ダウンロードしたzipファイルは**解凍しないでください。**

https://github.com/mikalhart/TinyGPSPlus

図5.21

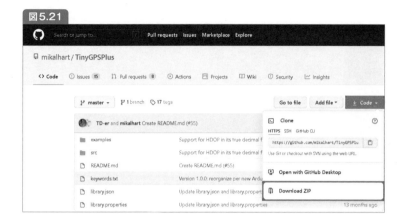

Arduino IDEのメニューを［スケッチ］→［ライブラリをインクルード］→［ZIP形式のライブラリをインストール］の順番でクリックします。

図5.22

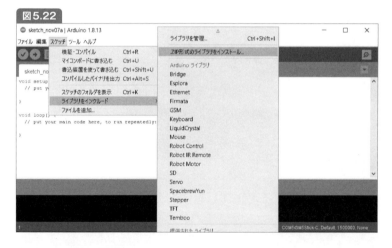

ウィンドウが表示されますので、先ほどダウンロードしたzipファイルを選択し、開くをクリックすれば自動的にインストールが行われます。

● GPSモジュールで位置情報を取得・表示する

M5Stack用GPSモジュール V2にはサンプルスケッチがありますので、それを利用して一部書き換えていきます。［ファイル］→［スケッチ例］→［M5Stack］→［モジュール］→［GPS_NEO_M8N］の順にクリックしスケッチを開きます。いったんファイル名を変更して保存しておきます。開いたサンプルスケッチのウィンドウで、［ファイル］→［名前を付けて保存］の

順にクリックし「m5gps」などとし、[保存] ボタンをクリックしましょう。スケッチ5.1 は、M5Stack向けの [GPS_NEO_M8N] のサンプルスケッチを簡略化したものです。

スケッチ5.1　　　　　　　　　　　　　　　　　　　　　　　　　　　　　　　　　m5gps.ino

```
1  #include <M5Stack.h>
2  #include <TinyGPS++.h>
3
4  //TinyGPS++オブジェクトの宣言
5  TinyGPSPlus gps;
6
7  //GPSモジュール用のシリアル通信
8  HardwareSerial ss(2);
9
10 void setup() {
11   M5.begin();
12   //GPSモジュールと通信するためのシリアル通信を開始
13   ss.begin(9600); ←❶
14   M5.Lcd.setTextColor(GREEN, BLACK);
15 }
16
17 void loop() {
18   displayInfo();
19   smartDelay(1000);
20 }
21
22 //指定したミリ秒の間、シリアルポートからのデータを待ち受け、読み込み
23 static void smartDelay(unsigned long ms) {
24   unsigned long start = millis();
25   do {
26     while (ss.available() > 0) ←❷
27       gps.encode(ss.read()); ←❸ ←❹
28   } while (millis() – start < ms); ←❺
29   M5.Lcd.clear();
30 }
31
32 //GPSから取得した情報を表示
33 void displayInfo() {
34   M5.Lcd.setCursor(0, 40, 4);
35
36   //緯度
37   M5.Lcd.print(F("Latitude:    "));
38   if (gps.location.isValid()) { ←❻
39     M5.Lcd.print(gps.location.lat(), 6); ←❼
40   } else {
41     M5.Lcd.print(F("INVALID"));
42   }
```

```
43
44    //経度
45    M5.Lcd.println();
46    M5.Lcd.print(F("Longitude:    "));
47    if (gps.location.isValid()) {
48      M5.Lcd.print(gps.location.lng(), 6);
49    } else {
50      M5.Lcd.print(F("INVALID"));
51    }
52
53    //高度
54    M5.Lcd.println();
55    M5.Lcd.print(F("Altitude:    "));
56    if (gps.altitude.isValid()) {    ←❽
57      M5.Lcd.print(gps.altitude.meters());    ←❾
58    } else {
59      M5.Lcd.print(F("INVALID"));
60    }
61
62    //補足衛星数
63    M5.Lcd.println();
64    M5.Lcd.print(F("Satellites:    "));
65    if (gps.satellites.isValid()) {    ←❿
66      M5.Lcd.print(gps.satellites.value());    ←⓫
67    } else {
68      M5.Lcd.print(F("INVALID"));
69    }
70
71    //年月日
72    M5.Lcd.println();
73    M5.Lcd.print(F("Date:    "));
74    if (gps.date.isValid()) {    ←⓬
75      M5.Lcd.print(gps.date.year());    ←⓭
76      M5.Lcd.print(F("/"));
77      M5.Lcd.print(gps.date.month());    ←⓭
78      M5.Lcd.print(F("/"));
79      M5.Lcd.print(gps.date.day());    ←⓭
80    } else {
81      M5.Lcd.print(F("INVALID"));
82    }
83
84    //時分秒、ミリ秒
85    M5.Lcd.println();
86    M5.Lcd.print(F("Time:    "));
87    if (gps.time.isValid()) {    ←⓮
88      if (gps.time.hour() < 10) M5.Lcd.print(F("0"));
89      M5.Lcd.print(gps.time.hour());    ←⓯
```

```
90      M5.Lcd.print(F(":"));
91      if (gps.time.minute() < 10) M5.Lcd.print(F("0"));
92      M5.Lcd.print(gps.time.minute());← ←⑮
93      M5.Lcd.print(F(":"));
94      if (gps.time.second() < 10) M5.Lcd.print(F("0"));
95      M5.Lcd.print(gps.time.second()); ←⑮
96      M5.Lcd.print(F("."));
97      if (gps.time.centisecond() < 10) M5.Lcd.print(F("0"));
98      M5.Lcd.print(gps.time.centisecond()); ←⑮
99    } else {
100     M5.Lcd.print(F("INVALID"));
101   }
102 }
```

▶ **スケッチの解説**

❶ ss.begin(9600)

GPS通信用のシリアルをボーレート9600で開始します。

❷ ss.available()

シリアルポートに何バイトのデータが到着しているかを返します。何も到着していなければ0、何かしらのデータが到着している場合は1以上となります。

❸ ss.read()

シリアル通信の内容を読み込みます。

❹ gps.encode(ss.read())

シリアルから読み込んだ内容をGPSオブジェクトに変換します。

❺ millis()

M5Stackの起動からのミリ秒を返す関数です。

❻ gps.location.isValid()

GPSの緯度経度が有効の場合にtrueが、無効ならfalseが返ります。

❼ gps.location.lat() / gps.location.lng()

それぞれ緯度と経度を取得する関数です。

❽ gps.altitude.isValid()

　GPSの高度が有効の場合にtrueが、無効ならfalseが返ります。

❾ gps.altitude.meters()

　GPSの高度をメートルで取得する関数です。

❿ gps.satellites.isValid()

　GPSの衛生補足情報が有効ならtrue、無効ならfalseが返ります。

⓫ gps.satellites.value()

　GPSの衛星補足数を取得する関数です。

⓬ gps.date.isValid()

　GPSの日付情報が有効ならtrue、無効ならfalseが返ります。

⓭ gps.date.year() / gps.date.month() / gps.date.day()

　それぞれ、年、月、日を取得する関数です。

⓮ gps.time.isValid()

　GPSの時刻情報が有効ならtrue、無効ならfalseが返ります。

⓯ gps.time.hour() / gps.time.minute() / gps.time.second() / gps.time.centisecond()

　それぞれ、時、分、秒、ミリ秒を取得する関数です。

　作成できたら、[書き込み]ボタンをクリックします。新規作成の場合はスケッチの保存先を指定することになりますので、[ファイル] → [名前を付けて保存]の順にクリックし、「m5gps」などとし、[保存]ボタンをクリックしましょう。書き込みが終わったら、M5Stackの画面に現在位置が表示されたことが確認できると思います。GPSの仕様上屋内ですとなかなか補足できませんので見通しの良い場所に移動してみて現在地が反映されることを確認してみてください。見通しの良い場所に出てから最初の補足まではコールドスタートといって、長い場合ですと数分かかります。

5.4 M5StickC Servo Hatでサーボを回転させる

サーボモーターは電気の力を使って、目標位置に対して自動で追従する事のできる仕組みを持っており、高速、精密な制御を得意とします。このため、ラジコンやロボットを始めとして、産業用途から趣味用途まで幅広く使われています。これからM5Stackシリーズを使って何かを物理的に動かしたい、制御したいという方の入門として最適かと思います。今回は、M5StickC用のHat製品であるM5StickC Servo Hatを使って、サーボを制御してみましょう。

このセクションで使う部品

1. M5StickC Servo Hat[*9]

完成図

図5.23

● M5StickC Servo Hatを取り付ける

付属のサーボを付属のネジを使ってプラスドライバーで固定してください。

図5.24

＊9 https://www.switch-science.com/catalog/6076/

195

● M5StickC Servo Hat でサーボを回転させるスケッチを作成する

Servo Hat にはインターネット上にサンプルスケッチがありますので、それを利用して一部書き換えていきます。Arudino IDE のスケッチ例には [SERVOS] というものがありますが、こちらは別の Hat 向けのものなので注意してください。Web ブラウザから以下の URL にアクセスし、ライブラリをダウンロードしてください（図5.25）。ダウンロードした zip ファイルをデスクトップなどの任意の場所で解凍してください。

https://github.com/m5stack/M5-ProductExampleCodes

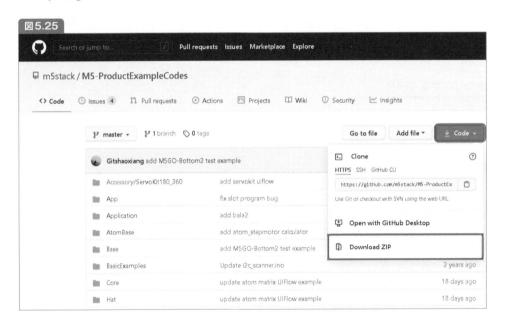

図5.25

解凍したフォルダから「\M5-ProductExampleCodes-master\Hat\servo-hat\Arduino\SERVO\servo\servo.ino」を確認し、Arduno IDE から開きます。ここからスケッチを一部書き換えていきますので、いったんファイル名を変更して保存しておきます。開いたサンプルスケッチのウィンドウで、［ファイル］→［名前を付けて保存］の順にクリックし、「m5cservo」などの名前を付けて［保存］ボタンをクリックしましょう。

保存する際、解凍したフォルダではなく Arduino IDE のデフォルトの保存先フォルダ（［ファイル］→［環境設定］を開き、［スケッチブックの保存場所］に記載されているフォルダ）に保存したほうが、あとあとスケッチを探すときに便利です。保存後、以下のようにプログラムを記載していきましょう。

スケッチ5.2　　　　　　　　　　　　　　　　　　　　　　　　　　　　　　m5cservo.ino

```
1  #define COUNT_LOW 1500
2  #define COUNT_HIGH 8500
3  #define TIMER_WIDTH 16
4  #include "esp32-hal-ledc.h"
5  #include <M5StickC.h>
6
7  void setup() {
8    M5.begin();
9    //PWMを使用するための設定を行う関数
10   ledcSetup(1, 50, TIMER_WIDTH); ←❶
11   //PWMで利用するピンとチャネルを結び付ける関数
12   ledcAttachPin(26, 1); ←❷
13
14   M5.Lcd.setRotation(3);
15   M5.Lcd.fillScreen(BLACK);
16   M5.Lcd.setTextSize(1);
17   M5.Lcd.setCursor(40, 0, 2);
18   M5.Lcd.print("SERVO TEST");
19   M5.Lcd.setTextSize(2);
20 }
21
22 void loop() {
23   //デューティー比をCOUNT_LOW〜COUNT_MAXまで、500ミリ秒ごとに100ずつ増やしていく。
24   for(int i = COUNT_LOW; i < COUNT_HIGH; i = i + 100){
25     M5.Lcd.setCursor(0, 15);
26     M5.Lcd.printf("duty: %05d", i);
27     //チャンネル1に変数iの値（デューティー比）を書き込み
28     ledcWrite(1, i); ←❸
29     delay(500);
30   }
31 }
```

▶ **スケッチの解説**

PWMとは

　LEDの明るさ調整やサーボの制御は、本スケッチのようにPWMという技術がよく利用されます。パルス幅変調とも呼ばれるこの方式は、電圧の [HIGH] と [LOW] を高速にスイッチングすることで、LEDの明るさやサーボの動きを制御することができます。デューティー比とは、1周期（周波数）における [HIGH] と [LOW] の比です。このデューティー比を調整することでLEDの明るさ調整や、今回のようにサーボの動きを制御できます。どのくらいの周波数で、どのくらいのデューティー比にしたらどの程度明るさが変わるか、あるいはサーボがどの程度動くのかは、それぞれの部品ごとに提供されているデータシートを参照する必要があります。なお、M5StackシリーズではledcWriteという関数を使ってデューティー比の指定（書き込み）

第
5
章

ができます。

❶ ledcSetup(1, 50, TIMER_WIDTH)

PWM を使用するための設定を行う関数です。

- 第1引数：利用するチャネル。0〜15。通常は1でかまいません
- 第2引数：基本となるPWMの周波数
- 第3引数：デューティー比を何ビットで表すか

❷ ledcAttachPin(26, 1)

PWM で利用するピンとチャネルを結び付けます。M5StickC Servo Hat は GPIO の 26 番が利用されていますので今回は26と指定しています。

- 第1引数：PWMを利用するGPIOのピン番号
- 第2引数：チャネル。前述のledcSetupで指定したチャネルと同じチャネルにします

❸ ledcWrite(1, i)

指定したデューティ比でPWM出力します。

- 第1引数：チャネル。前述のledcSetup()で指定したチャネルおよびledcAttachPin()と
  同じチャネルにします
- 第2引数：デューティ比。ledcSetup()で指定したビットが最大値となります
    例：8ビット→0~256（2の8乗）
    　　16ビット→0~65536（2の16乗）

　作成できたら、[書き込み] ボタンをクリックします。書き込みが終わったら、M5StickC に SERVO HAT を接続して、サーボが回ることを確認してみてください。正しく動いたら、ledcWriteの引数を変えてみて、サーボの動きがどのように変化するか試してみてください。

第 **6** 章

M5Stackで ガジェットをDIYする

実践編では、入門編の内容を踏まえ、M5Stackを使ってアイ
デアを実現した作例を具体的に紹介します。すぐに真似して
みたくなるような内容から応用的な活用まで、アイデア次第
で広がるM5Stackの世界観を感じてみてください。

本章では、M5Stackを使いガジェットをDIYして実践的に
利用している作例を幅広く紹介します。手軽に楽しめるもの
から実用的なものまで、幅広く紹介しています。

6.1 M5Stackでシャトルラン 〜M5Stackで音を扱おう〜

難易度
★☆☆☆

著者
菅原のびすけ

皆さんは国民的競技のシャトルランはもちろんご存じですよね？M5Stack Basicにはスピーカーが内蔵されているため、シャトルランのあのメロディを単体で再現することができます。この節ではシャトルランの実装をしながらM5Stackで音を扱う方法を紹介していきます。シャトルランの解説からしていますので、シャトルランを知らないという方でも楽しめる内容になっています。

▶ 使用するデバイス

• M5Stack Basic

● 地獄の競技　みんなのトラウマ、シャトルラン

　シャトルランは、20メートルの距離を制限時間内に走り、その往復を繰り返す体力測定の種目です。1999年から実施され始めた「新スポーツテスト」の種目として全国の小学校や中学校などで実施されています。もちろん筆者も経験しています。

　シャトルランでは、20メートルを走る際にドレミファソラシドの単調な音階のメロディが流れます。このメロディが鳴り終わるまでに区間を走り切らないといけません。また、回数が上がるにつれてメロディのテンポが速くなっていくため、どんどん速いスピードで走らないと脱落してしまいます。かなりつらい種目となっていて、（スポーツ全般に言えることかもしれませんが、）自分との戦いであり、精神力も測定されている種目とも言えます。そのため、シャトルランを経験した人にとってはこのメロディはつらい記憶となっていることが多く、みんなのトラウマ的存在になっています。

図6.1.1

シャトルラン

Shuttle Run

意味：定期往復便、折り返し運転

シャトルランのルール

　全国で実施されていると書きましたが、ここまで読み進めて、シャトルランが何か分かっていない人もいるでしょう。シャトルランでは、単調なドレミファソラシドのメロディが流れる中で、20メートルの区間を走って何度も往復します。メロディが鳴り止むまでに反対側のラインまで走っていきます。往復回数に応じてレベルが設定されていて、レベルが上がるたびにメロディーのテンポが上がっていきます。そのため、後半はかなり速いスピードで20メートルを走り切らなければなりません。

　基本は、対岸のラインまでメロディが鳴り終わるまでに到達しないといけないですが、一回到達できなくても次の復路で挽回して間に合えばそのまま継続できます。2回連続でメロディが鳴り終わるまでにラインに到達できなければ失格（終了）となります。終了時点で走り切った回数を元に体力測定の得点として加算されます。参考までに小学生男子の場合の点数と回数の対応を**表6.1.1**に示します。

表6.1.1

10点	80回以上
9点	69〜79
8点	57〜68
7点	45〜56
6点	33〜44
5点	23〜32
4点	15〜22
3点	10〜14
2点	8〜9
1点	7回以下

● M5Stackで音を鳴らす

　M5Stack Basicにはスピーカーが付いていて、M5.Speaker.tone()を使うことでビープ音を鳴らすことができます。なお、この節で動作検証をしているのはすべてM5Stack Basicになります。

　まずはM5Stack Basicの公式サンプルを利用して音を鳴らしてみましょう。以下のURLからサンプルをダウンロードしてください。

https://github.com/m5stack/M5Stack/blob/master/examples/Basics/Speaker/Speaker.ino

　こちらのサンプルを利用すると、ドレミファソラシドの音階がM5Stack Basicのスピーカーから流れます。

```
1   #define NOTE_DH2 661
2   M5.Speaker.tone(NOTE_DH2, 200); //周波数661Hz
```

　このような形で、M5.Speaker.tone()では周波数（Hz）を指定して音を出していきます。ただし、文章だと伝わりにくいですが、このサンプルコードの実行結果の音をよく聞いてみるとドレミファソラシドの音程が少しズレているような感覚を受けます。実際のドレミファソラシドがそれぞ

れどのような周波数になっているかを確認してみたところ、M5Stackのサンプルは小数点切り上げなどをしているのか周波数に微妙なズレがあることがわかりました。実際に利用する際は、利用したい音に合わせた周波数を自身で調べてプログラムを書くことを推奨します。

	音階	M5Stackデフォ値	調べた感じ
D0	ド	-1	261.626
D1	レ	294	293.665
D2	ミ	330	329.628
D3	ファ	350	349.228
D4	ソ	393	391.995
D5	ラ	441	440.000
D6	シ	495	493.300
D7	ド	556	523.251

表6.1.2　周波数の値が全然違う……

サンプルのソースコードを参考に、以下のような形で音を定義して利用すると扱いやすいです。たとえばドの音を出したい時にはNOTE_DOの定数を選択するといった形です。

```
1  #define NOTE_DO_L 130.813 //ドL
2  #define NOTE_DO 261.626 //ド
3  #define NOTE_RE 293.665 //レ
4  #define NOTE_MI 329.628 //ミ
5  #define NOTE_FA 349.228 //ファ
6  #define NOTE_SOL 391.995 //ソ
7  #define NOTE_LA 440.000 //ラ
8  #define NOTE_TI 493.883 //シ
9  #define NOTE_DO_H 523.251 //ドH
10 #define NOTE_RE_H 587.330 //レH
```

シャトルランで利用する音はこれくらいで足りますが、他の曲を弾きたい場合には利用する音の周波数を調べておきましょう[1]。

＊1　[2.6 ブザー音を鳴らす]では2オクターブほどの周波数を定義した作例を紹介していますので参考にしてください。

M5Stackでシャトルランの音階を再現する ∙∙∙∙∙∙∙∙∙∙∙∙∙∙∙

それではシャトルランのメロディの再現をしていきます。といっても、シャトルランのメロディの基本は、往路で低音から高音に「ドレミファソラシド」と1オクターブ上まで上がっていき、復路は高音から低音に「ドシラソファミレド」と1オクターブ下まで下がっていくという単純な構成になっています。なので基本的なメロディの再現は、前項で紹介した音の出し方のつなぎ合わせになります。

シャトルランのレベルアップ音

前述の通り、シャトルランにはレベルというものがあり、レベルが上がるとテンポが速くなっていきます。このレベルが上がる際、メロディー[*2]とは別にレベルアップ音が流れます。某知恵袋によると「レラレ」になるとのことですが、実際に筆者が聴き比べた感覚だと「ドソレ」が正しい音階な気がするので、以下のようなコードでその音階を再現してみました。再利用性などを考慮すると、何かのまとまった音節を表現する際は次のコードのような関数化が推奨です。

```
1  void SR_SE_LevelUp(){
2    M5.Speaker.tone(NOTE_DO_L, 10); delay(250); //ド
3    M5.Speaker.tone(NOTE_SOL, 10); delay(250); //ソ
4    M5.Speaker.tone(NOTE_RE_H, 10); delay(500); //レ
5  }
```

レベルごとのテンポ

次に、レベルアップ後のテンポアップを再現していきましょう。シャトルランではレベルアップ後にテンポが上がりますが、この際のテンポの上がり幅には一定の規則がある訳ではありません（**表6.1.3**[*3]）。さらに、どれくらいの折り返し回数で次のレベルに上がるかの折り返し回数にも規則性はありません。

---

*2　シャトルランの音源は複数の種類が出ていて、今では株式会社エバニューという会社が発売している音源が主流のようです。
*3　https://ja.wikipedia.org/wiki/20メートルシャトルラン

表6.1.3	レベルが上がるごとの折り返し回数や時間が一定ではない				
レベル	折り返し回数	速度(km/h)	折り返し時間 (秒)	レベル内合計時間 (秒)	距離 (m)
1	7	8.0	9.00	63.00	140
2	8	9.0	8.00	64.00	160
3	8	9.5	7.58	60.63	160
4	9	10.0	7.20	64.80	180
5	9	10.5	6.86	61.71	180
6	10	11.0	6.55	65.50	200
7	10	11.5	6.26	62.61	200
8	11	12.0	6.00	66.00	220
9	11	12.5	5.76	63.36	220
10	11	13.0	5.54	60.92	220
11	12	13.5	5.33	64.00	240
12	12	14.0	5.14	61.71	240
13	13	14.5	4.97	64.55	260
14	13	15.0	4.80	62.40	260
15	13	15.5	4.65	60.39	260
16	14	16.0	4.50	63.00	280
17	14	16.5	4.36	61.09	280
18	15	17.0	4.24	63.53	300
19	15	17.5	4.11	61.71	300
20	16	18.0	4.00	64.00	320
21	16	18.5	3.89	62.27	320

　コードにしたら、シャトルランのレベルアップ部分は以下のような実装になりました。実際のスケッチから関連する部分を抜粋して掲載しています。TURN_COUNT_LEVELとLIMIT_TIME_LEVELの配列はレベル毎の情報を入れてますが、シャトルランは仕様上レベル0が無いため、0番目の配列は便宜的に0を入れて特に利用しないという実装にしています。

スケッチ6.1.1　　　　　　　　　　　　　　　　　　　　　　　　　　M5ShuttleRun.cpp

```
1  #define SHUTTLE_RUN_MAX_LEVEL 21 //シャトルランのレベルは21まで
2  int level = 1; //レベルの変数
3  //各レベルで何回ターンしたら次のレベルにいくのか
4  int TURN_COUNT_LEVEL[] = {0, 7, 8, 8, 9, 9, 10, 10, 11, 11, 11, 12, 12, 13, ⏎
   13, 13, 14, 14, 15, 15, 16, 16};
5  //各レベルの折り返し時間
6  float LIMIT_TIME_LEVEL[] = {0, 9.00, 8.00, 7.58, 7.20, 6.86, 6.55, 6.26, 6.00, ⏎
   5.76, 5.54, 5.33, 5.14, 4.97, 4.80, 4.65, 4.50, 4.36, 4.24, 4.11, 4.00, 3.89};
```

```
 7
 8
 9     while(level < SHUTTLE_RUN_MAX_LEVEL){
10
11
12       levelTurnCount++; //そのレベルで何回ターンしたか
13       //そのレベルごとの規定ターン数に達したらレベルアップ
14       if(TURN_COUNT_LEVEL[level] <= levelTurnCount){
15         level++; //レベルアップ
16         levelTurnCount = 0; //レベルが上がるとターンのカウントをリセット
17       }
18
19
20     }
```

　また、レベルアップするごとにメロディが流れ切るまでの時間（20メートルを走り切る時間）が短くなっていく部分の実装も考えてみます。たとえば、レベル3のときの折り返し時間は表6.1.3を見ると7.58秒となっていますが、片道1回分のメロディが「ドレミファソラシド」で9音となるので、1音の長さは7.58÷9=0.84秒となります。実装では、音の長さを指定するM5.Speaker.tone()と、処理を指定秒数止めるdelay()を利用して、レベルに対応した時間だけ音が鳴るように調節しています。

シャトルランをライブラリ化

　ここまでの流れを踏襲したシャトルランのプログラムをライブラリ化して公開しました。実装の流れが気になる人は中のコードもご確認ください。プルリクエストもお待ちしています。

https://github.com/n0bisuke/M5_Shuttle_Run

　ライブラリは、Arduinoフォルダ内のlibrariesフォルダにこのライブラリをGithubからクローンするか、zipダウンロードして展開することで利用できます。このM5_Shuttle_Runをライブラリとして利用した場合のサンプルコードがこちらになります。

スケッチ6.1.2　　　　　　　　　　　　　　　　　　　　　　　　　　　　　normal_shuttlerun.ino

```
1  #include <M5Stack.h>
2  #include <M5ShuttleRun.h>
3
4  void setup() {
5    M5.begin();
6    M5.Lcd.printf("Shuttle Run Standby... Please Press Btn A \r\n");
7  }
8
```

第6章

```
 9  void loop() {
10    if(M5.BtnA.wasPressed()) {
11      M5ShuttleRun();
12    }
13
14    M5.update();
15  }
```

　M5ShuttleRun()を呼び出すだけでシャトルランがスタートします。このサンプルコードだと、M5Stack BasicのAボタンを押すとシャトルランのメロディが流れるようになっています。今回は音にフォーカスして紹介してきたので省略しましたが、ライブラリではM5Stack Basicの画面にレベルやターン数を表示する機能も追加しています。

◉ 実際に試してみた

　実際にこのプログラムを使って外でシャトルランをしてみました。

図6.1.2

　実際に試して気付きましたが、**M5Stack Basicのスピーカーはデフォルトの音量が大きいので外で再生するのに適している**と感じました。逆に室内では音が大きすぎて、音量を下げたいと思ってハックしている人も見かけます[4]。バッテリーも内蔵されているため、スポーツや屋外などある程度の騒音環境下で利用するユースケースはM5Stack Basicに適しているように感じました。

....
[4]　2.6節の［コラム　スピーカーの音量とノイズ］で解説されています。

実装よりもむしろ、シャトルランのわりと低レベルの段階で被験者が疲弊してしまい、検証が続けられないという課題が残りました。もし試せる人がいたら、手元のM5Stack Basicにプログラムを入れてみてください。そんな暇な人はいないと思いますが、Twitterの@n0bisukeまで試してみた報告をもらえると泣いて喜びます。

ちなみに、本項で紹介したライブラリはM5Stack公式のリポジトリにも掲載されています。

https://github.com/m5stack/M5Stack

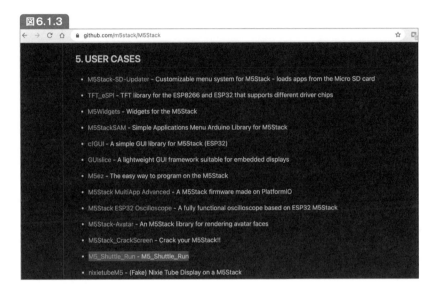

図6.1.3

● この節のまとめ

いかがでしたでしょうか。シャトルランの実装を通して、M5Stackでの音の扱い方を紹介しました。この節で紹介してませんが、SDカードに音源を入れて再生させるという別のやり方で音を出す方法もあります。M5Stack Basicのスピーカーでは和音など複雑な音を出すのは難しいため、シャトルランのような単一の音で成り立つ簡単なメロディ以外はSDカードを利用した方が良いと思います。とはいえ、簡単なメロディであればM5.Speaker.tone()とdelay()を駆使することで実現できるので、この節の内容を参考にチャレンジしてみてはいかがでしょうか。

6.2 大切なヒトに向けた M5Stack自作支援機器

難易度
★★★★★

著者
廣瀬元紀
(おぎモトキ)

本節では、「家族や友人らの抱える身近な困りごとを解決するためのモノづくり」をテーマに、筆者自身が普段取り組んでいる息子・家族に向けたアシスティブ機器の製作事例を取り上げます。製作を進める上での課題設定/着眼点/取り組み/技術ポイントを紹介します。

▶ **使用するデバイス**

- M5Stack Basic
- M5Stack Gray
- ATOM Matrix

⬤ はじめに 〜大切なヒトのためのモノづくり〜

　福祉分野においても電子工作は盛んに取り組まれています。この分野では、身体障害による物理操作の困難さに対して、機器を工夫することによって支援しようとする「アシスティブテクノロジー」の考え方が広がっています。

個人の症例に応じた自作アシスティブテクノロジー(支援機器)の数々

図6.2.1

肢体不自由児のための演奏支援

図6.2.2

歩行リハビリ支援

図6.2.3

移動支援電動車椅子

重要なのは、ただ支援機器を製作するだけでなく、**当事者の症例に合わせて個人最適化（パーソナライズ）できる**ことと、**当事者が継続して使い続けられる様に改良サポートできる**ことです。そのため、当事者を良く知る身近なヒト（家族や友人など）が支援機器をカスタマイズおよび改良できる環境が重要です。

筆者には、8歳になる重度障害を持つ息子がいます。生まれて間もなく障害があることが判明し、その時に初めて「障害は誰にでも起こりえる身近な問題」なのだと感じました。歩けない・話せないなど、周りの子どもたちと「同じことができない」事への不安感を募らせていました。しかし、子どもと過ごす時間を重ねるうちに、我が子の症例に合わせた専用機器＆環境を作ることで、その子だけの特別な経験を積み重ねることができると気づきました。**趣味・得意なことを通して身近な人の役に立てる、喜んでもらえる、その子の将来の可能性を広げられる。**一人のモノづくり好きとしても、父親としても、最高のやりがいを感じています。

子ども向け自作アシスティブ製作において、M5Stack シリーズを活用するメリットは、子どもの好奇心を引き出せる基本要素「映像」「音」「動く」「光る」を短期間で簡単に実装することができ、子どもたちに安心して使ってもらうことができる点だと思います。また、簡単に操作可能な映像画面（GUI）を作成できるため、介助現場における実用性が高いのも利点です。これから、M5Stack シリーズを自作アシスティブテクノロジーとして活用した実際の事例について紹介していきたいと思います。

● M5Stackで作る個人専用ゲームコントローラ

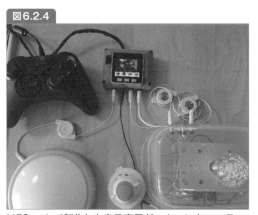

図6.2.4

M5Stackで製作した息子専用ゲームコントローラ

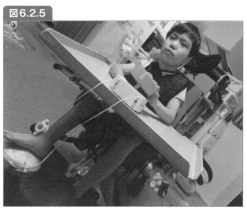

図6.2.5

実際に使用している様子

コンピュータゲームが好きな我が家、休日は家族で一緒に Nintendo Switch などのゲームで遊んでいます。子どもたちはゲームから多くを学んでいます。息子にもゲームを通して「自分

で操作する楽しさ」「失敗する悔しさ」「友達と楽しく遊ぶ体験」を重ねてほしいです。しかし、肢体不自由及び知的遅れのある息子は、「市販コントローラのボタンが小さすぎて、狙ったボタンを押せない」「操作ボタンが多すぎて、どれを押せばいいかわからない」といった理由で市販ゲームコントローラを操作できません。そこで、**息子の発達レベルに応じた専用ゲームコントローラをM5Stackで製作しました。**

目的

- 息子が自分の手を使ってゲームコントローラを操作できる環境を作る

要求仕様

- インプット
  - 物理スイッチが接続可能で、簡単に取り外し交換できる（物理スイッチの接続数は最大4つ）
  - 介助者用コントローラで、上記の4つの物理スイッチのみで操作しきれないゲームの場合に介助者によるサポート操作が可能
  - ゲームソフト毎に対応操作ボタンのキー割り当てを変更できる
- アウトプット
  - ゲーム操作（最大8個＋ジョイスティック2個のゲームコントローラの操作代替）
- 電子機器に馴染みのない人も本機器の設定変更が簡単にできる

システム構成

　上記要求仕様を踏まえた結果、制作効率の良い手段として「**市販品のゲームコントローラを改造して、M5Stack Basicで操作入出力を制御ハックする**」という方針を取りました。Nintendo Switch専用の市販コントローラを使い、そのボタン＆ジョイスティック部にM5Stack Basicからの配線を接続することで、M5Stack側で息子用の操作スイッチ入力を受付け、M5Stackから市販コントローラを制御することができます。

　M5Stack Basicに設定できるスイッチ入力は最大4つです。内蔵プログラムにより任意のキー割り当てを反映できます。たとえばレースゲームの場合、以下のように操作を割り当てます。

- 入力1：左ハンドル → 市販コントローラの「ジョイスティック左」を操作
- 入力2：右ハンドル → 市販コントローラの「ジョイスティック右」を操作
- 入力3：アクセル → 市販コントローラの「Aボタン」を操作
- 入力4：アイテム操作 → 市販コントローラの「LZボタン＋ジョイスティック下」を操作

また、さまざまなゲームで遊ぶことを想定して、M5Stack上のA/Cボタンで別のゲーム用

のキー割り当てに切り替えられるようにしました。割り当てられたゲームのキャプチャ画面を
M5Stackディスプレイに表示させているので、初めて使う介助者でも現在のキー割り当てが
何のゲーム用なのかを簡単に理解できます。

図6.2.6

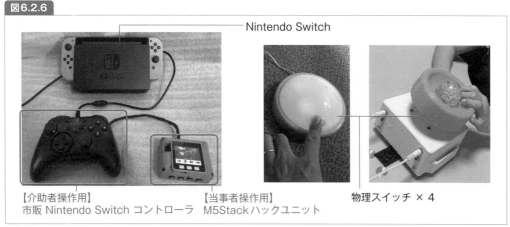

専用ゲームコントローラの構成

図6.2.7

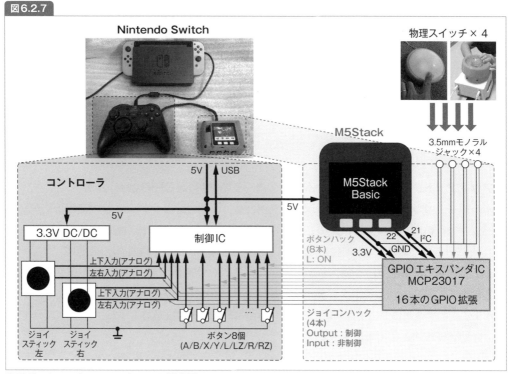

専用ゲームコントローラのシステム構成図

技術ポイント

❶ インプット：M5Stackと福祉用物理スイッチとの接続方法

　福祉用途で取り扱われている意志伝達用物理スイッチにはさまざまな種類があります[5]。肢体不自由の方の身体状態に応じて適切な物理スイッチが異なるため、コントローラ側も各々のスイッチを取付け＆取外し可能な互換性を有する必要があります。

　物理スイッチの多くは3.5mmモノラルプラグ（オス端子）が使われます。そこで、M5Stack機器側には3.5mmモノラルジャック（メス）を実装して接続できるようにします。ジャックのGND端子をGNDに、ジャックのL端子をGPIOピンに接続して、GPIO値のRead値がLowかどうかで判定します。この際、GPIOはソフトウェア上でプルアップ設定にしておくとよいでしょう。

図6.2.8

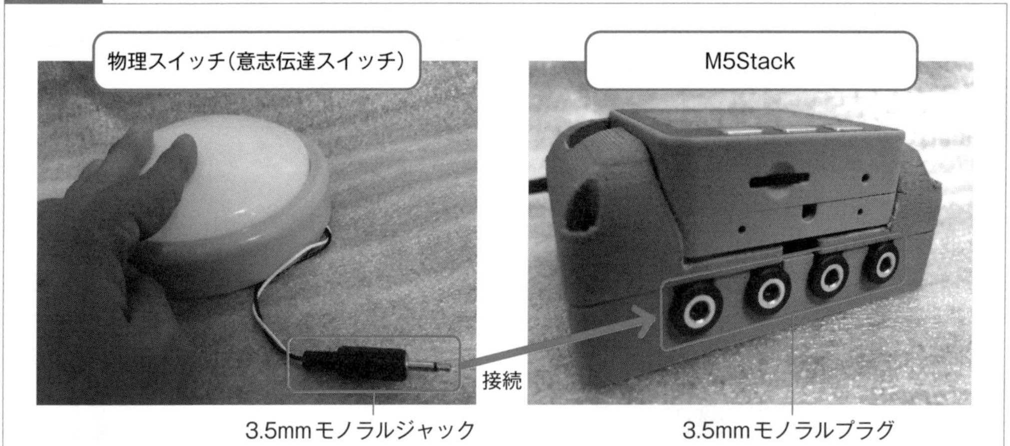

福祉用物理スイッチ（意志伝達スイッチ）との接続方法

❷ アウトプット：M5Stackとゲームコントローラ制御（複数GPIO制御）方法

　市販ゲームコントローラとM5Stackの接続として、ゲームコントローラの基板上に配線はんだづけを行います。今回は改造のしやすさおよび改造安全性のため、USB有線コントローラ（コントローラ内部に二次電池を持たないもの）を選びます。筆者は、株式会社HORIの「ホリパッド for Nintendo Switch」を使用しました。コントローラ裏側のネジを外すと、緑色の基板が出てきます。その中から各ボタンのボタンに相当する部分にはんだづけを行い、配線をつけていきます。配線位置については、ボタンの上には重ならない様に注意してください（本コントローラは介助者操作用としても使用予定です）。

---

[5] 　参考サイト：マイスイッチ（https://myswitch.jp/）

図6.2.9

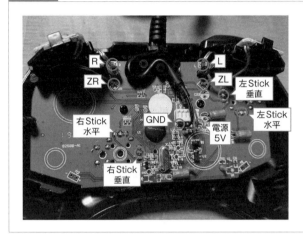
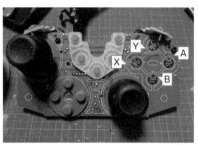

コントローラの分解表面

図6.2.10

コントローラ裏面から
はんだづけ後の配線を抜きます
（計14本）

コントローラとM5Stackの接続（配線改造）

第
6
章

　制御したいコントローラボタンは計12個あります。M5Stack側は、当事者の操作入力4個と合わせて計16本のGPIOを制御する必要があります。そこで、M5StackにGPIO拡張ICを接続します。今回は、マイクロチップ社のICであるMCP23017を使います。接続イメージを図6.2.12に示します。本ICを使う際にはReset端子（18Pin）をプルアップ抵抗、A0（15Pin）/A1（16Pin）/A2（17Pin）を必ずGNDに接続して使用してください。このICは、制御用のライブラリ[6]を使うことで、M5StackのGPIOと類似した記述で制御可能です。

＊6　https://github.com/adafruit/Adafruit-MCP23017-Arduino-Library

GPIO拡張IC MCP23017

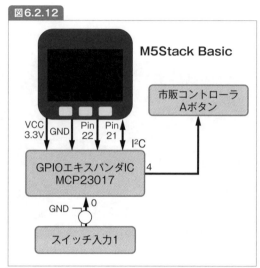

GPIO拡張IC MCP23017の回路接続（抜粋）

　GPIO拡張IC（MCP23017）を使った物理スイッチ入力判定のサンプルコード例を**スケッチ6.2.1**に示します。このスケッチは、物理スイッチを押すと市販コントローラのAボタンを操作できるという実行例です。物理スイッチ入力はMCP23017のGPA0（Pin#21）に、市販コントローラへの操作出力はMCP23017のGPA4(Pin#25)に接続しています。

　9〜10行目でMCP23017のPin設定を行います。本ライブラリではスイッチ入力（GPA0）は0番、コントローラ操作出力（GPA4）は4番として扱われます。他のピンの番号については本ライブラリのGithubのReadmeを参照ください。11行目でスイッチ入力のプルアップ設定を行います。この処理が抜けてしまうと、物理スイッチを押さなくても勝手に操作出力されてしまうので、注意してください。基本的に、スイッチ入力で使う端子はすべてこの設定を行うことを推奨します。

　14行目以降で、物理スイッチの入力値（スイッチが押された場合は0、押されない場合は1）に応じて、コントローラ操作出力（AボタンON時は0、AボタンOFF時は1）を切り替えます。

スケッチ6.2.1

```
1  //ソースコード（抜粋）
2  #include "Adafruit_MCP23017.h"
3  Adafruit_MCP23017 mcp;
4  #define INPUT1_BTN   0
5  #define A_BTN     4
6
7  void setup() {
8    mcp.begin();
```

```
 9    mcp.pinMode(INPIN_BTN1, INPUT);
10    mcp.pullUp(INPIN_BTN1, HIGH);
11    mcp.pinMode(OUTPIN_A_BTN, OUTPUT);
12  }
13
14  void loop() {
15    if(mcp.digitalRead(INPIN_BTN1)==0) {
16      mcp.digitalWrite(OUTPIN_A_BTN, 0);// AボタンON
17    }else{
18      mcp.digitalWrite(OUTPIN_A_BTN, 1);// AボタンOFF
19    }
20  }
```

成果

　本コントローラを製作して、息子と定期的にゲームを練習する機会を作りました。まずは、レースゲームでアクセルボタンを操作して1レース完走することを目標に取り組みました。最初は操作せずに画面を見ているだけでしたが、押すと光る物理スイッチに興味を示し夢中で押し続けるうちに、「ボタンを押す→カートが進む」「ボタンを離す→カートが止まる」の因果関係を理解するようになり、気が付けばアクセルボタンを操作してレースを楽しむようになってきました。また同時に、お姉ちゃんが介助用コントローラを使って左右ハンドル操作をすることで、姉弟でペアになりながら一緒に協力してゲームをクリアする体験も楽しむことができました。

　また、図6.2.5の写真のように、足元に物理スイッチを設置することで車のアクセル風の操作感でレースゲームを楽しむなど、普通のゲームコントローラだけではできない楽しみ方の可能性が広がりました。M5Stackを使った個人専用ゲームコントローラの応用として、「さまざまなセンサーや無線デバイスを組み合わせた新しいゲーム操作体験」を作ることもできそうです。たとえば、マイクデバイスを使い、声色・リズムに合わせてキャラを移動させるコントローラや、好きなオモチャの刀を振ると、ゲーム内のキャラクターも連動して攻撃できるコントローラなど、「自分だけの楽しい専用コントローラ」をいろいろと作っていきたいですね。

第
6
章

● 子どもの「好き」を詰めこんだM5Stack歩行器/車椅子

　肢体不自由の息子は、身体の使い方を学ぶために定期的にリハビリを行います。自発的に歩行ができないので、歩行器などの補助機器を使うことで、歩き方に関する技術面に加え、本人の主体性向上や発育支援など知育面での成長を促します。しかし、息子自身は歩行練習が嫌いです。その一番の理由は「楽しくないから」。特に子どもにとって「楽しい」は一番の成長の起爆剤です。そこで、息子が「楽しい」と思える仕掛けを歩行器に組み合わせることで、歩行器リハビリを「楽しいイベント」に変えていこうと考え、子どもたちの「好き」を詰め込んだ「動くと光る・音が鳴るM5Stack新幹線歩行器/車椅子」を作りました。

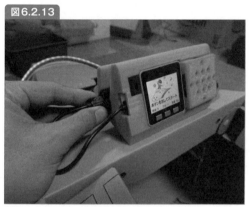

図6.2.13

制作したM5Stack新幹線歩行器＆車椅子

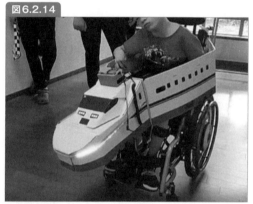

図6.2.14

使って楽しんでいる子どもの様子

目的

- 子どもが思わず乗りたくなる様な歩行器体験を作り、歩行器への拒否感を取り除く

要求仕様

- インプット
    - 歩行器 & 車椅子の「動き判定（動く/止まる）」を検出
    - 物理スイッチを接続可能（発車音・ドア開閉音等の発音ができる）
- アウトプット
    - 「光」LEDイルミネーションを点灯（子どもの好きなエフェクトで光を動かす）
    - 「音」搭乗者が好きな音（MP3音源）を再生
    - 「操作画面」電車の操縦席など子どもたちが喜ぶ表示画面
- レンタル歩行器/車椅子にも使える様に簡単に取付けおよび脱着ができる
- 電子機器に馴染みのない人も本機器の設定変更が簡単にできる

システム構成

上記要求仕様を踏まえた結果、歩行器/車椅子の機体側には一切改造を加えず、「機体とは独立したM5Stackモジュールを作成し、モジュールだけで機体の動き判定とイルミネーション/音声再生制御を行う」方針を取ることにしました。これにより、たとえば施設にあるレンタル機器や共用機器でも簡単に付け替えて試すことが可能です。本人の好奇心を引き出すアクションを簡単に実現できる点も特徴です。

本モジュールではM5Stack Grayを使い、全体制御および内蔵加速度センサによる走行状態センシングを行います。また、液晶画面上に電車の運転席風の画面を表示することで、電車好きの子どもたちのワクワク感を高めます。音源再生については、外付けMP3プレーヤー（DF Player miniモジュール）を使いました。また、こどもの視覚的な興味を引くためにNeoPixel LEDテープを使いました。144個/mの密度の高いモノを使い、きれいなLEDグラデーションを表現しました。これらのデバイスの長時間の使用に耐えるため、外付けUSBモバイルバッテリーを使用します。NeoPixel LEDテープは1A以上の大電流を流すため、2A以上出力のモバイルバッテリーを使います。

図6.2.15

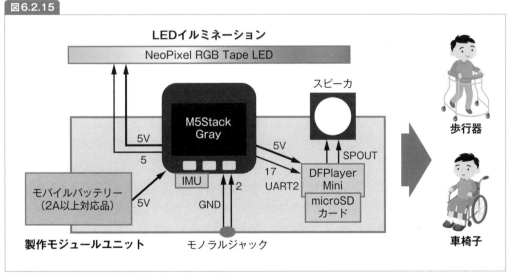

M5Stack新幹線歩行器＆車椅子　システム構成図

技術ポイント

❶アウトプット：M5Stackの操作液晶画面表示

　M5Stackの大きな魅力は液晶画面表示が簡単に作れることです。筆者は一番簡単な方法として、microSDカード内のJPEG画像をM5Stack画面に表示する手段を使います。まずは、PCのソフト（たとえば、MicrosoftのPowerPoint等）を使って表示したいGUI画面を作り、JPEG形式で保存します。その後、画像縮小アプリで320×240サイズに縮小してmicroSDカードに保存します。その後、**スケッチ6.2.2**のようにコードを1行記述するだけで、デザインしたJPEG画像をそのまま表示することが出来ます。

スケッチ6.2.2

```
 1    // ソースコード（抜粋）
 2    #include <M5Stack.h>
 3      void setup() {
 4      M5.begin();
 5      M5.Lcd.clear();
 6      // menu.jpgを表示する
 7      M5.Lcd.drawJpgFile(SD, "/menu.jpg");
 8      }
 9
10      void loop() {
11    }
```

❷インプット：機体走行・停止検出

　本モジュールを取り付けた歩行器/車椅子の走行検出・停止検出をするのに、M5Stack Gray内部の加速度/ジャイロセンサーを活用しました。モジュールの取付け箇所が機体に応じて異なっても使えることを想定して、「X、Y、Zいずれかの方向に対して一定以上の加速度閾値を一定時間（たとえば800ms以上）超えた場合に走行開始したと判定する」こととしました。

　旋回検出については、加速度・角速度情報から水平角（YAW角）を算出する必要がありますが、フィルタリング処理の解説が複雑になるため、本書では省略します[7]。

❸アウトプット：音声再生

　M5Stackからの音声再生方法として、大きく二つの方法があります。

- M5Stackの内蔵スピーカからSDカード内のMP3音源を再生
- M5Stackに外部MP3モジュール＋スピーカを外付け

....

[7]　ちなみに、筆者製作時はM5Stack Grayの内部IMUがMPU9250であったため、DMPというYAW角算出のハード回路からの読出し値をそのまま使用することで、簡易に算出していました。なお、現在販売中のM5Stack Grayでは非対応です。

前者はM5Stack工作においてスタンダードな方法ですが、音量が小さい、イルミネーション等の他処理と同時に使う場合に音切れやノイズが発生する課題があります。筆者は、「子どもへの価値体験をすばやく提供する」観点から、製作スピードを優先して後者を採用しました。

外付けMP3再生デバイスとして「DFPlayer Mini」を使います。本デバイスにはmicroSDカードが挿入でき、Host機器（Arduino UnoやESP32、M5Stack）からSDカード内のMP3音源を指定して再生できます。Host機器とはUARTで接続するだけの簡単仕様です。UARTは、M5StackのRxとDFPlaye MiniのTx、M5StackのTxとDFPlaye MiniのRxをつなぎます。また、スピーカーはアンプ不要で、DFPlayer Miniの端子から直接接続可能です。このIC制御用のライブラリ[*8]を使い、他処理とは独立して音声再生処理を実施することができます。

microSDカードへ音源を書き込むためには、まずはPCを使い、SDカードをFAT形式でフォーマットして、その後に書き込みたいMP3ファイルをPC上で順番にドラッグ＆ドロップしていきます。この際、書き込んだ順にindex番号が1、2……と割り振られていくため、書き込むMP3ファイルの名称の先頭には【0001】などのインデックス番号を記載することを推奨します。

図6.2.16

MP3再生IC　DFPlayer Mini

図6.2.17

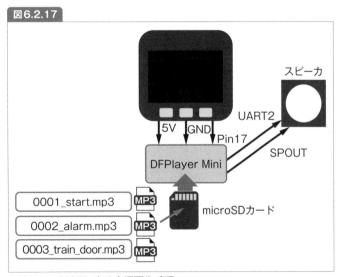

DFPlayer MINIによる音源再生手順

DFplayerMiniを使った簡単なサンプルスケッチを**スケッチ6.2.3**に記載しました。M5Stackの起動後すぐに0001_start.mp3を再生し、10秒経過したら、その後は5秒置きに00002_alarm.mp3をループ再生し続けるプログラムです。6〜8行目でDFplayerMiniの初期設定を行います。ボリューム値は8行目で調整可能です。初期設定以降は、playコマンドを

*8　https://github.com/DFRobot/DFRobotDFPlayerMini

1 行記述するだけで音声を再生できます。音声再生中も M5Stack は別の処理を進めることができます。

スケッチ6.2.3

```
 1  #include "DFRobotDFPlayerMini.h"
 2  DFRobotDFPlayerMini myDFPlayer;
 3  HardwareSerial DFplayerSerial(2);
 4
 5  void setup() {
 6    DFplayerSerial.begin(9600);
 7    myDFPlayer.begin(DFplayerSerial);
 8    myDFPlayer.volume(20); // ボリュームの大きさを設定（0〜30）
 9    myDFPlayer.play(1); //0001_start.mp3を再生
10      delay(10000);
11  }
12  void loop() {
13    myDFPlayer.play(2); //0002_alarm.mp3を再生
14      delay(5000);
15  }
```

4 アウトプット：イルミネーション表示

　子どもたちが喜ぶイルミネーション演出を実施するため、複数のフルカラーLEDを簡単に制御可能なLEDテープ「NeoPixel」を使用します。通常のLEDと異なり、LED内部にマイコンが搭載されていて数珠つなぎで制御可能なため、M5StackからはGPIO1本ですべてのLEDを制御可能です。LEDテープはさまざまな種類や密度、長さの製品が販売されています。密度としては60個/m、144個/mなどがあります。きめ細かなグラデーション表現を実施したい場合には密度が濃い方をおすすめしますが、その分たくさんの電流を消費するため供給バッテリーの電流容量には注意してください。144個/mの場合、2.4A対応モバイルバッテリーでギリギリ使用可能な状態でした。

　制御ソフトウェアライブラリとして最も有名なものはAdafruit_NeoPixelライブラリですが、筆者の環境ではときどきノイズが発生して誤点灯がありました。そのため筆者は、NeoPixel Busライブラリ[9]を使っています。

＊9　https://github.com/Makuna/NeoPixelBus

LEDテープをレインボーにして動かす

図6.2.18

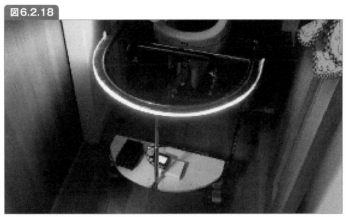

LEDテープ（NeoPixel WS2812B）

　NeoPixel の LED テープを使った簡単なサンプルコードを**スケッチ6.2.4**に記載しました。本サンプルコードでは、LEDテープをレインボーにしてキラキラと動かします。3行目でLEDテープに接続するM5StackのGPIOピン番号（本サンプルではPin#5）、4行目にLEDテープのLED個数を記載します。

　8〜10行目でLEDテープの初期設定を行います。10行目でLEDの明るさの調整ができます。（最大255まで設定可）具体的なLEDの色制御は18〜27行目になります。22行目のSetPixelColor関数の中で、0〜144個のLEDの色をすべて設定して、最後に25行目のshow()関数を実行する事でLED設定内容が反映されます。

スケッチ6.2.4

```
1   // ソースコード（抜粋）
2   #include <NeoPixelBrightnessBus.h>
3   #define PIXEL_PIN 5
4   #define PIXEL_COUNT 144
5
6   NeoPixelBrightnessBus<NeoGrbFeature, Neo800KbpsMethod> strip(PIXEL_COUNT, PIXEL_PIN);
7   void setup() {
8     pinMode(PIXEL_PIN, OUTPUT);
9     strip.Begin();
10    strip.SetBrightness(90);
11    strip.Show();
12  }
13
14  void loop() {
15    rainbowMove(5);
16  }
```

```
17
18   void rainbowMove(int interval_ms) {
19     int i, j;
20     for(j=0; j<256; j++) {
21       for (int i=0; i<= PIXEL_COUNT ; i++) {
22         strip.SetPixelColor(i, rainbowColor(((i * 256 / PIXEL_COUNT ) + j) & 255));
23       }
24     }
25     strip.Show();
26     delay(interval_ms);
27   }
28
29   RgbColor rainbowColor(char color_num) {
30     color_num = 255 - color_num;
31     if(color_num < 85) {
32       return RgbColor(255 - color_num * 3, 0, color_num * 3);
33     }
34     if(color_num < 170) {
35       color_num -= 85;
36       return RgbColor(0, color_num * 3, 255 - color_num * 3);
37     }
38     color_num -= 170;
39     return RgbColor(color_num * 3, 255 - color_num * 3, 0);
40   }
```

成果

　本モジュール製作後、息子の通うリハビリ病院に持ち込み、施設の歩行器に取り付けて歩行練習に取り組んできました。歩行器前面(進行方向)に取り付けたLEDテープを見て、「進む」→「光る」を楽しみながら、日々リハビリに取り組んでいます。また、M5Stack上のボタンで点灯パターンを切り替える様にしたおかげで、電子工作に不慣れな介助の方でも操作でき、子どもの気分に応じて点灯パターン・音源を切り替える使い方をしてくれています。

　また、新幹線段ボールと組み合わせる事で、車椅子が電車好きな子供達に大人気な乗り物に変わりました。自分の乗っているいつもの車椅子がワクワクする新幹線へと変わる、動き出すと電車の発車音がなって車体が光り出す、この機能が主に小学校高学年の子どもたちに好評でした。その結果、支援学校の文化祭などで活用していただき、たくさんの子どもたちの笑顔を作ることができました。

　我が子のために製作したものが、他の子どもたちのためにつながっていく……。趣味のモノづくりを通して誰かの笑顔につなげることができると、すごくやりがいを感じます。「光る」「音が鳴る」「かっこいい映像が見える」は子どもたちは大好きです。M5Stackを使って、ぜひとも身近な方が喜ぶ様なモノに応用してもらえたらうれしいです。

● M5Stack で作るプラレール操縦ユニット

　好奇心が広がってきた息子は、プラレールなどの動くおもちゃにも興味を広げました。ただ見ているだけでも楽しいプラレールですが、もし自分の意志で操作できる様になればもっと楽しいかも!?　「自分で○○したい」と思うのは、子どもにとって成長の大きなきっかけです。そこで、自分の意志で楽しく操縦できるように、「**息子が気に入っているプラレール車両を電車コントローラで操縦する M5Stack システム**」を作りました。

図6.2.19

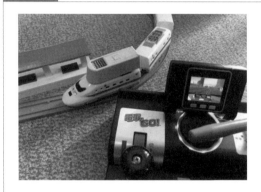

M5Stack で作ったプラレール操縦ユニットと子どもが使っている様子

目的

- プラレールを操縦できる仕組みを作り、息子が自発的に操作して楽しめるようにする

要求仕様

- インプット
  - ゲーム用電車コントローラのアクセルレバー/ブレーキレバー
- アウトプット
  - プラレールの速度制御 & 停止
  - 音源再生 (電車の発射音など)
  - 電車コントローラに映像表示 (電車の操縦席風)
- 電車コントローラとプラレールは安定した無線通信でコントロール
- 本コントローラを使って将来的には車椅子/ロボットなど別機器も操作できる拡張性

システム構成

　上記要求仕様を踏まえた結果、「**プラレールとゲーム用電車コントローラをそれぞれM5モジュールでハックし、両者を無線で通信制御する**」方針を取ることにしました。プラレール側は走行安定性を考えると小型軽量、プラレール機体から横幅がはみ出ないようにする必要があります。バッテリー内蔵モジュールとして当初はM5StickCを使っていましたが、バッテリー容量が少ないため「ATOM Matrix+ATOM TailBat」で構成することにしました。これにより、プラレールの走行安定性を維持しながらM5StickC単体比2倍のバッテリー持ち時間で走行できます。

　コントローラ側は、市販のゲーム用電車コントローラを改造しました。改造方法は最初に紹介したゲームコントローラ改造と同様の手段で実施します。アクセスレバー/ブレーキレバーの情報をM5Stack Basicで取得し、速度情報をプラレール側のATOMに送信します。

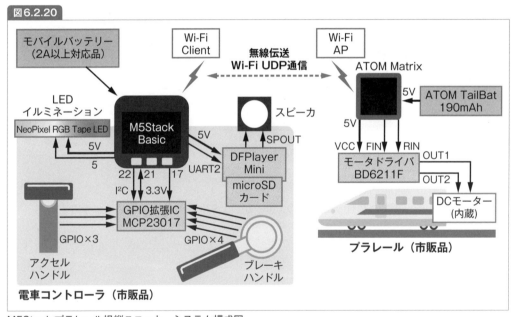

M5Stackプラレール操縦ユニット　システム構成図

技術ポイント

　本製作物の基本的な技術（コントローラ入力/音源再生/LEDイルミネーション）はここまでの作例で取り上げた内容を使用しています。

◼ M5Stack間の無線通信

　電車コントローラからプラレールへの制御情報は、M5Stackデバイス間で無線通信を行い速度情報を伝達します。M5Stack―Atom間で無線通信する手段としては、ESP-NOW（Wi-

Fi)、Wi-Fi UDP通信、Bluetooth Serialなどの方式が候補として考えられます。本件では、無線通信の安定性（待つのが苦手な子供にとって確実に繋がる安定性は必須）及びロボットなど別機器を操作できる拡張性を想定して、「操作機器をWi-Fi固定アクセスポイント（AP）としたWi-Fi UDP通信」方式を著者は選びました。**図6.2.21**に本Wi-Fi UDP通信例を示します。

図6.2.21

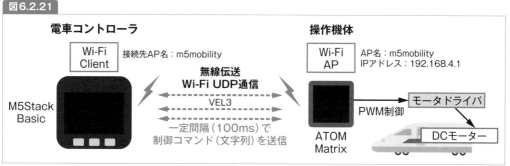

コントローラ～機体間のWi-Fi UDP通信制御例

共通ヘッダ記述

スケッチ6.2.5

```
1   #include <WiFi.h>
2   #include <WiFiUdp.h>
3   const char ssid[] = "m5mobility"; // SSID
4   const char password[] = "abcde"; // password
5   const IPAddress HostIP(192, 168, 4, 1);
6   const IPAddress ClientIP(192, 168, 4, 2);
7   const IPAddress subnet(255, 255, 255, 0);
8   const IPAddress gateway(192,168, 4, 0);
9   const IPAddress dns(192, 168, 4, 0);
10  WiFiUDP Udp;
```

コントローラー側ソースコード（抜粋）

スケッチ6.2.6

```
1   void setup(){
2     WiFi.config(ClientIP, gateway, subnet, dns);
3     WiFi.begin(ssid, password);
4     Udp.begin(WifiPort);
5   }
6
7   Void loop(){
8     String  m_buf = "VEL";
9     byte wifi_buf[4];
10
11    //送信したい速度値(0~9)velを文字列に挿入
```

```
12     m_buf.concat(String(vel));
13     m_buf.getBytes(wifi_buf, 4);
14     //UDP送信
15     if (Udp.beginPacket(HostIP,  WifiPort)) {
16       Udp.write(byteData,4);
17       Udp.endPacket();
18     }
19     delay(100);
20   }
```

機体側ソースコード（抜粋）

スケッチ6.2.7

```
 1   void setup(){
 2     WiFi.mode(WIFI_AP);
 3     WiFi.softAP(ssid, password);
 4     WiFi.softAPConfig(HostIP, HostIP, subnet);
 5     Udp.begin(WifiPort);
 6   }
 7
 8   Void loop(){
 9     int packet_size = Udp.parsePacket();
10     if (packet_size > 0) {
11       //UDP受信
12       Udp.read(WiFibuff, CMD_SIZE);
13       Udp.flush();
14       String s_buf = String((char*)WiFibuff);
15       //受信コマンドから速度値（0~9）velを取得
16       if(s_buf.substring(1,4) == "VEL"){
17         vel = (s_buf.substring(4,5)).toInt();
18       }
19     }
20     //取得したvel値からモータPWM制御を実施
21
22
23     delay(100);
24   }
```

　独自のAP名＆通信コマンドルール（上記例の場合、「VEL3」などの4Byte固定文字列の速度命令）を決めることで、たとえば魔法のオモチャの杖など別のコントローラで電車を操作したくなった場合でも、電車側はソフト変更が不要です。ユーザーインターフェースであるコントローラはその子の好みや気分に合わせて自由に入れ替えて使うことができます。

　また、将来的にプラレール以外の機体（たとえば、ロボットや車椅子など）を無線制御したい場合、機体側にM5ユニットを取り付けハックできる状態にした後、機体側に同じAP名前を付ける事で、

今までと同じコントローラで新機体を操縦できます。コントローラと機体、好きな組み合わせで操作できる汎用性も期待できます。

● 「大切なヒトのためのモノづくり」まとめ

　大切な人の身近な困りごとを解決するため、その人向けに特化したカスタマイズモノづくりの一例として、筆者の製作事例を紹介させていただきました。筆者の場合、障害を持った息子の「①好奇心を引き出す」「②自分の意志でできる事を増やす」「③日常生活の中で使える」を目的として制作に取り組んできました。このようなモノづくりを継続していく上で感じた重要なポイントを記します。

完成度の追求より、ユーザーに使って試してもらう頻度を増やすことに注力

　制作する事自体が目的の場合、難しい技術を使う事や完成度を上げることに夢中になることがあります。しかし、誰かのためのモノづくりの場合、残念ながら時間をかけて完成度をあげてもターゲットユーザーに喜んでもらえるとは限りません。また、時間をかけて作った分だけ制作物への思い入れも深くなるため、「せっかく作ったのに」とモチベーションが下がるかもしれません。まずは制作途中の段階で、実ユーザーに触ってもらい反応を見る機会を増やすことが大事です。たとえば、M5Stackの液晶に静止画イラストを表示するだけのものでもかまいませんし、筐体は段ボールでもよいかもしれません。ユーザーの好みや使い方や使用環境を確認しながら、必要な機能を足し引きしていけばよいと感じます。

市販品も組み合わせて、すばやくユーザーに提供できる工夫を（すべて自分で作らない）

　ユーザーの困りごとを解決するものをすべてフルスクラッチで一から作ることは手間も時間もかかります。そこで、市販品で制作物に近いモノを購入して、そこから必要な部分のみを改造もしくは追加デバイスを作る手段もおすすめです。最近はAmazon等で多種多様な製品が多く販売されていますので、ユーザーが困りごとの解決に近い市販品も見つけることができます。市販品を上手に利用して、すばやく作り、すばやくユーザーに使ってもらいましょう。

周りからのリアクションをもらい、それを次の製作モチベーションに

　モノづくりにおいて一番大事なのはモチベーションです。実際に使ってくれた人の喜ぶ姿はもちろん、「すごい！」というリアクションはきっと次の製作のきっかけにつながります。ターゲットユーザーはもちろん、自分の周りの人たち（出来る限り、肯定的な視点で良い反応してくれそうな人）にも積極的に制作物を公開して見せてみましょう。「次も頑張ろう！」と気持ちが高まることに加えて、新しい制作アイデアの種につながる可能性を秘めています。

図6.2.22

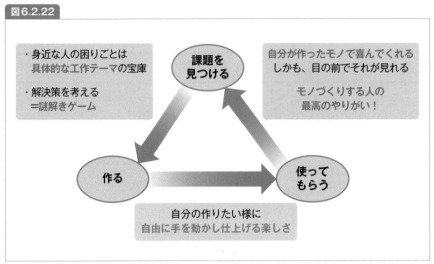

誰かのためのモノづくりのループ図

　身近な人が抱えるちょっとした困りごとを見つけ、それを解決するモノを作り、使ってもらう。もしそこで、自分が作ったモノで誰かが喜んでくれたら、きっと嬉しく感じることと思います。大切な人のために、ぜひともM5Stackを使って、モノづくり、してみませんか？

6.3
M5StickCで IoT温室ハウス環境モニタを作る

難易度
★★★☆☆

著者
小池誠

> 「スマート農業」と呼ばれるIoTを活用したデータドリブンな農業の取り組みが徐々に広がっています。本節ではM5StickCと複数の安価なセンサデバイス、そしてGoogleスプレッドシートを使って、実際の農業で活用している簡易的なデータ収集＆蓄積システムを構築する方法を紹介します。この機会に、スマート家庭菜園に挑戦してみてはいかがでしょうか。

▶ **使用するデバイス**
- M5StickC

● ハウス環境モニタとは

ビニールハウスを用いた施設園芸において気温・湿度・照度・CO_2濃度など温室内の環境データは、農作物を栽培する上でとても重要な管理指標です。安定的に作物を栽培するにはビニールハウス内の環境データをモニタリングし適切な栽培管理を行う必要があります。そこで、M5StickCを使ってハウス内の環境データをモニタリングする装置を作りました。M5StickCは、コンパクトなサイズながらI^2C通信に対応したさまざまなセンサを接続することができます。

さらに、Wi-Fiを使ってセンサ値を外部サーバーへ送信することも簡単に実現できます。

最近では、このようなIoTデバイスを農業に活用するスマート農業の取り組みが広がっています。今までは『感と経験』に頼っていた農業ですが、IoT活用によりデータに基づく客観的な判断を取り入れることが可能になります。そんなスマート農業デバイスとして、M5StickCはとても適したデバイスと言えます。

図6.3.1

M5StickCを使ったIoTハウス環境モニタ

第
6
章

● IoTハウス環境モニタのシステム構成

　IoTハウス環境モニタのシステム構成を**図6.3.2**に示します。環境モニタ端末では、気温・湿度・気圧・照度・CO_2濃度・揮発性有機化合物（VOCs）の測定を行います。これらの情報を基に、ユーザは水やりや換気のタイミングの判断や光合成活動など植物の健康状態の確認を行います。

　環境モニタ端末で取得したセンサデータは、モバイル・ルータを介しインターネット上のデータ保存場所へ送信されます。今回は、簡易的なデータ保存場所として無料で使えるGoogleスプレッドシートを用いることにしました。スプレッドシートへデータを保存しておくことで、ユーザはブラウザやスマートフォン・アプリを介し、どこにいても最新のデータを確認することができますし、グラフ表示などデータ可視化も容易に行うことができます。

図6.3.2

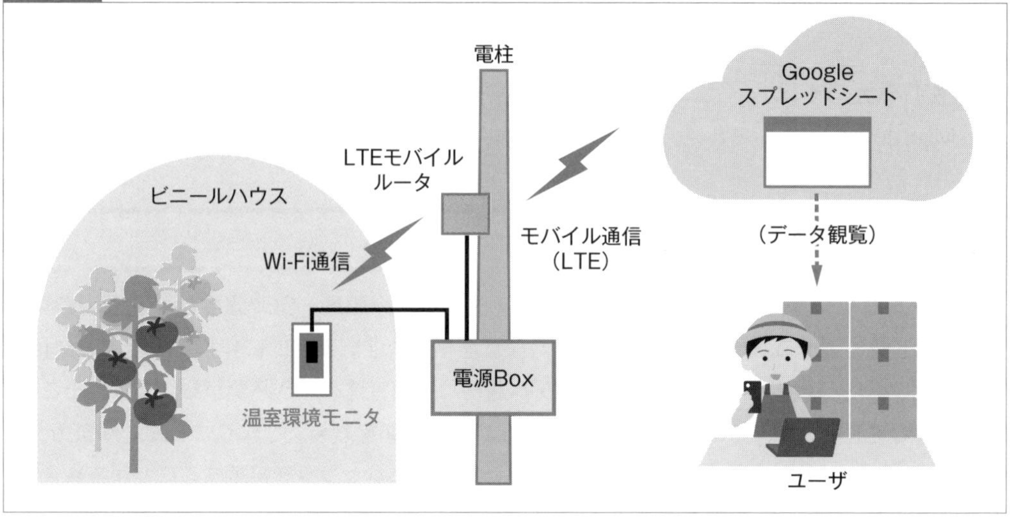

システム全体の構成

● モニタ端末で使用するセンサ

　環境モニタ端末で使用するセンサは、温度・湿度・気圧・揮発性有機化合物（VOCs）を測定できるBOSCH製の環境センサ「BME680」と、ams製の照度センサ「TSL2591」、Winsen製のCO_2センサ「MH-Z19B」の3つです。

マルチ環境センサ BME680

　BME680は、BOSCH製のマルチ環境センサです。MEMS技術で製造された半導体センサで、米粒大のサイズながら温度・湿度・気圧・VOCsと複数の測定ができる点が特徴です。ただし、

温度の測定値は気温ではなくセンサ内部の温度を測定するため、気温より若干高めの数値となることに注意が必要です[10]。M5StickCの3.3V出力で動かすことができ、I²C通信とSPI通信に対応しています[11]。**図6.3.3**のように、電子工作などで扱いやすいようにモジュール基盤化されたものが販売されています。

図6.3.3

BME680搭載センサモジュール(AE-BME680)。先端の正方形大のチップがBOSCH製のBME680です

表6.3.1	BME680センサで測定可能な項目と範囲	
温度	測定範囲	0~65℃
	分解能	0.01℃
湿度	測定範囲	10~90%
	分解能	0.008%
気圧	測定範囲	300~1100hPa
	分解能	0.0018hPa
VOCs	測定範囲	1~500(IAQ)
	分解能	1

照度センサ TSL2591

TSL2591は、ams製の照度センサです。周りの明るさをデジタル値として取得できます。TSL2591には可視光と赤外線の2つの受光素子が付いており、2つの値を合わせることで人間の目に近い明るさ検出が可能です。M5StickCの3.3V出力で動かすことができI²C通信に対応しています。

図6.3.4

TSL2591搭載センサモジュール
(Adafruit Product ID:1980)

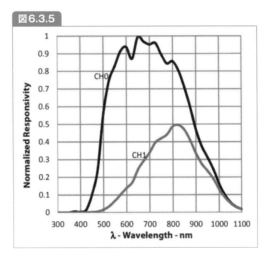

図6.3.5

TSL2591のスペクトル感度(センサデータシートより)可視光(CH0)と赤外線(CH1)の2つの受光素子がついている

---

[10] BME680に搭載された温度センサは湿度・気圧の補正が主目的であるためです。
[11] 使用するセンサモジュールによってはI2C通信のみの場合もあります。

CO^{2}センサ MH-Z19B

MH-Z19Bは、Winsen製のCO^{2}センサです。非分散赤外線式（NDIR）のCO^{2}検出センサで、空気中のCO^{2}分子によって特定波長の赤外線が吸収される原理に基づきCO^{2}濃度を検出します。測定範囲は0〜5000ppmです[12]。自動補正機能を内蔵しており、一般的な屋内使用に限定すればメンテナンスフリーで使用することができます[13]。M5StickCの5V出力で動かすことができ、UART通信、PWM出力、アナログ出力に対応しています。

図6.3.6

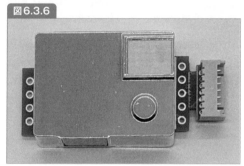

MH-Z19B CO^{2}センサ

データの保存はスプレッドシートへ

センサから取得したデータは、インターネットを介してGoogleスプレッドシートへ保存します。スプレッドシートは本格的なデータ・ストアとしての機能は持っていませんが、プロトタイピング時などの簡易的なデータ保存場所として役に立ちます。Google App Script（以下、GAS）を用いることで、シートにHTTP経由でデータを書き込むためのWeb APIを簡単に作成することができます。また、パソコンやスマートフォンなどさまざまな端末からアクセスできる点や、データ可視化サービスと連携が容易といったメリットもあります。

- Google App Script

  https://developers.google.com/apps-script

- データ可視化サービス：Googleデータポータル

  https://developers.google.com/datastudio

＊12　現行品のMH-Z19Cでは400〜5000ppmです。
＊13　自動補正は一般的な室内を想定して動作するため特殊な使用環境では機能オフにする必要があります。

● モニタ端末のハードウェアの開発

　環境モニタ端末の部品一覧を**表6.3.2**に示します。BME680センサとTSL2591センサはユニバーサル基板上に実装し、M5StickCの8ピン-コネクタに接続します。MH-Z19Bセンサは、Groveケーブルを使いM5StickCのGroveコネクタに接続します（**図6.3.7**）。ユニバーサルボックスには通風と採光と電源ケーブルのための穴をあけ、ファンと3Dプリンタで作成した取り付け台を設置した後、センサを接続したM5StickCを格納します（**図6.3.8**）。

表6.3.2 部品一覧表

部品名	製造/販売元	型番	個数	備考
BME680センサ モジュール	秋月電子通商	AE-BME680	1	BOSCH製の環境センサBME680を搭載したモジュール
TSL2591光センサ モジュール	Adafruit	1980	1	ams製の照度センサTSL2591を搭載したモジュール
CO_2センサ	Winsen	MH-Z19B	1	Winsen製のNDIR式二酸化炭素センサ
M5StickC	M5Stack	-	1	-
Groveケーブル10cm M5Stack	-	-	1	-
Pi-Fan(5V 0.2mA)	-	-	1	Raspberry Pi用の定格5Vのファン
ユニバーサルボックス	未来工業	PVU-J	1	配管用ボックスを流用
ゴムブッシング	共和化学工業	VA25	1	外径32mm、内径20mmの配管用ゴムブッシング
固定用フレーム	自作	-	1	3Dプリンタで作成したM5StickCを固定するフレーム

図6.3.7

環境モニタ端末。各センサを配線した写真

図6.3.8

ボックスに格納

● モニタ端末の M5StickC ソフトウェアの開発

　ソフトウェアはArduinoIDEを使って開発します。始めに必要なライブラリをArduinoIDE のライブラリマネージャからインストールします。今回使用したライブラリを**表6.3.3**に示します。

表6.3.3　使用ライブラリ一覧

ライブラリ名	Ver	開発者
M5StickC	0.2.0	M5StickC
Adafruit BME680 Library	1.1.1	Adafruit
Adafruit TSL2591 Library	1.2.1	Adafruit
MH-Z19	1.5.1	Jonathan Dempsey

センサ制御のスケッチを記述する

　環境モニタ端末のスケッチについて解説します。実際のスケッチから、重要な部分を抜粋して紹介します。スケッチ全体はサポートページからダウンロードすることができます。

BME680センサの使い方

　スケッチからBME680の制御部分を抜き出したものを**スケッチ6.3.1**に示します。

スケッチ6.3.1　　　　　　　　　　　　　　　　　　　　　　　　　m5_smarthouse.ino

```
 1  // BME680センサの制御部分（抜粋）
 2  #include "Adafruit_BME680.h"
 3
 4  Adafruit_BME680 bme;
 5
 6
 7  void setup() {
 8
 9
10    bme.begin();
11    bme.setTemperatureOversampling(BME680_OS_4X);
12    bme.setHumidityOversampling(BME680_OS_2X);
13    bme.setPressureOversampling(BME680_OS_4X);
14    bme.setIIRFilterSize(BME680_FILTER_SIZE_1);
15    bme.setGasHeater(320, 150);
16
17
18  }
19
20  String readSensor() {
```

```
21
22
23     /* BME680センサ値の読み出し */
24     bme.performReading();
25     /* 読み出した値はbmeの各々の変数へ格納されている */
26     senData[0] = bme.temperature + BME680_TEMP_OFFSET;
27     senData[1] = bme.humidity;
28     senData[2] = bme.pressure / 100.0;   // hPa
29     senData[3] = bme.gas_resistance / 1000.0;   // Kohm
30
31
32   }
```

・初期化

setup関数ではbegin関数で初期化を行った後、センサの動作設定を行います。設定するパラメータの例をいくつか紹介します。Oversamplingは、1度のデータ読み出しで実施するAD変換の回数を指定します。サンプリング回数を増やすことでノイズ耐性が増しますが、その分データ読み出し完了までの時間がかかります。IIRFilterSizeは、外乱ノイズ等による短期的な変動の影響を弱め測定値の変動を緩やかにします。フィルタサイズの設定を大きくすることで、より緩やかな変化になります。なお、IIRフィルタは外乱の影響を受けやすい温度と気圧のみに適用されます。setGasHeaterは、CO^2計測のための予熱温度と時間を設定します。デフォルト設定である320℃で150msを設定しています。

・データの読み出し

performReading関数を呼び出すことで、現在の温度、湿度、気圧、CO^2濃度のデータがセンサから読み出されます。読み出された値を変数へ格納しています。

TSL2592センサの使い方

スケッチからTSL2592センサの制御部を抜き出したものを**スケッチ6.3.2**に示します。

スケッチ6.3.2　　　　　　　　　　　　　　　　　　　　　　　　　　　　m5_smarthouse.ino

```
1    // TSL2592センサの制御部分（抜粋）
2    #include "Adafruit_TSL2591.h"
3
4    Adafruit_TSL2591 tsl;
5
6
7    void setup() {
8
```

```
 9
10     tsl.setGain(TSL2591_GAIN_LOW);
11     tsl.setTiming(TSL2591_INTEGRATIONTIME_100MS);
12
13
14   }
15
16   String readSensor() {
17
18
19     /* TSL2591センサ値の読み出し */
20     uint32_t lum = tsl.getFullLuminosity();
21     senData[4] = (float)(lum & 0xFFFF);
22     senData[5] = (float)(lum >> 16);
23
24
25   }
```

・**初期化**

setup関数では、TSL2591センサの動作設定を行います。ゲインはセンサ感度の設定です。今回は屋外の太陽光の下で使用するためゲインを低く設定しています。タイミングは、受光素子の積分時間（露光時間）を設定します。使用する環境に合わせて値が飽和しない時間に設定します。

・**データの読み出し**

照度データを読み出すにはgetFullLuminosity関数を用います。センサから読み出されるデータは32bitのunsigned int型で、その内上位16ビットが赤外線、下位16ビットが可視光の値になっています。今回は赤外線と可視光をそれぞれモニタリングしたいため、センサから取得した値をそのまま用いていますが、calculateLux関数を使うことで可視光の照度（ルクス）に変換することも可能です。

MH-Z19Bセンサの使い方

スケッチ全体からMH-Z19Bセンサの制御部を抜き出したものを**スケッチ6.3.3**に示します。

スケッチ6.3.3　　　　　　　　　　　　　　　　　　　　　　　　　　　　m5_smarthouse.ino

```
1   // MH-Z19Bセンサの制御部分（抜粋）
2
3   #include "MHZ19.h"
4
5   MHZ19 mhz;
6
```

```
 7  void setup() {
 8
 9
10    Serial2.begin(MHZ19_BAUDRATE, SERIAL_8N1, MHZ19_UART_RX, MHZ19_UART_TX);
11    mhz.begin(Serial2);
12    mhz.autoCalibration(false);
13
14
15  }
16
17  String readSensor() {
18
19
20    senData[6] = (float)mhz.getCO2(false);
21
22
23  }
24
25
26  void loop() {
27
28
29    /* ボタンAの長押しでゼロ校正を行う */
30    if (M5.BtnA.wasReleasefor(BTN_HOLD_TIME_FOR_CALIB)) {
31
32
33      mhz.calibrateZero();
34    }
35
36
37  }
```

第
6
章

・初期化

MH-Z19Bセンサとは UART で通信を行います。今回は Serial2 を使用します。MHZ19 の begin 関数の引数に Serial2 を渡しセンサの初期化を行っています。

・データの読み出し

CO^2濃度を読み出すには getCO2 関数を用います。MH-Z19B では、getCO2 関数の引数を false とすることで 400ppm〜5000ppm(出荷設定によっては 2000ppm)の範囲で CO^2 濃度を読み出すことができます[14]。また、MH-Z19B は正しい値を読み出せるようになるま

....

[14] getCO2(false) とすることで製品データシートの指示通りコマンド 0x86 で読み出しを行います。引数に false を渡さない場合は、データシートに記載ないコマンド 0x85 で読み出しを行います。0x86 では 400〜5000ppm の範囲で読み出し可能で、0x85 では 0〜5000ppm となります。参考:https://github.com/WifWaf/MH-Z19/issues/7

でに3分間の予熱時間が必要です。そのため、今回は端末リセット後3分以内に読み出したデータは送信しないように制御しています。

・**手動によるゼロ校正**

MH-Z19Bセンサには自動でセンサを校正する自動補正機能がありますが、ハウス内ではこの機能は利用できないため、今回はautoCalibration関数で自動補正機能をオフに設定しています。自動補正機能をオフにした場合は、定期的な校正を手動で行う必要があります。そこで、M5StickCのボタン操作でゼロ校正を行うcalibrationZero関数を呼び出すようにしています。ゼロ校正方法は、環境モニタ端末を外気下（CO_2濃度が約400ppmの環境）に20分以上置いた状態でボタンAを長押しします。

● データ送信のスケッチを記述する

次に環境モニタ端末で集めたセンサデータをスプレッドシートへ保存する方法について解説します。実装の手順は以下の通りです。

1 送信データのフォーマットを決める
2 スプレッドシート側にデータの受け口となる Web API を実装
3 環境モニタ端末に送信スケッチを実装

送信データのフォーマットを決める

環境モニタ端末からスプレッドシートへは、以下のようなJSON形式のセンサデータ送信用と緊急通知用2種類のデータフォーマットを用意しました。緊急通知用は、たとえば「電源ケーブルが抜けた」などの障害を検知した場合に送信します。

・**センサデータ送信用 JSON フォーマット**

```
{
    "Type": "Sensors",
    "Data":  {
      "Temp"    : <センサ値>,
      "Humid"   : <センサ値>,
      "Press"   : <センサ値>,
      "VOCs"    : <センサ値>,
      "Light"   : <センサ値>,
      "IR-Light" : <センサ値>,
      "Co2"     : <センサ値>
```

```
        },
    "Timestamp": <タイムスタンプ>
}
```

・緊急通知用 JSON フォーマット

```
{
    "Type"    : "Emergency"、
    "Message" :  <緊急メッセージ>
}
```

GASを使ってデータの受け口を作る

スプレッドシート側に環境モニタ端末から送信されたデータの受け口を作ります。スプレッドシートは、GASを使うことでデータがPOSTされた際の振る舞いを記述できます。作成手順を下記に示します。

1 「温室環境データ」と言う名前のスプレッドシートを作成する
2 メニューバーから [ツール] → [スクリプトエディタ] を選択
3 「コード.gs」にdoPost関数を追加する

doPost関数は、スプレッドシートへデータがPOSTされたときに呼び出される関数です。doPost関数では、**スケッチ6.3.4** に示す通りPOSTされたJSON形式のデータをスプレッドシートへ追加する処理を記載します。

第
6
章

スケッチ6.3.4

```
1   const MAILTO = <障害発生通知のメール送信先>
2
3   function doPost(e) {
4     try {
5       let ss = SpreadsheetApp.getActiveSpreadsheet();
6       let sheet = ss.getSheetByName('シート1');
7
8       const json = JSON.parse(e.postData.getDataAsString());
9
10      if (json["Type"] == "Sensors") {
11        let values = json["Data"];
12        sheet.appendRow([json["Timestamp"],
13                         values["Temp"],
14                         values["Humid"],
15                         values["Press"],
16                         values["VOCs"],
17                         values["Light"],
```

```
18                        values["IR-Light"],
19                        values["Co2"]]);
20
21    } else if (json["Type"] == "Emergency") {
22      if (json["Message"] == "UsbVoltageLow") {
23        /* 電源遮断をメール通知 */
24        MailApp.sendEmail(MAILTO, "電源が遮断されました",
25                        "電源がオフ、又はケーブルが抜けた可能性があります。");
26      }
27    }
28
29    return ContentService.createTextOutput("Successed");
30  } catch(err) {
31    /* 発生したエラーをメール通知 */
32    const err_body = "エラー名: " + err.name + "\n" +
33                    "発生箇所: " + err.fileName + " (" + err.lineNumber + "行目)\n" +
34                    "内容　 : " + err.message + "\n" +
35                    "[StackTrace]\n" + err.stack;
36    MailApp.sendEmail(MAILTO, err.name, err_body);
37
38    return ContentService.createTextOutput("Failed");
39  }
40 }
```

4 メニューバーから [公開] → [ウェブアプリケーションとして導入] を選択
5 公開設定をして [Deploy] ボタンを押す

図6.3.9 に示すように、Project version は [New] を選択します[15]。アクセス設定は [Anyone,even anonymous] を選択します。今回はURLを知っていれば誰でもスプレッドシートへデータを登録できる設定にしていますが、実運用時は必要に応じてアクセス制限を行ってください。設定を終えたら [Deploy] ボタンを押してください。

図6.3.9

Web APIの公開設定

※15 なお、初回デプロイ以降もコードを修正した際は、変更を反映させるため必ず毎回 [New] を選択する必要があります。

⑥アカウント許可を与える

　自身のGoogleアカウント認証画面が表示されます。画面に従って、GASがスプレッドシートやGmailへアクセスする許可を与えます。なお、使用するブラウザによっては、図6.3.10のような警告画面が表示される場合があります。その際は、［詳細］をクリックしたのち、［安全ではないページへ移動］をクリックして認証を進めてください。

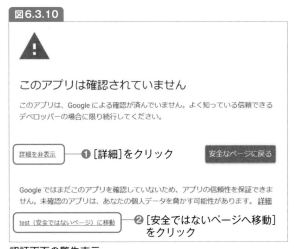

図6.3.10

認証画面の警告表示

環境モニタ端末からデータを送信する

　環境モニタ端末からのデータのPOSTは、サンプルスケッチ中のsendJson関数で行っています。POST先のURLは先ほどのGASエディタで［公開］→［ウェブアプリケーションとして導入］で表示されるダイアログで確認できます（**図6.3.11**）。

図6.3.11

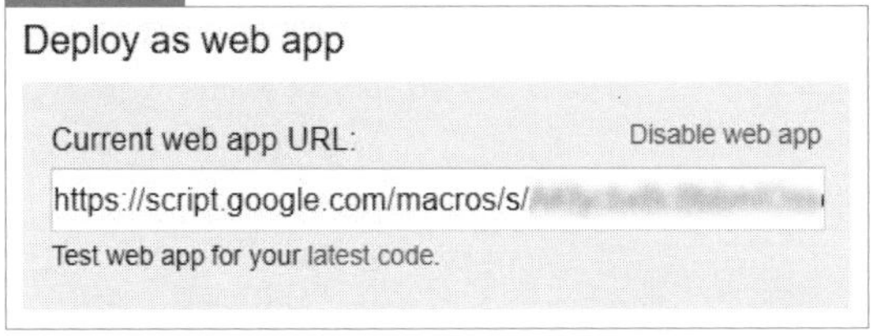

```
Deploy as web app

Current web app URL:                  Disable web app

https://script.google.com/macros/s/

Test web app for your latest code.
```

POST先URLはGASエディタ（ブラウザ）から確認できる

　最後に、センサから読み取ったデータがスプレッドシートに追加されることを確認しましょう。図6.3.12のように、3分おきに環境データが追加されていれば完成です。

図6.3.12

	A	B	C	D	E	F	G	H
1	日時	気温 [℃]	湿度 [%]	気圧 [hPa]	VOCs [KΩ]	散乱光 [Raw]	散乱光IR [Raw]	CO2濃度 [ppm]
72	2020/12/10 18:03:41	20.77	44.15	1008.67	44.31	2	0	494
73	2020/12/10 18:06:43	20.79	43.91	1008.75	44.45	2	0	501
74	2020/12/10 18:09:45	20.8	43.94	1008.77	44.55	2	0	505
75	2020/12/10 18:12:47	20.77	43.93	1008.79	44.78	2	0	497
76	2020/12/10 18:15:51	20.72	44.04	1008.82	44.97	2	0	499
77	2020/12/10 18:18:53	20.68	44.06	1008.92	45.36	2	0	495
78	2020/12/10 18:21:55	20.63	44.26	1009.02	45.65	2	0	504
79	2020/12/10 18:24:58	20.7	43.79	1009.02	45.7	3	0	512
80	2020/12/10 18:28:00	20.66	44.1	1009.1	45.95	2	0	508

スプレッドシートにデータが保存される

● まとめ〜スマート農業で活躍するM5StickC

　今回紹介した以外にも、筆者は農業現場でM5StickCを活用しています。換気ファンや冬場のボイラーの稼働状態をM5StickC内蔵の加速度センサを使ってモニタリングするなど、ただM5StickCを農業機器に貼り付けるだけでも有効に活用することができます。簡単に各種センサとインターネットを接続できるM5StickCは、これからのスマート農業でも大いに活躍することが期待できます。

6.4 M5Stack Core2 で AWS IoT と連携する

難易度
★★★★★

著者
田中正吾

この節では、M5Stack Core2とAWS IoTを連携して、タッチボタン操作で AWS IoTへデータを送信し、AWS IoTから受け取ったデータをM5Stack Core2のディスプレイに表示する方法について解説します。

▶ **使用するデバイス**
- M5Stack Core2

● はじめに

　M5Stack Core2は、M5Stack開発キットシリーズの第2世代Coreデバイスで、M5Stack Basicのような第1世代世代のCoreの機能をさらに強化されたものです。従来のM5Stackと同様、Wi-FiとBluetoothに対応しており、SDカードスロット、スピーカーもついています。

　加わったものとして、静電容量式タッチスクリーン・内蔵6軸IMU・PDMマイク・内蔵RTCモジュール・振動機能などがあります。特に、静電容量式タッチスクリーンによって、表示画面全体で自由にユーザーインターフェースを作ることができ、ボタンを設置して操作できるだけでなく、指を動かして絵を描くといったような操作も可能になります。バッテリー容量も150mAhから390mAhへと増加していて、少し長く時間バッテリー駆動ができるため、サッと手元で自分のM5Stack Core2作品を見せやすくなりました。また、バッテリーレベルを知らせる緑色LEDも内蔵されてバッテリーの状態が把握しやすくなっています。

● ボードマネージャから M5Stack Core2 ボードをインストール

　まずはM5Stack Core2を使えるようにしていきましょう。2021/1/19執筆時点の情報でお伝えします。

- Arduino IDE を導入
- USBドライバのインストール

- ボードマネージャのURLを追加
- M5Stack Core2ライブラリのインストール

については、M5Stack Basicと同様の方法で準備することができます。[2.2 Arduino IDE を動かすための初期設定] の解説を参考にしてください。

本プログラムに必要なライブラリをインストール

本節で解説するプログラムには、以下のライブラリが必要です。

- PubSubClientライブラリ（https://pubsubclient.knolleary.net/）
  PubSubClientはAWS IoTと接続するために必要になるMQTTプロトコル[16]によるやりとりをM5Stack Core2で行うための、MQTTに関するライブラリです。実際にはAWS IoTで発行した設定をPubSubClientライブラリに反映して使用します。
- ArduinoJsonライブラリ（https://arduinojson.org/）
  ArduinoJsonは、Arduino IDE上でJSONを扱いやすくするライブラリです。JSONデータをシンプルで直感的な構文で記述することができます。ライブラリのサイトには豊富な使用方法の例があり、すぐに始めることができます。実際には、AWS IoTから来る送信データ・受信データにJSON形式を使うとき、このライブラリを利用することでスムーズにやりとりできます。

[ツール]→[ライブラリの管理]をクリックしてライブラリマネージャを起動します（**図6.4.1**）。

図6.4.1

＊16　MQTTについては [4.7 M5Stack同士をMQTTで連携する] で詳しく解説しています。

PubSubClientで検索するとさまざまなライブラリが出てくるので、間違えたライブラリをインストールしないようにしましょう。図6.4.2のPubSubClientという名前のライブラリをインストールします。ArduinoJsonライブラリも、同様にArduinoJsonで検索してインストールします。

図6.4.2

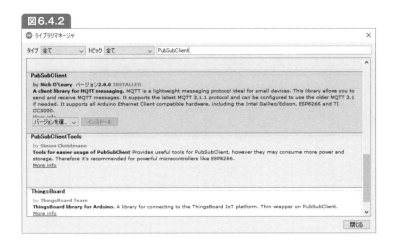

AWS IoTとは

AWS IoTはIoTデバイスをAWSクラウドサービスに接続するサービス群です。その中でも、**AWS IoT Core**は、AWS IoTの中心となるサービスで、AWS IoT Coreで発行された各デバイスの設定ファイルを使ってAWSクラウドと安全に接続し通信することができます。接続された各デバイスは先ほどの設定ファイルをもとにAWS IoT Core上で管理することができ、大量のデータを受け止めることも想定されているので、たくさんのデバイスを展開していく場合にも役立ちます。

接続したデバイスからはAWS IoT Coreへデータを送信することができます。たとえば、接続されたデバイスからセンサー値を送り、Amazon DynamoDBのようなデータベースに保存したり、Amazon SNSのようなサービスで通知と連携することができます。また、AWS IoT Coreから接続したデバイスはデータを受信することができます。たとえば、AWS上で作られたクラウドアプリケーションをきっかけにしてデバイスでさまざまな動作をさせたり、デバイスからコマンドを受け付けて折り返しデータを返すような仕組みも作ることができます。このように、AWS IoT CoreはAWS IoTで接続されたIoTデバイスにAWSの他のソリューションに統合するのに役立つ仕組みを提供します。

この節で紹介するプログラムでは、AWS IoT CoreとM5Stack Core2を使って、AWS IoTのMQTTブローカー経由でデータをやりとりをするシンプルな仕組みについてお伝えします。

● AWS IoT の準備

1. AWS IoT のサイトにアクセスする

　始めに、AWS IoT Core で AWS と M5Stack Core2 とをつなぐ設定ファイルを発行して、M5Stack Core2にその設定を書き込み、AWSとつなぐ準備をしていきましょう。

図6.4.3

　AWSマネジメントコンソールに、AWS IoTを扱えるアカウントでログインします。AWSマネジメントコンソールでIoTに関する機能のグループから、IoT Coreの項目をクリックします。すると、図6.4.4のような画面が表示されます。

図6.4.4

2. ポリシーを作る

ポリシーを作成して、今回使うM5StackのためのAWSへのアクションの認可を行います。こうすることで、AWS IoT内の各機能を使えるようにします。

AWS IoTにアクセスし、ページ左側にあるメニューの[安全性]→[ポリシー]をクリックします（図6.4.5）。ポリシーページに移動するので、表6.4.1のように設定を記入した上で作成ボタンをクリックします。

図6.4.5

図6.4.6

表6.4.1

名前	m5stack-policy
アクション	iot:*
リソース ARN	*
効果	許可

3. 証明書ファイルを作る

今回つなぐM5StackがAWS IoTとデータをやりとりするために、AWS IoTが発行した証明書を作成して、AWS IoT上のポリシーと紐づけてデータをやりとりできるようにします。のちほど、この各証明書の情報をM5Stack内に記述しAWS IoTとやりとりできるように設定します。

左のメニューの[管理]→[モノ]をクリックし、[作成]ボタンから作成ページに移動します（図6.4.7）。

図6.4.7

[単一のモノを作成する] をクリックします。ここでいう「**モノ**」とは、AWS IoTでデバイスを管理するAWS IoTレジストリのオブジェクトを指します。今回でいえばAWS IoTに接続されたM5Stack Core2を「モノ」としてどう名前を付けて管理するかを決めます。

図6.4.8

M5Stack-testの名前だけ設定して（**図6.4.8**）、次へボタンをクリックすると、「モノに証明書を追加」画面に移動します（**図6.4.9**）。

図6.4.9

[1-Click 証明書作成の証明書を作成] ボタンをクリックします（**図6.4.10**）。クリックすると、すぐに無事作成されます。

図6.4.10

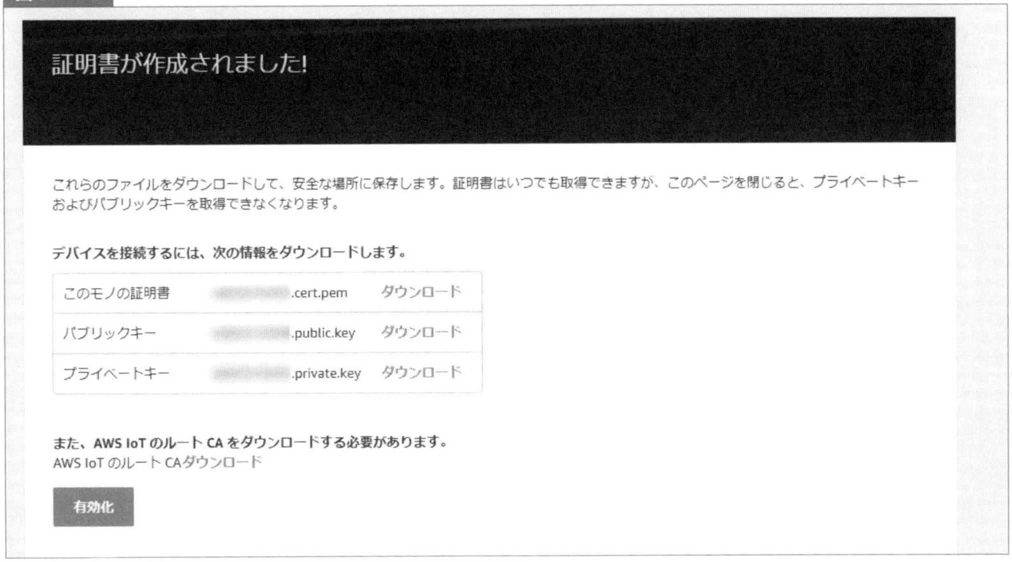

証明書が作成されました！

これらのファイルをダウンロードして、安全な場所に保存します。証明書はいつでも取得できますが、このページを閉じると、プライベートキーおよびパブリックキーを取得できなくなります。

デバイスを接続するには、次の情報をダウンロードします。

このモノの証明書	.cert.pem	ダウンロード
パブリックキー	.public.key	ダウンロード
プライベートキー	.private.key	ダウンロード

また、AWS IoT のルート CA をダウンロードする必要があります。
AWS IoT のルート CAダウンロード

有効化

M5Stack Core2は、AWS IoT Coreに接続してメッセージを送信するときに証明書を提示します。その際に、このページからダウンロードできる、「モノの証明書ファイル」・「プライベートキーファイル」・「AWS IoTのルートCAファイル」が必要になるので、ダウンロードしていきましょう。

4. モノの証明書ファイル・プライベートキーファイルのダウンロード

　図6.4.10のページの［このモノの証明書］の項目にあるダウンロードリンクをクリックして、このモノの証明書ファイルをダウンロードします。保存されたファイル名は「-certificate.pem.crt」で終わるファイル名で保存されます。

　同様に、［プライベートキー　○○○○.private.key］にあるダウンロードリンクをクリックしてプライベートキーファイルをダウンロードします。保存されたファイル名は「-private.pem.key」で終わるファイル名で保存されます。

5. AWS IoTのルートCAファイルのダウンロード

　［AWS IoTのルート］にあるリンクからルートCAファイルをダウンロードします。このとき、元の証明書の作成ページはまだ使うので、閉じないようにしてください。

図6.4.11

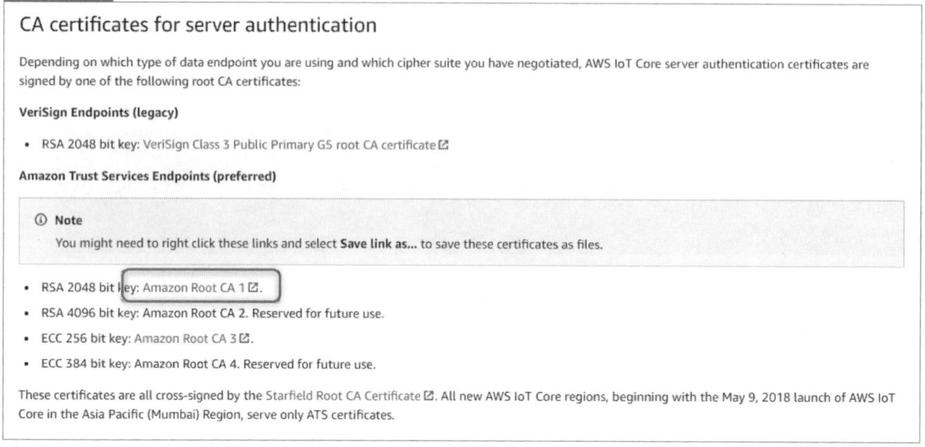

CA certificates for server authentication

Depending on which type of data endpoint you are using and which cipher suite you have negotiated, AWS IoT Core server authentication certificates are signed by one of the following root CA certificates:

VeriSign Endpoints (legacy)

- RSA 2048 bit key: VeriSign Class 3 Public Primary G5 root CA certificate ☒

Amazon Trust Services Endpoints (preferred)

> ⓘ **Note**
>
> You might need to right click these links and select **Save link as...** to save these certificates as files.

- RSA 2048 bit key: Amazon Root CA 1 ☒.
- RSA 4096 bit key: Amazon Root CA 2. Reserved for future use.
- ECC 256 bit key: Amazon Root CA 3 ☒.
- ECC 384 bit key: Amazon Root CA 4. Reserved for future use.

These certificates are all cross-signed by the Starfield Root CA Certificate ☒. All new AWS IoT Core regions, beginning with the May 9, 2018 launch of AWS IoT Core in the Asia Pacific (Mumbai) Region, serve only ATS certificates.

　別のウィンドウで [CA certificates for server authentication] というページに遷移するので、[RSA 2048 bit key: Amazon Root CA 1] をクリックしてダウンロードします。クリックすると別ページのテキストの羅列が出てくるので「-----BEGIN CERTIFICATE-----」から「-----END CERTIFICATE-----」まで含めて、すべてコピーしてファイルに保存します。ファイル名は「AmazonRootCA.key」にしておきましょう。この時点で

- モノの証明書ファイル
- プライベートキーファイル
- AWS IoT のルート CA ファイル

が、手元にダウンロードされていることを確認して、次の手順に進みます。

6. 有効化とポリシーのアタッチ

　AWS IoTのルートCAファイルのダウンロードの下部に有効化というボタンがあります（図6.4.12）。

図6.4.12

また、**AWS IoT のルート CA をダウンロードする必要があります。**
AWS IoT のルート CAダウンロード

[有効化]

有効化のボタンをクリックしましょう。有効化されたのを確認できたら、「ポリシーをアタッチ」ボタンをクリックします。すると**図6.4.13**のような画面になるので、先ほど設定した「m5stack-policy」にチェックして完了ボタンをクリックします。

図6.4.13

これでモノのリストページに戻って作成されていたら完了です。

図6.4.14

7. カスタムエンドポイントをメモする

カスタムエンドポイントはMQTTクライアント（M5Stack Core2）からアクセスするメッセージブローカーのアドレスで、のちほどArduino IDEで使用します。カスタムエンドポイントは［メニュー］→［設定］をクリックすることで表示できます。

図6.4.15

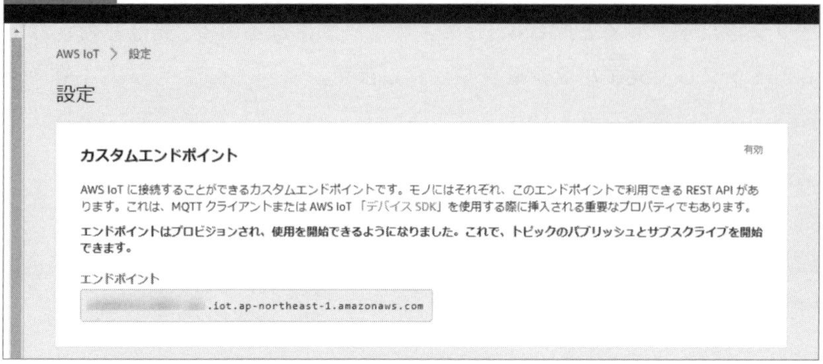

エンドポイントに書かれているテキスト「<id>-ats.iot.<region>.amazonaws.com」を手元
にメモしておきます。<id>、<region>の部分はみなさんのリージョンやアカウントによって異
なります。ここまで準備できたら、いよいよM5Stack Core2でAWS IoTにつなぐプログラ
ムを動かしていきます。

● M5Stack Core2 にプログラムを書き込む

このプログラムは、ここまでで集めたカスタムエンドポイント・モノの証明書ファイル・プ
ライベートキーファイル・AWS IoTのルートCAファイルの情報を使って、M5Stack Core2
にAWS IoTへ接続しデータのやりとりをします。

M5Stack Core2からAWS IoTへのデータ送信内容としては、ここではM5Stack Core2
のボタンをクリックすることで、その押されたボタンの情報を送ります。AWS IoTから
M5Stack Core2へのデータ受信内容は、AWS IoTのメッセージ送信画面からM5Stack
Core2へ向けて送られたデータの内容をM5Stack Core2のディスプレイに表示します。

プログラム全体は以下のリンクからダウンロードできます。こちらのプログラムをコピー＆
ペーストし、これから説明するように設定部分のコードを書き換えることで動作します。なお、
本項では重要な箇所を抜粋して紹介しています。

https://github.com/1ft-seabass/M5StackCore2_AWS_IoT/blob/main/M5StackCore2_
AWS_IoT.ino

1. Wi-Fiの設定

```
1  // Wi-Fi の設定
2  char *ssid = "Wi-Fi SSID";
3  char *password = "Wi-Fi PASSWORD";
```

こちらのコードではWi-Fiの設定をしています。「Wi-Fi SSID」は今回接続するWi-Fi設定の SSID、「Wi-Fi PASSWORD」は今回接続するWi-Fi設定のパスワードに書き換えます。

2. カスタムエンドポイントの設定

```
1  const char *endpoint = "AWS IoT Endpoint";
```

こちらのコードは先ほどメモしたカスタムエンドポイントの設定をしています。「AWS IoT Endpoint」の部分は先ほどメモしたカスタムエンドポイントに書き換えます。

3. AWS IoTのルートCAファイルの設定

```
1  // AWS IoT Amazon Root CA 1
2  static const char AWS_CERT_CA[] PROGMEM = R"EOF(
3  -----BEGIN CERTIFICATE-----
4  -----END CERTIFICATE-----
5  )EOF";
```

こちらのコードではAWS IoTのルートCAファイルの設定をしています。先ほど保存した AWS IoTのルートCAファイル「AmazonRootCA.key」をテキストエディタで開きます。すると以下のように証明書の内容が表示されます。「-----BEGIN CERTIFICATE-----」から「-----END CERTIFICATE-----」を含めてすべてコピーします。

```
1  -----BEGIN CERTIFICATE-----
2  AAAAAAAAAAAAAAAAAAAAAAAAAAAAAAAAAAAAAAAAAAAAAAAAAAAAA
3  BBBBBBBBBBBBBBBBBBBBBBBBBBBBBBBBBBBBBBBBBBBBBBBBBBBBB
4  CCCCCCCCCCCCCCCCCCCCCCCCCCCCCCCCCCCCCCCCCCCCCCCCCCCCC
5  -----END CERTIFICATE-----
```

仮にこのようなテキストをコピーした場合は、サンプルの「-----BEGIN CERTIFICATE-----」 から「-----END CERTIFICATE-----」まで含めて上書きし、以下のようにペーストします。この 設定の方法は、この後説明するモノの証明書ファイルの設定、プライベートキーファイルの設定でも同様に行います。

```
1  static const char AWS_CERT_CA[] PROGMEM = R"EOF(
2  -----BEGIN CERTIFICATE-----
3  AAAAAAAAAAAAAAAAAAAAAAAAAAAAAAAAAAAAAAAAAAAAAAAAAAAAA
4  BBBBBBBBBBBBBBBBBBBBBBBBBBBBBBBBBBBBBBBBBBBBBBBBBBBBB
5  CCCCCCCCCCCCCCCCCCCCCCCCCCCCCCCCCCCCCCCCCCCCCCCCCCCCC
6  -----END CERTIFICATE-----
7  )EOF";
```

第6章

4. モノの証明書ファイルの設定

```
1   // AWS IoT Device Certificate
2   static const char AWS_CERT_CRT[] PROGMEM = R"KEY(
3   -----BEGIN CERTIFICATE-----
4   -----END CERTIFICATE-----
5   )KEY";
```

こちらのコードではモノの証明書ファイルの設定をしています。先ほど保存したモノの証明書ファイルを設定します。

5. プライベートキーファイルの設定

```
1   // AWS IoT Device Private Key
2   static const char AWS_CERT_PRIVATE[] PROGMEM = R"KEY(
3   -----BEGIN RSA PRIVATE KEY-----
4   -----END RSA PRIVATE KEY-----
5   )KEY";
```

こちらのコードではプライベートキーファイルの設定をしています。先ほど保存したプライベートキーファイルを設定します。

● M5Stack Core2でAWS IoTへ接続する

1. M5Stack Core2からAWS IoTがデータを受信するための準備

今回のプログラムでは、M5Stack Core2からトピック「/pub/sample123」でデータがパブリッシュ（発行）されます。このM5Stack Core2から送られたデータをAWS IoTで受信するには、トピックへのサブスクライブ（購読）を行いデータを待ちます。

AWS IoTではテストという機能でトピックへのサブスクライブを行うことができます。AWS IoTのページに戻り、左のメニューの [ACT] → [テスト] とクリックすると表示されるページ（図6.4.16）の [トピックへサブスクライブする] をクリックします。

図6.4.16

トピックへサブスクリプションで今回のトピック「/pub/sample123」を入力して、トピックへのサブスクライブをクリックします。

図6.4.17

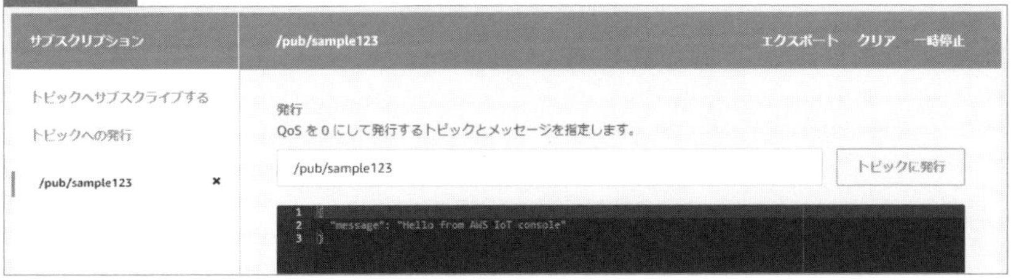

サブスクリプション	/pub/sample123	エクスポート　クリア　一時停止
トピックへサブスクライブする	発行	
トピックへの発行	QoS を 0 にして発行するトピックとメッセージを指定します。	
/pub/sample123 ✕	/pub/sample123	トピックに発行

```
1
2    "message": "Hello from AWS IoT console"
3  }
```

データを待ち受けます。

2. M5Stack Core2を動かしてAWS IoTへ接続する

今回のプログラムでは、M5Stack Core2がWi-Fi接続後、AWS IoTにConnectedというメッセージを送ります。先ほどのテストで、AWS IoT側でデータを受け取れば、AWS IoTへの接続チェックをすることができます。今回のプログラムでは、以下のコードに示す部分でM5Stack Core2からトピック「/pub/sample123」でデータがパブリッシュ（発行）する値を決めています。

```
1  char *pubTopic = "/pub/sample123";
```

また、以下のコードでM5Stack Core2がWi-Fi接続後にArduino JSONライブラリを使ってConnectedというメッセージを作成しパブリッシュしています。

```
1  // AWS IoT に送るときの JSON データ作成時に使う DynamicJsonDocument を準備
2  DynamicJsonDocument doc(1024);
3  doc["value"] = "Connected";
4  serializeJson(doc, pubJson);
5  mqttClient.publish(pubTopic, pubJson);
```

図6.4.18

こちらのプログラムを書き込んでM5Stack Core2動かしてみると、**図6.4.19**のように表示されます。

図6.4.19

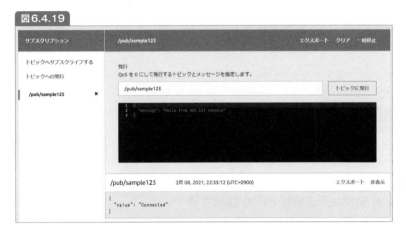

AWS IoTのテストページに戻ると、このように、valueに「Connected」という文字列が入っていることから、接続時のメッセージを受信できていること確認できました（**図6.4.20**）。これで、ひとまずの接続チェックは完了です。

図6.4.20

また、プログラムの以下の部分によって、5秒ごとにvalueに起動からの経過時間ミリ秒が送られてきます。この定期的に送る仕組みは、センサー値を定期的に送るときに役立つでしょう。

```
1   // waitTime のミリ秒ごとにチェックする（初期値 5000 ミリ秒 = 5 秒）
2   long now = millis();
3   long spanTime = now - messageSentAt;
4   if (spanTime > waitTime) {
5   messageSentAt = now;   // 送られた時間を現在(now)にする
6   Serial.println("データ送信:");
7   Serial.println(messageSentAt);
8   Serial.print(" ミリ秒");
9
10  // AWS IoT にメッセージ送信
```

```
11
12  DynamicJsonDocument doc(1024);
13  doc["value"] = "Press C";
14  serializeJson(doc, pubJson);
15  mqttClient.publish(pubTopic, pubJson);
```

3. ボタンの反応をAWS IoTが受け取れることを確認

先ほどの接続チェックで、M5Stack Core2からAWS IoTへパブリッシュ（発行）したトピックのサブスクライブ（購読）によって、AWS IoTに届いたデータを確認できました。今回のプログラムでは、ボタンの操作をしたときも、M5Stack Core2からのAWS IoTへパブリッシュ（発行）をしています。今回のプログラムでは、以下の

```
1  if(M5.BtnA.wasPressed()) {
2      pressMessage("Press A");
3  }
```

の部分と、関数の

```
1  void pressMessage(String _msg){
2      Serial.println(_msg);
3      M5.Lcd.setCursor(0, 158+18);
4      M5.Lcd.fillRect(0, 158+18, 320, 14, BLACK);
5      M5.Lcd.print(_msg);
6      // AWS IoT にメッセージ送信
7      DynamicJsonDocument doc(1024);
8      doc["value"] = _msg;
9      serializeJson(doc, pubJson);
10     mqttClient.publish(pubTopic, pubJson);
11  }
```

の部分によって、ボタンを押したときに、Aボタンを押した場合は「Press A」というメッセージをパブリッシュします。

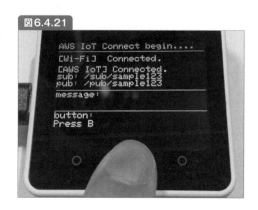

図6.4.21

257

　接続チェックしたAWS IoTのテストを引き続き見ておきます。ボタンの反応をAWS IoTが受け取れることを確認するため、ボタンを押してみます。今回は真ん中のBボタンを押しました。

図6.4.22

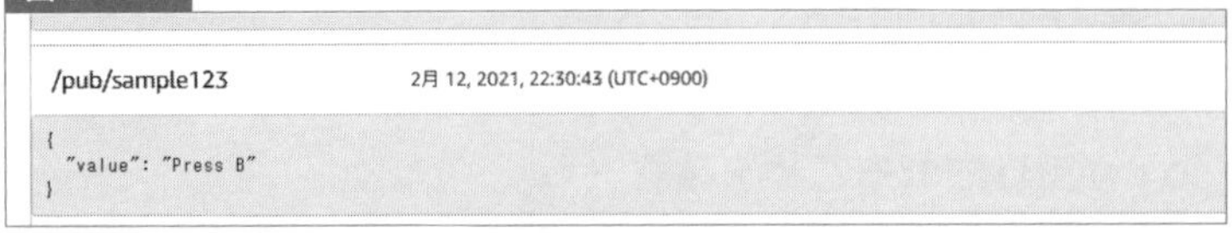

/pub/sample123	2月 12, 2021, 22:30:43 (UTC+0900)

```
{
  "value": "Press B"
}
```

　先ほどと同じようにデータをチェックすると、value Bと接続時のメッセージの受信が確認できました（**図6.4.22**）。これで、ひとまずの接続チェックは完了です。AボタンやCボタンも押してメッセージが送られるか試してみましょう。

4. AWS IoTからM5Stack Coreがメッセージを受け取る

　今回のプログラムではAWS IoTがM5Stack Core2にパブリッシュ（発行）したメッセージを「/sub/sample123」というトピックで購読しています。今回のプログラムでは、

```
1  char *subTopic = "/sub/sample123";
```

の部分でトピック「/pub/sample123」でデータがサブスクライブする値を決めています。

```
1  void mqttCallback(char* topic, byte* payload, unsigned int length){
2
3
4    String str = "";
5    Serial.print("Received. topic=");
6    Serial.println(topic);
7    for (int i = 0; i < length; i++) {
8        Serial.print((char)payload[i]);
9        str += (char)payload[i];
10   }
11   Serial.print("\n");
12
13
14   // 受け取った文字列を JSON データ化(Deserialize)
15   DeserializationError error = deserializeJson(root, str);
16
17
18   // JSON データ化 失敗時
19   if (error) {
20     Serial.print(F("deserializeJson() failed: "));
21     Serial.println(error.f_str());
22     return;
```

```
23      }
24      // Serial.println(root["messeage"]);
25      // AWS IoT から受信した JSON データの中の messeage 値を表示
26      const char* message = root["message"];
27      M5.Lcd.setCursor(0, 112+18);
28      M5.Lcd.fillRect(0, 112+18, 320, 14, BLACK);
29      M5.Lcd.println(message);
30    }
```

　こちらのmqttCallback関数で、購読時に受け取ったJSONをデータをArduino JSONライブラリを使ってデシリアライズし、messageという値を取り出してM5Stack Core2のディスプレイに表示しています。まず、AWS IoTからデータを送ってみましょう。

図6.4.23

　サブスクリプションメニューで［トピックへの発行］をクリックします（図6.4.23）。

図6.4.24

　発行の項目でテキストエリアにサブスクライブするトピック「/sub/sample123」を入力して、下部のエリアには

```
{
  "message": "Hello M5Stack Core2!"
}
```

と入力して [トピックに発行] ボタンをクリックします。

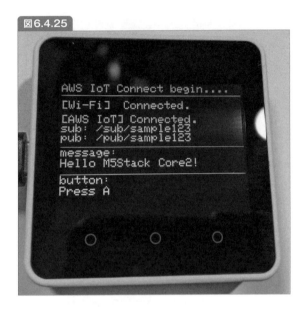

図6.4.25

M5Stack Core2側でデータを受信し、messageのエリアにmessage値が表示されました。

● AWS IoT を連携するメリット

　AWS IoTによってAWSに連携できるようになると、データを受け付けるサーバーの保守であったりデータが多くなった時の性能の拡張といったことが手軽にできるようになります。また、データベースや通知といったAWS内の他の便利なサービスにつなぐこともできます。M5Stack Core2を始めとしたM5Stackシリーズは、思いついたことをすぐに始められるところがすばらしいです。そして、手元でできた良い仕組みをさらにその先に進めたいときに、こういったクラウドサービスを活用してIoTにおけるインターネット部分やサーバー部分をスケールアップできると心強いので、ぜひ試してみてください。

6.5 M5Stackオリジナルモジュール制作のススメ

難易度
★★★★☆

著者
necobit
カワヅ

M5Stackシリーズは内蔵の各種センサーや入出力が充実しており、本体だけでもできることはたくさんありますが、さまざまな方法でさらに機能を拡張することができます。この節では、いくつかあるM5Stackシリーズの拡張方法の特徴と、自分で拡張モジュールを作ることについて解説します。

▶ 用意するもの

- M5Stack Basicなど、Coreの本体
- Proto Module、Bus Module、Proto Hatのいずれか（これらの方法で拡張する場合）
- 基板CAD（基板をPCBサービスを使って自作する場合）
- 搭載したい部品

● M5Stackシリーズの各拡張方法の特徴

M5Stack、M5StickC、ATOMシリーズのCoreに内蔵されていないセンサーや入出力等を増やしたい場合、何らかの方法で必要な部品を電気的に接続する必要があります。

図6.5.1

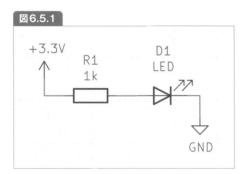

これはM5StackにLEDさせる回路を想定した回路図ですが、一番雑に実装するとこのようになります。

第6章

図6.5.2

　プロトタイプとしてなしではありませんが、もうちょっとスマートに実装したいですね。M5Stack、M5StickC、ATOMシリーズに外部ハードウェアを接続する手段としては、一般的に下記のようなものがあります。

販売されている専用の拡張用モジュールを使う

　一番手軽かつ確実な方法です。Moduleと名付けられているものは、M5StackシリーズのM-Busというコネクタで簡単にスタックして機能拡張できます。Hatと名付けられているものはM5StickCシリーズにかぶせて、UnitはGrove互換ポートに接続して利用できます。それぞれケースに入っているので脱着や配線が確実で、自分で回路を考える必要がありません。反面、利用するピンによって同時に使えない拡張用ガジェットがあるなどの制限が発生する場合があります。

Bottomモジュールの GPIO を使って外部回路に接続する

　欲しい機能を実現するためのModuleやHatが発売されていない場合に一番シンプルな方法です。M5StackのBottomモジュール（Basic、Grayには付属）を利用して、GPIOからジャンパワイヤを使って別の基板につないだり、ブレッドボードに接続したりして使います。図6.5.3の写真では、Bottomモジュールからステッピングモータードライバに配線を接続して、外れないようにビニールテープで固定しています。気軽にできる反面、うっかり配線が抜けてしまったり、可搬性が悪かったりと、恒久的に使うには問題が残ります。

図6.5.3

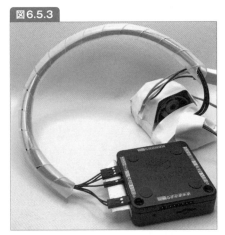

プロトタイピング用の専用モジュールを使って回路を追加する

M5Stackにおいてケース付きユニバーサル基板的な使い方ができるものとして、PROTO Module、Bus Module、PROTO Hat、BASE15、BASE26などがあります。ケースやコネクタが搭載済みなので、1枚だけ作るならこのシリーズを使って直接部品を実装するとスピーディに作ることができます。デメリットとしては、配線を含めて手ハンダでの実装になるため、複数個作ろうとした時は大変ということです。

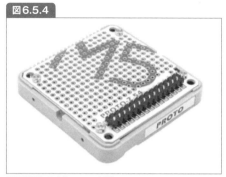

PROTOモジュール[17]

PCBサービスを利用してM5Stack（他、M5StickC等）専用自作基板を作る

M5StackにそのままStackしたり、M5StickCシリーズのHatとして使えるプリント基板を自分で設計して拡張する回路を作る方法です。配線パターンやランドの置き方など、ユニバーサル基板では難しい配置、配線ができるため、基板をきれいにまとめたい場合、表面実装部品を多数使いたい場合、コンパクトにまとめたい場合等におすすめです。昨今では無料で使える基板CADも増え（KiCad、EAGLE、DesignSpark PCB等）、やる気さえあればハイクオリティなオリジナル基板が作れます。料金も今（2022年）では送料を入れて2000円程度から作ることができます。

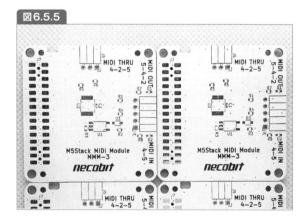

PCBAサービスを利用する

PCBに加えて部品の実装をやってもらうサービスです。資料の前準備などの手間はありますが、部品実装が終わった基板が納品されるため販売用等でたくさん量を作る場合はこの方法が一番安定して楽にできます。

---

*17 https://www.switch-science.com/catalog/3650/

● 拡張基板用のケースについて

　基板を自分で作る場合、何らかの形でケースを用意する必要があります。一番楽なのは、「プロトタイピング用の専用ガジェットを使って回路を追加する」の項で説明したPROTOやBUS、BASE15、26モジュール、PROTO Hatのケースを流用する方法です。現在M5Stack社へそれらの基板を抜いたケース部分のみの販売を筆者の個人レベルで打診していますが、現時点での実現可能性は不明です。それ以外に、自分で採寸して3Dデータを作って3Dプリントするのもメジャーな方法です。ケースを自作することで基板側の自由度も上がります。

　今回はPCBサービスを利用して作る方法を、筆者が実際に同人ハードウェアとして販売したM5Stack用MIDIモジュールを参考に説明したいと思います。

● M5Stack用MIDIモジュールができるまで

　販売前提で基板を作る時は、PCBないしPCBAサービスを利用してプリント基板を制作することがほとんどかと思います。理由として配線や実装ミスの少なさ、品質の安定度の高さ、見た目のきれいさなどが挙げられます。ここでは商用利用含めフリーで利用できるKiCadという基板CADを使用して基板設計（回路設計とアートワーク、製造ファイルの出力）を行いました。

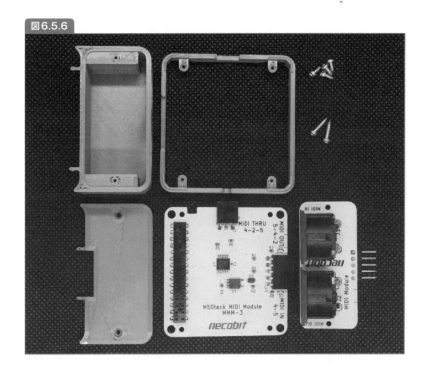

図6.5.6

回路の設計

M5StackのModuleはすべてM-Busという15×2列のピンによって接続されています。このコネクタは表面実装部品のため、上側にオス、下側にメスのコネクタをそれぞれ実装する必要があります。下に別のModuleをスタックしない、もしくはBASE15やBASE26Moduleで設計する場合は下側のコネクタは必要ありません。

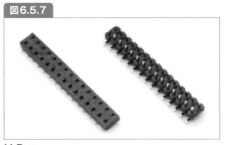

図6.5.7

M-Bus

MIDIはシリアル信号なので、M-BusのRX2、TX2が出ている16、17番ピンを利用します。電源を含めすべてM-Busから接続するという点以外は通常の回路設計と違いはありません。

図6.5.8

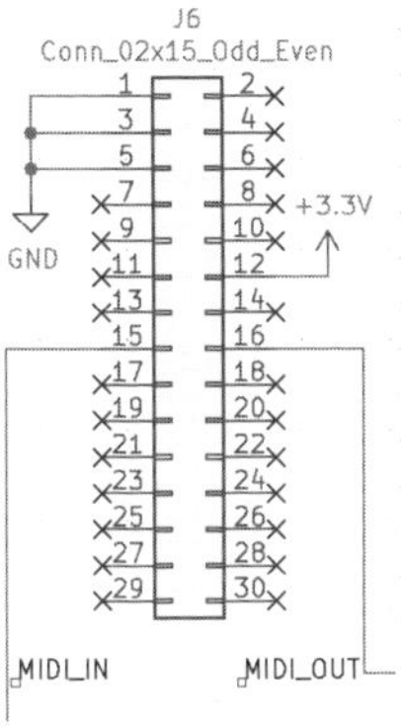
J6
Conn_02x15_Odd_Even
+3.3V
GND
MIDI_IN
MIDI_OUT

GPIO TYPE	Analog Function		M-BUS LINE 0	M-BUS LINE 1		Analog Function	GPIO TYPE
			GND	ADC	G35	ADC1_CH7	I
			GND	ADC	G36	ADC1_CH0	I
			GND	RST	EN		
I/O/T		G23	MOSI	DAC/SPK	G25	ADC2_CH8	I/O/T
I/O/T		G19	MISO	DAC	G26	ADC2_CH9	I/O/T
I/O/T		G18	SCK	3.3V			
I/O/T		G3	RXD1	TXD1	G1		I/O/T
I/O/T		G16	RXD2	TXD2	G17		I/O/T
I/O/T		G21	SDA	SCL	G22		I/O/T
I/O/T	ADC2_CH2/T2	G2	GPIO	GPIO	G5		I/O/T
I/O/T	ADC2_CH5	G12	IIS_SK	IIS_WS	G13	ADC2_CH4/T4	I/O/T
I/O/T	ADC2_CH3/T3	G15	IIS_OUT	IIS_MK	G0	ADC2_CH1/T1	I/O/T
			HPWR	IIS_IN	G34	ADC1_CH6	I
			HPWR	5V			
			HPWR	BATTERY			

M-Busコネクタ部分の回路図とピンアサイン図（ピンアサイン図はM5Stack社公式ドキュメント＊18より）

アートワーク

M5Stackの基板外形は50mm×50mmです。M5Stack純正のモジュールは角が斜めですが、誤差やバリが出ることを考えると角は丸の方が許容範囲が大きいです。ネジ穴とM-Busの位置をきっちり合わせたら、その時点で一度紙に実寸でプリントアウトしてズレがないか確認すると良いでしょう。

図6.5.9

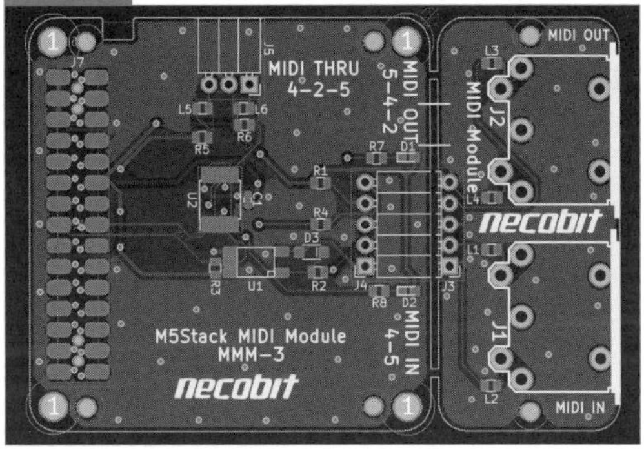
MIDI OUT
MIDI THRU
4-2-5
MIDI OUT
5-4-2
MIDI Module
necobit
M5Stack MIDI Module
MMM-3
necobit
MIDI IN
4-5
MIDI_IN

M5Stack用MIDIモジュールのアートワーク at Kicad

＊18 https://docs.m5stack.com/en/core/basic

部品配置制限

図6.5.10

　M5Stackでは各モジュールのフレーム内を占有エリアとして使うため、基本的に部品は基板下側しか使用できません。（M-Busコネクタを除く）また、通常のモジュールはケース内部の使用できる高さが5.5mm程度しかないため、背の高い部品は使わない、電解コンデンサは寝かせる等の工夫が必要です。

　純正の基板の厚みは1mmです。スタックする際のケースの高さに影響がある部分なので、基本的には同じ厚みに合わせるとよいでしょう。高さ制限を軽くしたい場合は、BASE15やBASE26のケースを使ったり、はたまたオリジナルのケースでどーんと大きいものを作ってしまうのもありかと思います。その際は下にスタックすることを諦めたり、下側のM-Busのコネクタを背の高いものに替えるなど、実装に工夫が必要になります。

部品実装

　部品実装については特殊なところはありませんが、基板上側にはみ出せるエリアがほとんどないことから表面実装部品を利用することが多いと思いますので、実装方法をかいつまんで解説致します。

１ 基板にはんだペーストを塗布する
２ 上に部品を載せる
３ 加熱してはんだペーストを溶かしてはんだ付けをする

１ 通常はステンシルプリンタとステンシルを利用して塗布しますが、ステンシルプリンタは大きく重く、ステンシル自身も枠ありの大きいものが必要です。そのため小規模でやる場合は

ステンシルプリンタを使わず、基板の周りに不要な基板等を敷き詰め上に枠のない小さなステンシルを貼り付けたり、平行ピンを使って基板とステンシルを固定してはんだペーストを塗布したり、他にもレーザーカッターでOHPシートや紙をくりぬいてステンシルとするなど、省スペースでペーストを塗布する方法などがあります。

図6.5.11

ステンシルプリンターとサイズ比較用M5Stack

- ステンシルプリンタ＋枠付きステンシル
    - メリット：塗布が早く、スピードも早い、精度が高い
    - デメリット：準備が大変、プリンタ本体が大きくて重い、巨大な枠付きステンシルの保管、処分が必要
- 不要な基板等をプリントする基板の周りに敷き詰めて固定＋枠なしステンシル
    - メリット：手軽、枠なしの小さなステンシルで良いため、保管、処分が楽
    - デメリット：プリンタ使用に比べてプリント精度が落ちる
- 並行ピンを使って基板とステンシルを固定する方法
    - メリット：プリンタを利用するのと同じくらいの精度が出る、枠なしの小さなステンシルで良いため、保管、処分が楽
    - デメリット：基板設計時にステンシル固定用の穴を基板側に作る必要がある、たくさん作る場合は一回ごとのつけ外しに手間がかかるため、プリントスピードは遅い

　一般的な製造では生産効率が落ちるような方法を選ぶことはありませんが、個人製造の場合は省スペースかつ巨大な枠付きステンシルの処分に頭を悩ませる必要がないことは大きなメリットと言えるでしょう。M5Stack用MIDIモジュールではステンシルプリンタを利用して塗布しました。

第
6
章

❷実装工場では実装機を使っての自動実装することが多いですが、個人レベルではピンセットで1つずつ載せていくのが一般的です。

❸こちらもいろいろな手法があり、一番確実なのはリフローオーブンを利用する方法です。逆に一番手軽なのはヒートガン（ホットエアー）を使って上から熱してペーストを溶かす方法ですが、手軽な反面、部品を風で飛ばしやすい、温度ムラができやすく部品破損の可能性がやや高い等のデメリットがあります。他にホットプレートやオーブントースターを利用する方法もあり、さらにはそれらを自動化するノウハウもあるのですが今回は割愛します。

図6.5.12

筆者宅でリフローに使っているオーブントースター。すべて人間の手で時間制御しています

筐体設計

　M5Stack用MIDIモジュールでは、モジュール本体以外にDIN5ピンのコネクタ用基板を作り、それをスタック基板に連結してモジュールの外側に実装するという方式を採用しています。M5Stackのシルエット外側にコネクタを実装できるという大きなメリットがありましたが、デザイン的にはデメリットでもあるので、後継のM5Stack用MIDIモジュール2ではBASE26ベースのデザインとして、本体側ケース内にDIN5ピンコネクタを納めています。

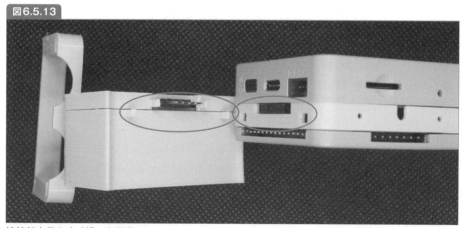

図6.5.13

接続部を見やすく撮った写真

　図6.5.13に示すように、ピンヘッダ、ピンソケットが勘合しており、4か所ある爪でほどよく固定されているという、M5Stackのモジュールとしてはかなり特殊な設計です（一番左のものはスタンド代わりの端材です）。M5Stack用MIDIモジュールは開発期間2か月ほどで発売したのですが、その時間の半分以上をこのケース部分の設計に費やしました。

図6.5.14

M5Stack BASIC にM5Stack用MIDIモジュールを装着した写真

● まとめ

　オリジナルモジュールの制作は、最初こそ採寸やフィッティングで苦労しますが、テンプレートを作ってしまえば一番大変な外形やコネクタ位置を使いまわせるためサクサク作ることができます。ぜひ皆さんもオリジナルのモジュールを作る楽しさにチャレンジしてください。

第 **7** 章

M5StickVで
画像処理する

実 践 編

本章では、M5StickVに搭載されているAIプロセッサとカメ
ラを使って画像処理をする方法と作例を紹介します。簡単に
物体認識を利用できるBrownieというアプリを応用した例や、
内臓の加速度センサーを利用した例などを紹介しています。

M5StickVで始める簡単AIカメラ

難易度
★★☆☆☆

著者
ミクミンP

この節では、筆者が開発したM5StickV向けAIカメラアプリBrownieについて紹介します。簡単に画像の学習と物体検知ができるこのアプリの使い方と、さまざまなモノを自動化していく方法をお伝えします。

▶ **使用するデバイス**

- M5StickV　1個
- microSDカード（class 10以上）　1枚

M5StickVは、マイク、スピーカー、カメラ、液晶、LED、加速度センサー、バッテリー、microSDカードスロット、深層学習（ディープラーニング）推論対応プロセッサK210などが、わずか5cmのサイズに凝縮されており、単独で物体認識を行うことが可能なパワフルなデバイスです[1]。

図7.1.1

M5StickVの外観

────────────────────────────────
[1]　名前が似たデバイスとしてM5StickCがありますが、プロセッサがESP32であるなど互換性がないことに注意してください。

この節では、筆者が開発したカメラに映ったいろいろなものを簡単に学習し、その結果を利用することができるM5StickV向けAIカメラアプリ**Brownie**（ブラウニー）を利用して、さまざまなものをAIで自動化していく方法を説明します。プログラミングをすることなく、設定を変更するだけでさまざまな用途に利用できますので、ぜひ遊んでみてください。なおBrownieはApache License 2.0に基づきオープンソースとして公開しています。この節では、以下の流れでBrownieの使い方を解説していきます。

図7.1.2

❶ QRコードを撮影　　❷ 学習対象を撮影　　❸ カメラで物体を認識

Brownieの利用方法

- Brownieを使うための事前準備
  最初にBrownieを利用するための準備をしていきます。
- M5StickVだけでやってみよう
  M5StickV本体だけでもAIのパワーを活用することができます。簡単なAI監視をやってみましょう。
- PCと連携させてみよう
  M5StickVをWindows PCにつなぎ、操作を自動化してみましょう。

● Brownieを使うための事前準備

microSDカードの準備

M5StickVはmicroSDに相性問題があり、公式サイトに動作確認済みリストが公開されています。また、日本国内で流通しているmicroSDカードの動作確認済みリストが有志の手によってインターネット上で公開されていますので、そちらを参考にしてもよいでしょう。4GB〜32GB class 10程度のmicroSDHCカードは比較的動作します。より容量の大きいmicroSDXCカードやclass 10未満の速度の場合は動作しないケースが多いようです。なお、

相性問題に対応したmicroSDカードがセットになった「M5StickV+16GB SD Card」がスイッチサイエンスなどで販売されています[*2]。

　適切なmicroSDカードが入手できたら、FAT32形式でフォーマットしておきます。exFAT形式のフォーマット等では動作しないmicroSDカードであってもFAT32形式でフォーマットしなおすことで動作するようになる場合があります。

M5StickVの充電

　M5StickVを入手したら、付属のUSBケーブルをPCに接続し、1時間以上充電しましょう。充電が不十分な場合には、アプリケーションがうまく起動しないことがあります。USBケーブルで充電を開始してしばらくするとM5StickVが起動しますが、充電中は電源をOFFにできませんので、電源は付けたままにしてかまいません。充電完了となったことを知る機能はないため、ある程度時間が経過したら次の作業に進んでください[*3]。

ファームウェアのアップデート

　次にM5StickVのファームウェアを更新します。M5StickVのファームウェアは新しいものほど高機能になりますが、一方で使用できるメモリに限りがあり、最新のファームウェアではメモリ不足で動作しなくなるといったこともあるため、動作させるアプリケーションに応じて適切なバージョンのファームウェアを書き込む必要があります。本書では執筆時点（2022年1月）で簡単に導入可能なfirmware_M5StickV_v5.1.2.kfpkgを利用します。

　まず、M5StickVを付属のUSBケーブルでPCと接続します。次に、M5StickVの公式サイトからEasyLoaderをダウンロードして実行します。執筆時点では、ファイル名がEasyLoader_M5StickV_v5.1.2.exeとなっていました。

　　https://docs.m5stack.com/en/core/m5stickv

　ダウンロードできたら、このファイルを実行し、アプリケーションを起動してください[*4]。起動したら、接続されたM5StickVのCOMポートを[COM:]の部分に指定します。図7.1.3ではCOM15になっていますが、PCの設定により異なるポートが表示されます。COMポートが表示されない、あるいはわからない場合には、一度M5StickVからUSBケーブルを抜き、もう一度挿しなおして追加されたポートを利用してください。[Burn]をクリックし、しばらくすると書き込みが終了します。「Successfully.」という文字が表示されたら成功です。

＊2　https://www.switch-science.com/catalog/6480/
＊3　なお、満充電に近い状態になるとUSBケーブルを抜いてもM5StickVの電源がOFFにできなくなります。これはM5StickVの既知の問題として知られています。電源がONになっている状態のままUSBケーブルを抜き、しばらくそのままにしておくとOFFにできるようになります。
＊4　実行した際、Windowsによる警告が出る場合があります。「詳細情報」をクリックしその後「実行」ボタンを押すことで起動できます。

図7.1.3

❶ COMポートを選択

❷ [Burn]をクリックしてSuccessfullyと
表示されるまでしばらく待つ

EasyLoaderの利用

● Brownieのインストール

M5StickVの準備ができたら、下記のサイトにアクセスし、右上の [Code] をクリックして
表示される [Download ZIP] をクリックしてファイルをダウンロードしましょう。

- Brownie

  https://github.com/ksasao/brownie

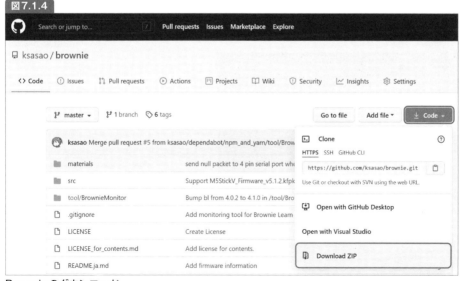

図7.1.4

Brownieのダウンロード

　ダウンロードしたbrownie-master.zipをすべて展開し、**図7.1.5**のようにsrc\brownie_learn\M5StickVフォルダにあるファイルをすべてmicroSDカードのルートフォルダにコピーしてください。なお、microSDカードの中にすでにファイルがある場合には必要に応じてバックアップを取ったのち、すべて削除してからコピーを行ってください。

図7.1.5

microSDカードへのコピー例

　コピーが終わったらPCからmicroSDカードを取り出し、M5StickVの画面の下部にあるmicroSDカードスロットに奥まで差し込みます。そして、microSDカードスロットの右側にある電源ボタンを5秒ほど長押しして離すとBrownieのロゴが表示され、「ブラウニー」という音声が再生されます。正常に起動すると、ロゴが数秒表示されたのちにカメラ画像に切り替わります。もし切り替わらない場合には、電源ボタンをもう一度長押ししたり、microSDカードの準備で説明した内容を確認してみてください。

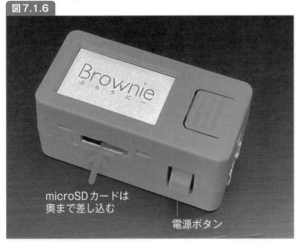

図7.1.6

Brownieの起動

● M5StickVだけでAIカメラを動かしてみよう

ではさっそくBrownieをつかってみましょう。たったの3ステップでカメラに映ったものを覚えさせることができます。

学習の流れ

1 まず、英数字の文字をそのままQRコードに変換したものをM5StickVのカメラの前にかざします。QRコードの作成にはお好みのツールを利用して問題ありませんが、Brownie向けのQRコードが簡単に作成できるようにBrownie QR Generatorを用意しています。**図7.1.7**のQRコードをスマートフォンなどで読み取ってブックマークしておくと便利です。なお、QRコードの作成は端末上で行われるため、入力したデータが外部に漏れることはありません。

- Brownie QR Generator

https://ksasao.github.io/brownie/qr/

図 7.1.7

QR Generatorの
スマートフォン向け
QRコード

Brownie QR Generatorは、任意の文字をQRコードにできるだけでなく、Brownieの動作をコントロールするための特別なQRコードも簡単に作成できます。

図 7.1.8

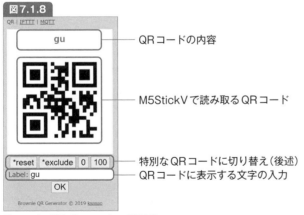

- QRコードの内容
- M5StickVで読み取るQRコード
- 特別なQRコードに切り替え（後述）
- QRコードに表示する文字の入力

Brownie QR Generator の画面

また、QRコードのサンプルがsrc\brownie_learn\QRにあります。このフォルダにはカード型に印刷しやすいように整えたPDFもあります。必要に応じてご利用ください[5]。

....

[5] A4サイズの用紙に印刷し、目印に沿ってカードを切り出してください。エーワン マルチカード マイクロミシンカットタイプ（品番51164）(https://www.a-one.co.jp/product/search/detail.php?id=51164) に印刷すると簡単にカード型にできます。

　サンプルとして「gu」「choki」「pa」という文字をそれぞれQRコードに直したものを用意しました（**図7.1.9**）。Brownieを導入したM5StickVのカメラで撮影してみてください。

図7.1.9

Brownieで学習するために利用するQRコードの例

　QRコードがうまく読み取れない場合には、うまくピントが合っていない可能性があります。その場合は、カメラのレンズのフチの部分を指の腹などで回転させ、ピントを調整してください。M5StickVがうまくQRコードを読み取ることができると「カメラを向けてください」という音声が流れ、画面内に赤い枠が点滅します。

図7.1.10

── この部分が回転する

ピントの調整

2 M5StickVの画面の赤い枠が点滅を開始したら学習させたいものをカメラの前にかざします。約5秒後に「データを登録しました」という音声が流れ、その瞬間に映っているものが学習されます。Brownieではたった1回だけでも学習することができます。

3 学習が終わったらカメラをいろいろなところに向けてみましょう。学習したものがカメラに写りこむと、画面内に緑の枠が表示されるとともに、登録に利用したQRコードの文字が表

示され「チョキです」のような音声が流れます。音声は、あらかじめmicroSDカードのvoiceフォルダに「(QRコードの文字列)+.wav」という名前で保存しておくことで再生されます。存在しない場合には音声が流れませんが、その他の機能は動作します。

　画面に表示されている数字は認識の自信度を表しており、値が小さいほど自信ありとなります。もしうまく認識できてないようであれば、■に戻って同じQRコードをかざして追加学習すると、どんどんかしこくなっていきます。また、ほかのQRコードを使って学習すると複数のものを区別できるようになります。じゃんけんを徐々に学習していく様子を下記リンク先の動画にまとめました。最初はグー・チョキ・パーの区別がついていなかったものが、徐々に区別できるようになっていく様子がわかります。

https://twitter.com/ksasao/status/1161978500091301893

図7.1.11

じゃんけんを学習していく様子

　学習したものをリセットしたい場合には、「*reset」という文字をQRコードに直したものをカメラにかざしましょう。「データをリセットしました」という音声が流れ、これまで学習したすべてのデータが消去されます。

図7.1.12

学習データを
リセットします

このQRコードをM5StickVで撮影すると学習データがリセットされる

第7章

特別なQRコード

Brownieでは「*reset」以外にも特別な意味を持つQRコードがあります。前述のBrownie QR GeneratorではこれらのQRコードをワンクリック（タップ）で表示できるので活用してください。

- 対象を除外する「*exclude」

見た目が似ているものの無視したいものがある場合には、「*exclude」を利用することができます。たとえば、グーには反応してチョキには反応しないようにしたい、といった場合に利用します。これを実現するためには以下の手順を行います。

図7.1.13

*exclude

対象を除外します

対象を除外するためのQRコード

1️⃣「gu」のQRコードをM5StickVにかざし、「カメラを向けてください」の音声が流れたら手でグーを作ってカメラの前にかざし学習
2️⃣「*exclude」のQRコードをかざし、「カメラを向けてください」の音声が流れたら手でチョキを作ってカメラの前にかざし学習
3️⃣グーをカメラにかざすと「グーです」という音声が流れ、チョキをカメラにかざすと何も起こらないことを確認

- 2つの画像を0から100の数値で表す「0」「100」

Brownieは2枚の画像を学習してどちらに近いかをおおよその数字で表示することができます。登録の手順は下記のとおりです。

図7.1.14

0　　　　　　　　100

0とみなす　　　　100とみなす
画像を登録します　画像を登録します

1️⃣「0」のQRコードを利用して1枚目の画像を学習
2️⃣「100」のQRコードを利用して2枚目の画像を学習
3️⃣カメラに写っているものを動かすなどして数値が変化することを確認

図7.1.15

「0」のQRコードで学習　　　「100」のQRコードで学習　　　中間の位置に置くと約50と表示される

左の2枚の画像を登録するだけで、その中間の値が表示される

　M5StickVが画面の左側に写っている場合に「0」、左側に写っている場合を「100」として画像を学習した例を**図7.1.15**に示します。2枚の画像を登録した状態で、カメラの前のM5StickVを動かすと位置に応じて画面の数値が変化していきます。左右だけではなく、上下や前後、飲み物の残量の数値化などにも応用ができます[6]。

　Brownieではなぜこのようなことができるのでしょうか。その秘密は、ある画像が人間から見て似ているのか異なっているのかをあらかじめ膨大な画像から学習していることにあります。Brownieの動作原理について詳しく知りたい方は、下記ブログを参照してみてください。

- 3000円の液晶付きAIカメラでオフライン転移学習する #M5StickV

  https://qiita.com/ksasao/items/6d6bcac4c5e92fa692a2

● 冷蔵庫のおやつを監視してみよう

　それでは応用としてBrownieを使っておやつを監視してみましょう。やり方はとても簡単です。冷蔵庫の中にBrownieをインストールしたM5StickVをおやつがカメラに映るような向きに両面テープで取り付け、おやつがある状態を「doumo」のQRコードで、ない状態を「modoshite」のQRコードでそれぞれ学習します。

＊6　https://twitter.com/ksasao/status/1185909464471232512

第7章

図7.1.16

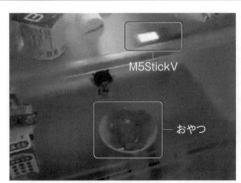

おやつがある状態
「doumo」のQRコードで学習

おやつがない状態
「modoshite」のQRコードで学習

冷蔵庫のおやつを監視

手順を動画で説明したものが次のリンクにあります。

- Brownieでおやつを監視

  https://twitter.com/ksasao/status/1160532010856665089

　動画を見るとわかるように、M5StickVとBrownieを使えば、おやつがとられたタイミングで「戻して！」という音声が、おやつが戻されると「どうもです」という音声がそれぞれ流れる監視システムが、わずか数十秒でできてしまいます。なお、長時間監視するためにM5StickVに6700mAhのモバイルバッテリーを取り付けてみたところ、約22時間監視し続けられることが確認できました。

● 連携アプリBrownie MonitorでPCと連携する

　Brownieは単独でも監視などはできますが、PCと連携することもできるようになっています。はじめに連携アプリであるBrownie Monitorの利用方法を紹介し、その後通信フォーマットについても説明します。

　Brownieで認識した結果を受け取り、それに応じてPCでさまざまな動作をさせるツールがBrownie Monitorです。Windows10用のGUIアプリケーションであるBrownie Monitor GUIと、Node.jsを利用しWindowsだけでなくMacやLinuxでも動作可能なBrownie Monitor Node.jsがあります。

Brownie Monitorの準備

- Brownie Monitor

https://github.com/ksasao/brownie/tree/master/tool/BrownieMonitor

ここでは、Brownie Monitor GUIを利用してみましょう。上記URLにあるダウンロードの部分からBrownieMonitorGui_v1.0.zipをダウンロードしてください。

図7.1.17

Brownie Monitor GUIのダウンロード

ダウンロードが終わったら、展開してBrownieMonitor.exeを起動します。M5StickVが接続されたCOMポートを設定してConnectをクリックすると、Brownieとの連携を開始します。

図7.1.18

COMポートを設定して「Connect」をクリック

条件(If)と動作(Then)を設定

Brownie Monitorの画面

Brownieが「gu」のQRコードに関連付けられた対象を認識したら、既定のブラウザが自動的に起動し、GoogleのWebサイトが開くことを確認してください。

図7.1.19

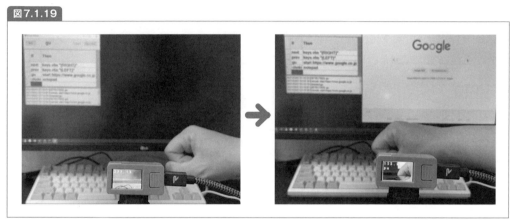

BrownieでPCを操作

なお、初期状態の設定は以下のようになっています。

表7.1.1　Brownie Monitorの初期設定

QRコード	動作
next	キーボードの右キーを押します。Microsoft PowerPointなどでスライドを表示しているときにこの操作を行うとスライドを次のページに進めることができます
prev	キーボードの左キーを押します
gu	既定のブラウザで指定したURLを表示します
choki	メモ帳を開きます

Brownie Monitorは、図**7.1.18**のようなGUI画面のIfの部分にQRコードで指定した文字列を入力し、Thenの部分にその文字列に対応したコマンドを記述することで、さまざまな動作を行わせることができます。内部的には、コマンドプロンプトを実行していますので、コマンドプロンプトでできることであれば同様に実行可能です。If/Thenの部分を書き換えた後は、Saveをクリックして保存してください。

キーボードを操作する

Thenの部分にkeys.vbs "{sendkey文字列}"と入力すると、キーボードを操作することができます。たとえば、

```
keys.vbs "{RIGHT}"
```

と記述すると、右キーが入力されます。これを利用すればMicrosoft PowerPointのスライド
のページを進めたりできます。なお、sendkey文字列に記述可能な文字列の詳細は下記のリン
ク先を参照してください。

- Application.SendKeysメソッド（Excel）

  https://docs.microsoft.com/ja-jp/office/vba/api/excel.application.sendkeys

キー操作の処理を行うkeys.vbsはBrownieMonitor.exeと同じフォルダにありますので自
由に改造してみてください。

関連付けられたアプリケーションでURLやファイルを開く

Thenの部分にstart（任意のURL）と入力すると、任意のURLを既定のブラウザで開くこと
ができます。startコマンドは、コマンドプロンプトの機能の一つで、拡張子等に関連付けられ
たさまざまなアプリケーションを開くことができます。たとえば、Thenの部分に以下のよう
に入力すると、Alarm01.wavの音声ファイルが、関連付けられたアプリケーションで自動的に
再生されます。

```
start C:\Windows\Media\Alarm01.wav
```

アプリケーションを起動する

Thenの部分にパスが通ったアプリケーション名を指定するとそのアプリケーションを実行
することができます。パスが通っているかどうかはコマンドプロンプトを開き、whereコマン
ドを利用することで確認することができます。実行例を下記に示します。

```
> C:\Users\ksasao>where notepad
> C:\Windows\System32\notepad.exe
> C:\Windows\notepad.exe
```

また、Thenの部分にフルパスを指定することも可能です。たとえば、Thenの部分に、「"C:\
Program Files\Google\Chrome\Application\chrome.exe"」などのように指定することで
Google Chromeを起動できます。

PCと連携する仕組み

　前項ではBrownie Monitorを利用して、簡単にWindowsアプリケーションなどを操作する方法を説明しました。ここでは、その動作の仕組みを解説していきます。Brownieと連携した独自のアプリケーションを開発する場合の参考にしてください。

M5StickVから送られてくるデータ

　M5StickVはシリアルポート経由でさまざまなデータを送信する仕組みが標準で備わっています。通信フォーマットは、ボーレート115200bps、8データビット、パリティなし、1ストップビット、フロー制御なしです。ターミナルエミュレータTeraTerm＊7でシリアルポートの内容を確認するための設定例を**図7.1.20**に示します（Setup→Serial Port……）。ポートの設定は、それぞれの環境に合わせてください。

　接続を開始すると、M5StickVがリセットされ、ブートログなどが表示されていきます。この表示は、標準のファームウェアでは消すことはできません。

図7.1.20

TeraTermの設定

図7.1.21

M5StickVの出力を表示

Brownie固有の送信データ

　Brownieは、QRコードを認識すると、

```
[QR]: gu
```

のように、QRコードで認識した文字を出力します。また、QRコードで学習済みの物体が見つかった場合には、

＊7　https://ja.osdn.net/projects/ttssh2/releases/

```
[DETECTED]: gu
```

のような文字列を出力します。**図7.1.22**に「gu」と書かれたQRコードを使って学習する場合の例を示します。「gu」と書かれたQRコードをかざすと、[QR]: guという文字が出力されます。その後、学習した物体を検出して[DETECTED]: guと表示されています。その後に続く[MAIXPY]:の行は、M5StickVのシステムログで、表示をなくすことはできません。その後「*reset」と書かれたQRコードをかざして、学習内容をリセットしました。

図7.1.22

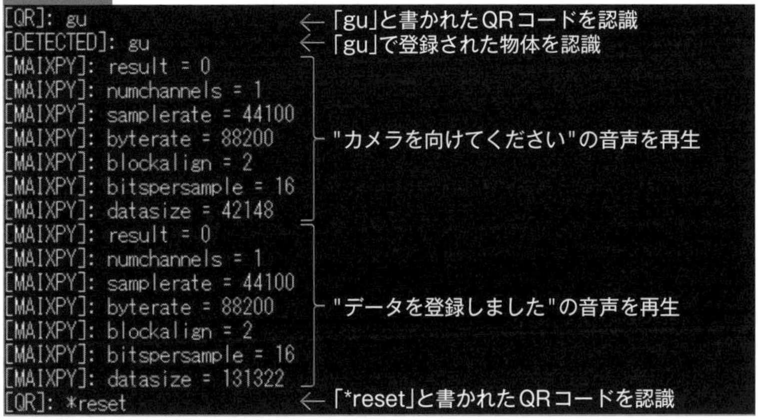

M5StickVが出力するログの例

　つまり、行の先頭が、[QR]:または[DETECTED]:で始まる行を受信したら、その行のみを処理すればよいことになります。

その他の機能

　そのほかにも、筆者はM5StickVをインターネットに接続してMQTTやIFTTTと連携し、フィットネスのゲームの完了画面をBrownieで認識して、その結果をログとして保存するといったことをしています。また、それほど計算性能の高くないArduinoに画像認識機能を追加するといったこともできます。

　具体的な配線やプログラミング例は、下記にまとめてありますので参考にしてください。

https://github.com/ksasao/brownie/blob/master/src/brownie_learn/doc/TMMF2020/

図7.1.23

ゲームの画面を監視 ＊注8

図7.1.24

Arduino を AI 対応に ＊注9

● 利用に適したシーン

　Brownie は、性能はそこそこではあるものの、学習から利用までがわずか数分で利用できるため、気軽に利用することができます。また、画像を数値に変換することができ、たとえば、部屋の散らかり具合を数値で表すといったことも可能です。あまり厳密な用途には利用できませんが、素人が一目でみて簡単に区別できる程度の違いがあればおおむね動作すると期待できます。

　現在人間が監視しているようなものを Brownie で置き換えてみませんか？

＊8　https://twitter.com/ksasao/status/1273221637177880576

＊9　https://twitter.com/ksasao/status/1200066828149510145

7.2

難易度
★★★★★

著者
三木啓司

M5StickVとM5StickCで実験ロボットを見守る―課題解決のために、開発・実装・評価・改善

筆者は医薬品研究支援会社に勤務しています。製薬企業、製薬ベンチャー、医療、AI、ベンチャーキャピタル、行政など、幅広い業種や規模の産官学が集まっている湘南ヘルスイノベーションパーク内で、多くの製薬研究者とライフサイエンスとその実験方法に関する議論をしながら交流を深めています。この節では、医薬品研究所の生化学研究者の困りごと（課題）を解決するために、M5StickV＋M5StickCが、報告機能付きのAIエッジカメラとして役立っている実例を紹介します。

▶ 使用するデバイス
- M5StickV
- M5StickC

図7.2.1

🔴 研究者の課題とその解決策

　製薬会社の実験室では、ロボットがiPS細胞の培地を定期的に交換したり、数週間かけて分化させたiPS細胞を測定器に運んだりしています。ロボットに生化学実験の定型作業を行ってもらうと、効率よく実験を進められるのですが、ときどきロボットが予期せぬエラーで止まることがあります。止まったことに気付かずに長時間放置してしまうと、実験が成立せず、iPS細胞や貴重なタンパク、高価な試薬が台無しとなり、時間とコストの大きな損失になります。

　そうならないようロボットを見張り続けたいところですが、そんなに頻繁には止まらないので、

ロボットの前にずっといるわけにもいかない。一般的なネットワークカメラを設置して遠隔で見ることはできても、モニターをずっと見続けることは大変で、現実的には無理です。

　決められたサイクルで正しく動いているかを確認しつつ、エラーで止まった時にはしっかり知らせてほしい。自宅に帰ってからでも通知を確認したい。これが今回の課題とその解決策の要望です。

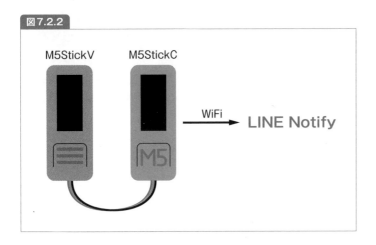

図7.2.2

　研究者の課題を解決するために、**ロボットを画像で監視して定期的に動いているか知らせてくれる装置**をM5StickVとM5StickCで作りました。あらかじめ学習した数種の画像をM5StickVで判別し、その画像を認識したらLINE Notifyでお知らせします。M5StickVにはWi-Fi機能がないので、GroveケーブルでM5StickVとM5StickCを接続して、M5StickVの判別結果をM5StickCにいったん送り、M5StickCからWi-Fiに接続してLINE Notifyに送信しています（**図7.2.2**）。

　この装置を実装・評価・改善している事例を順を追ってレシピとして紹介します。

● M5StickV＋Brownieで画像認識

　M5StickVに画像認識機能を持たせるプログラムは、ミクミンP（@ksasao）さんのM5StickV向けAIカメラアプリBrownieをそのまま使わせていただきました。Brownieでは、k近傍法（k-Nearest Neighbor）を利用したオフライン転移学習を使っているそうです。QRコードを使って1枚の画像で学習できてしまうことがスゴイと思います。研究者が負担なく簡単に、ロボットのさまざまな箇所や形などを学習させることができるBrownieは今回の用途にぴったりです。Brownieの基本的な使い方については、前節7-1のミクミンPさんの［M5StickVで始める簡単AIカメラ］で解説されていますので、ぜひご覧ください。

ここでも、前節と同様のやり方でBrownieを導入します。ミクミンPさんのBrownieのサイトから、最新版のbrownie-master.zipをダウンロードして展開してください。展開したファイルのうち、src\brownie_learn\M5StickV フォルダの中にあるファイルをすべてmicroSDカードのルートフォルダにコピーしてください。

https://github.com/ksasao/brownie

Brownie が学習時に使うQRコードを準備する

本節では、Brownieの学習時に使うQRコードは半角数字の「1」、「2」、「3」、「*reset」を表すもののみを使用します。この番号は、次の項目で示すM5StickCのプログラムに対応しています。QRコードは以下のサイトなどを利用して作成できます。名刺サイズの紙に1つずつ印刷しておくと便利です。

https://ksasao.github.io/brownie/qr/

図7.2.3

M5StickCでLINE Notifyに接続する

M5StickC 側では、LINE Notify に接続するための準備をしていきます。Arduino IDE やM5StickCの環境設定については、[3章　M5StickCを使ってみる]で解説されていますので、本節では説明を省略しています。

まず最初に、LINE Notifyに接続するために必要なトークンを用意します。

LINE NotifyのTokenを入手

LINE Notifyの公式サイトにアクセスし、IDとパスワードを入力してログインしてください。

https://notify-bot.line.me/ja/

図7.2.4

図7.2.5

右上の登録名をクリックしてマイページを選択します。

図7.2.6

アクセストークンを発行するの欄にある「トークンを発行する」ボタンを押してください。

図7.2.7

トークン名（任意）を入力して、通知を送信するトークルームを選択してください。ここでは「1:1でLINE Notifyから通知を受け取る」を選択しました。最後に緑色になった「発行する」ボタンを押してください。

図7.2.8

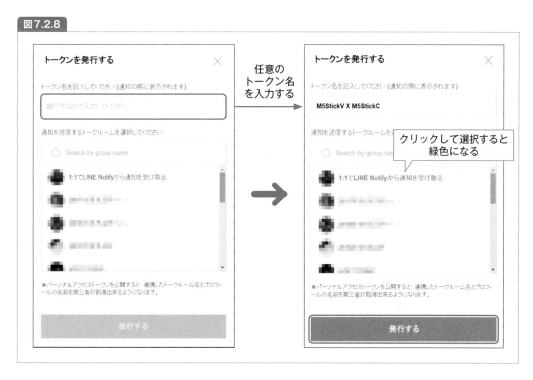

発行されたトークンが表示されるので、［コピー］ボタンを押してコピーし、メモ帳に残しておいてください。このトークンは、次の手順のスケッチ内のLINE notify tokenとして書き込みます。

図7.2.9

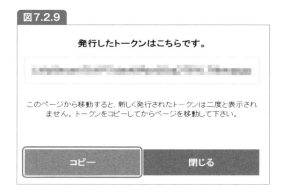

M5StickC用のスケッチを作成

LINE Notifyに送るM5StickC用のスケッチを作成します。Arduino IDEのメニューの［ファイル］→［新規ファイル］で新規スケッチの作成画面を開いたら、以下のようにプログラムを記載します。その際、以下のスケッチの「wifi ssid」、「wifi password」、「LINE notify token」の箇所は、XXXXXから実際に使用するものに置換してください。

スケッチ7.2.1　　　　　　　　　　　　　　　　　　　　　　　　　　　　　　M5StickC_LINE.ino

```
1   #include <M5StickC.h>
2   #include <WiFi.h>
3   #include <ssl_client.h>
4   #include <WiFiClientSecure.h>
5
6   const char* ssid = "XXXXXX";    //INPUT your wifi ssid
7   const char* passwd = "XXXXXXXXX";  //INPUT your wifi password
8   const char* token = "XXXXXXXXXXXX";  //INPUT your LINE notify token
9   const char* host = "notify-api.line.me";
10
11  HardwareSerial serial_ext(2);
12
13  void setup() {
14    M5.begin();
15    setup_wifi();
16    send("WiFi connected");
17    M5.Lcd.setRotation(1);
18    M5.Lcd.setCursor(2, 4, 2);
19    M5.Lcd.println("Wifi_Connected");
20    serial_ext.begin(115200, SERIAL_8N1, 32, 33);
21  }
22
23  void loop() {
24    if (serial_ext.available()>0) {
25      String str = serial_ext.readStringUntil('\n');
26      int data = str.toInt();
27      Serial.println(data);
28      if (data == 1) {
29      M5.Lcd.print('1');
30      send("画像1が現れた。");   // 画像1認識時のメッセージを書く
31    } else if (data == 2) {
32      M5.Lcd.print('2');
33      send("画像2が現れた。");   // 画像2認識時のメッセージを書く
34    } else if (data == 3) {
35      M5.Lcd.print('3');
36      send("画像3が現れた。");   // 画像3認識時のメッセージを書く
37      }
38    }
```

```
39    vTaskDelay(1000 / portTICK_RATE_MS);
40  }
41
42   /* LINE Notifyに送る */
43  void send(String message) {
44    WiFiClientSecure client;
45    Serial.println("Try");
46    //LineのAPIサーバに接続
47    if (!client.connect(host, 443)) {
48      Serial.println("Connection failed");
49      return;
50    }
51    Serial.println("Connected");
52    //リクエストを送信
53    String query = String("message=") + message;
54    String request = String("") +
55               "POST /api/notify HTTP/1.1\r\n" +
56               "Host: " + host + "\r\n" +
57               "Authorization: Bearer " + token + "\r\n" +
58               "Content-Length: " + String(query.length()) +  "\r\n" +
59               "Content-Type: application/x-www-form-urlencoded\r\n\r\n" +
60                query + "\r\n";
61    client.print(request);
62
63    //受信終了まで待つ
64    while (client.connected()) {
65      String line = client.readStringUntil('\n');
66      Serial.println(line);
67      if (line == "\r") {
68        break;
69      }
70    }
71
72    String line = client.readStringUntil('\n');
73    Serial.println(line);
74  }
```

書き込みの準備

- ボードの選択

  Arduino IDE のメニューから［ツール］→「ボード」→［M5Stack Arduino］→［M5Stick-C］
  を選択します。

図7.2.10

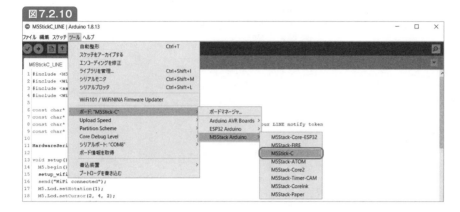

- ボーレートの選択

  メニューから［ツール］→［Upload Speed］→［115200］を選択します。

- シリアルポートの選択

  メニューから［ツール］→［シリアルポート］からCOMポートを選択します。デバイスマネージャで控えたシリアルポート番号を選んでください。

M5StickCへ書き込む

メニューから［スケッチ］→［マイコンボードに書き込む］を実行します。タブ上の左から2番目の矢印（→）を押しても同様に書き込むことができます。スケッチのコンパイルが走り、コンパイル終了後にM5StickCにプログラムが書き込まれます。

M5StickVとM5StickCをGroveケーブルで接続する

M5Stack用Grove互換ケーブル10cm[10]でM5StickVとM5StickCを接続します。デバイスの準備はこれで終わりです。

図7.2.11

＊10 https://www.switch-science.com/catalog/5213/

● M5StickV と M5StickC を起動する

microSD を M5StickV に挿していることを確認後、M5StickC と M5StickV のそれぞれに USB ケーブルを接続し、パソコンや AC アダプタなどから給電した後、電源を入れてください。

起動時の M5StickV の動作

M5StickC は、通常は USB ケーブルを接続して電力供給すると ON になりますが、もし ON にならない場合は横のボタンを 2 秒間押して電源をオンにします。「Wifi Connected」というメッセージがディスプレイに表示されたなら、Wi-Fi に接続できています。すぐに LINE に「WiFi connected」のメッセージが送られてきます。

図7.2.12

[M5StickV+M5StickC] WiFi connected　　午後 3:56

起動時の M5StickV の動作

M5StickV は、microSD が本体に挿入されていて電源を入れると、Brownie のロゴが表示され「Brownie」と音声が流れます。

図7.2.13

M5StickV の標準ファームウェアは、microSD カードのルートディレクトリに boot.py がある場合は SD カードの boot.py を優先的に読み込み、microSD カードが読み込めない場合は本体の boot.py が読み込まれ、自動起動する仕組みになっています。もし「Brownie」の画面が表示されない場合は、M5StickV 固有の microSD の相性問題[11]によって microSD がうまく認識されていない可能性があります。別メーカーの microSD に変更してトライしてください。

第7章

---

[11] 7-1 節の [Brownie を使うための事前準備] で解説されています。

● M5StickVに学習させる

最も簡単な使用例として、1種類、1枚のみの画像を学習させる方法を説明します。

1 QRコード [*reset]（図7.2.14）をM5StickVのカメラの前にかざして認識させます。「データをリセットしました」の音声が鳴ると、これまで学習したデータのリセットが完了します。

2 学習させたい対象をカメラに映したあと、この対象を「画像番号1」と紐付けて認識させるために、QRコードをカメラの前にかざします。「カメラを向けてください」と音声のあと、すぐに画面に赤い枠が表示され、正面のLEDが3秒点滅します。「データを登録しました」と音声が鳴ったら学習は完了です。

図7.2.14

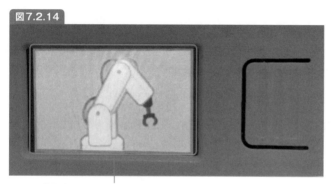

学習するときは赤枠が点滅します

　学習が完了すると、ディスプレイ上部に数値が表示されます。1行目は学習させた画像と現在の画像の距離の数値を表しています。学習した直後は学習した対象をカメラが認識しているため、比較的低い数値（4程度から30程度）を示します。その数値の下（2行目）に、認識した画像番号として1が表示されます。同時に、認識中の表示として緑色の枠が表示されます。M5StickCのディスプレイにも、認識した画像番号として1が表示され、M5StickCが接続したWi-Fi経由で、LINE Notifyに「画像1が認識されました」のメッセージが送られます。これで学習は終了です。LINEに「[トークン名] 画像1が現れた。」というメッセージが送られます。

図7.2.15

ロボットの動きを監視しよう

　監視中に、学習させた画像と異なる場合は、M5StickV のディスプレイ上部の数値は大きい数値が表示されています。この数値は画像により異なりますが250から500程度になります。この時点で、黄緑色の枠は表示されていません。

　学習させた画像になると、つまり上記で学習させた画像1が現れると、M5StickV のディスプレイ上部の数値が小さくなり（たとえば50から80程度の数値になり）、緑色枠が表示されます。M5StickC のディスプレイに、認識した画像番号として1が表示され、M5StickC が接続した Wi-Fi 経由で、LINE Notify に「[トークン名] 画像1が現れた。」のメッセージが送られます。

● 学習させた画像を認識したときのディスプレイ

図7.2.15

学習させた画像と現在の画像の距離（自信度）似ていると数値が小さくなります

認識した画像番号

認識したら緑色枠が表示されます

M5StickV の画面

図7.2.16

Wi-Fi に接続されたら表示されます

これまで認識した画像番号が履歴として表示されます

M5StickC の画面

図7.2.16

[M5StickV+M5StickC] 画像1が現れた。　午後 3:57

第
7
章

　以上が、学習させる画像が1種類、1枚のみで学習させる最も簡単な使用例です。数字の1、2、3を表すQRコードで学習させることで、3種類の画像を学習・判別させてLINEにお知らせできるようになっています。

対象に応じて認識判定感度を調整する

　M5StickVのmicroSD内に入れたboot.pyの一部を以下に抜粋します。ここでは❶の「if dist < 200」の箇所の数値を画像距離threshold値と呼ぶことにします。デフォルトでは200になっています。認識判定感度をゆるく（少し違っていても同一の画像と認識）したい場合は、この画像距離threshold値を大きな値（たとえば250程度）に変更してください。反対に、認識判定感度を厳しく（少し違っていたら同一の画像とは認識しない）したい場合には、この画像距離threshold値を小さく（たとえば50〜100程度）にします。

```
1   # get nearest target
2   name,dist,_ = get_nearest(feature_list,p)
3   if dist < 200 and name != "*exclude":  ←❶
4       img.draw_rectangle(1,46,222,132,color=br.get_color(0,255,0),thickness=3)
5       img.draw_string(2, 47 +30, "%s"%(name), scale=3)
6       br.set_led(0,1,0)
```

● 実験ロボット監視装置の実装例─何を学習させるか

　ここからは、M5StickVとM5StickCで作る実験ロボットの様子を見守る装置の実装例について、具体的に説明します。

　1つ目の実装例は、垂直多関節ロボットが一定間隔で異なる向きや位置に動いていることを監視する装置です。この垂直多関節ロボットは、軸が回転したり関節が動いたりして、決められたサイクルでiPS細胞を測定器に運ぶ動作を繰り返します。**図7.2.17**は、M5StickV＋M5StickCで作ったデバイスが、iPS細胞を運ぶ垂直多関節ロボットが決められたサイクルで動いているかを見守っている写真です[*12]。

　この場合は、Brownieで一定の向きや位置にある多関節ロボットの画像を学習させておきます。学習していた定位置にロボットが来たことをM5StickVのカメラが認識すると、LINE Notifyを経由して通知が送信され、研究者は多関節ロボットがプログラム通りに動いていることを確認できます。この実装例では、LINEに通知が送られなくなったら、止まっていると判断できます。そのときは、ロボットのところに飛んで行って復旧作業をすることができ、細胞などの実験材料が無駄にならずに済みます。

＊12　100円ショップで買ってきた透明なケースを加工して、M5StickVとM5StickCを入れて運用しています。

図7.2.17

実装例1

　2つ目の実装例は、左右に移動する実験用自動分注機のデバイスを監視するシステムです。一定容量の試薬を容器に添加する分注作業が大量にある場合は、実験室では自動分注機というデバイスを使います。**図7.2.18**の写真は、M5StickV + M5StickC が、自動分注器を見守っている写真です。

図7.2.18

実装例2

　この場合は、カメラを分注器の正面手前（位置A）に取り付け、位置Aに分注器がある状態の画像を学習させます。こうすることで、デバイスが位置Aに移動してきた場合にLINEに通知が飛ぶようにしています。一連の分注作業が終了するとデバイスは位置Aに戻ってくるため、研究者のLINEに通知が飛び、分注作業の終了を知ることができます。実装例1と同じように、LINEに通知が送られなくなったら、デバイスが止まっていると判断できます。

図7.2.19

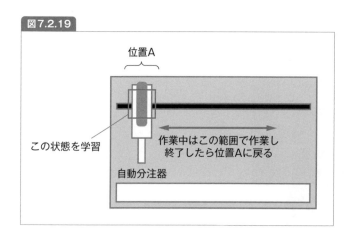

3つ目の実装例は、ロボットを制御するPCの画面のエラーメッセージを監視するシステムです。ロボットを制御するPCには、エラーで停止したときにはエラーメッセージが画面に表示され、最後までエラーなく完了したら完了のメッセージが表示されます。このPC画面上に各種メッセージが表示された状態を学習しておくことで、エラーメッセージが出た時にLINEに通知を送信させることができます。

図7.2.20

装置を改善する

使ってもらってわかったこと

これらのシステムを実験室にあるロボットに取り付けて、複数の研究者に使ってもらいました。その結果、改善してほしい点として、以下のフィードバックがありました。

- 「LINEの通知だけでは気付かないですよ。パトライトとか点灯させて、もっとエラーで止まったことに気付きやすいようにしてほしい」
- 「実験室の全体照明を消したら、画像認識がおかしくなって使えませんでした」
- 「ロボットが規則正しく正常に動いているかを可視化してほしい」

　ここからは、これらのフィードバックを解決するために、システムをどう改良したかを紹介していきます。

改善点①

- 改善点：LINEだけでは気付けないことがあるため、もっと気付きやすい方法で通知してほしい
- 対応：遠隔操作で電源を管理できるスマートコンセント（TP-Link Wi-Fiスマートプラグ HS105）を使うことで解決することができました。これによって、M5StickCからIFTTT経由でスマートコンセントの電源をOFFからONに切り替えられます。スマートコンセントにLEDライトを接続しデスクの上に置いておくことで、トラブルが起こったときはLINE通知に加えてLEDが点灯するため、容易に気付けるようになりました。また、ユーザーの好きなライト・電気機器が使えるので応用もききます。

図7.2.21

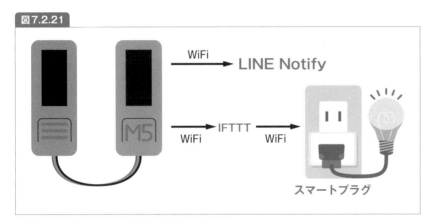

対応の手順

- 手順
  1. スマートプラグとIFTTTを連携するためには、専用アプリ（Kasa）をダウンロードして、スマートプラグのセットアップをしておく必要があります。公式のガイド[*13]を参考に、アカウントの作成や設定をしてください。
  2. IFTTTのアプレットを作成します。IFTTTの紹介や登録方法などについては［4.8 M5StackとLINEをIFTTTで連携する］で解説されています。今回は、+thisでは「Webhooks」を、+thatでは「TP-Link Kasa」を選択してください。ここで、Webhooksで設定したevent名とKeyを記録しておきます。

＊13 https://static.tp-link.com/2020/202003/20200306/7106508550_HS105(JP)_QIG.pdf

❸スケッチに以下に示すプログラムを記載して、M5StickCに書き込みます。LINEと
IFTTTのWebhooksの両方に送るM5StickC用プログラムです。スケッチ7.2.1をベー
スに、IFTTTで設定したWebhooksへの通知を発行するattack_webhook()関数を追
加しています。SSID、WI-FIのpassword、LINE Notifyのtoken、IFTTTのevent名、
IFTTTのKeyをXXXXXから置換して書いてください。

スケッチ7.2.2　　　　　　　　　　　　　　　　　　　　　　M5StickC_LINE_IFTTT.ino

```
 1  #include <M5StickC.h>
 2  #include <WiFi.h>
 3  #include <ssl_client.h>
 4  #include <WiFiClientSecure.h>
 5
 6  const char* ssid = "XXXXXX";    //INPUT your wifi ssid
 7  const char* passwd = "XXXXXXXXX";  //INPUT your wifi password
 8  const char* token = "XXXXXXXXXXXX";  //INPUT your LINE notify token
 9  const char* host = "notify-api.line.me";
10
11  const char* IFTTT_EVENT = "XXXXXX"; //INPUT IFTTT_Event_Name
12  const char* IFTTT_KEY = "XXXXXXXXXXXXXXXXXXXX"; //INPUT IFTTT_Your_key
13
14  HardwareSerial serial_ext(2);
15
16  void setup() {
17    M5.begin();
18    setup_wifi();
19    send("WiFi connected");
20    M5.Lcd.setRotation(1);
21    M5.Lcd.setCursor(2, 4, 2);
22    M5.Lcd.println("Wifi_Connected");
23    serial_ext.begin(115200, SERIAL_8N1, 32, 33);
24  }
25
26  void loop() {
27    if (serial_ext.available()>0) {
28      String str = serial_ext.readStringUntil('\n');
29      int data = str.toInt();
30      Serial.println(data);
31      if (data == 1) {
32      M5.Lcd.print('1');
33      send("画像1が現れた。");   // 画像1認識時のメッセージを書く
34      attack_webhook();
35    } else if (data == 2) {
36      M5.Lcd.print('2');
37      send("画像2が現れた。");   // 画像2認識時のメッセージを書く
38      attack_webhook();
```

```
39      } else if (data == 3) {
40        M5.Lcd.print('3');
41        send("画像3が現れた。");   // 画像3認識時のメッセージを書く
42        attack_webhook();
43        }
44      }
45    delay(1000);
46  }
47
48  /* IFTTT */
49  void attack_webhook() {
50      WiFiClientSecure https;
51      if (!https.connect("maker.ifttt.com", 443))
52      {
53        Serial.println(F("ERROR: https connect"));
54      }
55      else
56      {
57        https.printf("GET /trigger/%s/with/key/%s?"
58                     "value1=%f&value2=%f&value3=%f HTTP/1.1\r\n"
59                     "Host: maker.ifttt.com\r\n"
60                     "Connection: close\r\n\r\n"
61                     , IFTTT_EVENT, IFTTT_KEY);
62        https.flush();
63        while (https.connected())
64        {
65          while(https.available())
66          {
67            String line = https.readStringUntil('\n');
68            Serial.println(line);
69          }
70        }
71        https.stop();
72      }
73  }
74
75  /* Wifiに接続する */
76  void setup_wifi() {
77      Serial.println();
78      Serial.print("Connecting to ");
79      Serial.println(ssid);
80      WiFi.begin(ssid, passwd);
81      while (WiFi.status() != WL_CONNECTED) {
82        delay(500);
83        Serial.print(".");
84      }
85      Serial.println("");
```

```
86      Serial.println("WiFi connected");
87      Serial.println("IP address: ");
88      Serial.println(WiFi.localIP());
89   }
90
91   /* LINE Notifyに送る */
92   void send(String message) {
93     WiFiClientSecure client;
94     Serial.println("Try");
95     //LineのAPIサーバに接続
96     if (!client.connect(host, 443)) {
97       Serial.println("Connection failed");
98       return;
99     }
100    Serial.println("Connected");
101    //リクエストを送信
102    String query = String("message=") + message;
103    String request = String("") +
104                "POST /api/notify HTTP/1.1\r\n" +
105                "Host: " + host + "\r\n" +
106                "Authorization: Bearer " + token + "\r\n" +
107                "Content-Length: " + String(query.length()) + "\r\n" +
108                "Content-Type: application/x-www-form-urlencoded\r\n\r\n" +
109                 query + "\r\n";
110    client.print(request);
111
112    //受信終了まで待つ
113    while (client.connected()) {
114      String line = client.readStringUntil('\n');
115      Serial.println(line);
116      if (line == "\r") {
117        break;
118      }
119    }
120
121    String line = client.readStringUntil('\n');
122    Serial.println(line);
123  }
```

図7.2.21

完成図

　LINE のお知らせに加えて、LED が点灯するため、トラブルにしっかり気付けるようになりました。実験室内の少し離れたところで実験しているときは、測定器の音、ポンプの音、冷蔵庫の音で実験室の騒音レベルが高く、携帯の LINE 着信音・振動だけでは気付かないこともあります。視覚的に気付けるようになって、研究者は便利だと言ってくれてます。

改善点②

- 改善点：照明を消すと画像認識がおかしくなり、使えなくなってしまう
- 対応：実際の実験室で研究者と原因を確認しました。全体照明が消えて周囲が暗くなると、モニターを監視しているカメラではモニターを一番暗くしても M5StickV のカメラは白飛びしていました。そこで、実験室の全体照明が消えても、監視している部分の明るさを保つよう、LED 卓上デスクライトで照らし続けことで解決できました。

改善点③

- 改善点：ロボットが規則正しく正常に動いているかを可視化してほしい
- 対応：クラウドサービス Ambient を使って、センサデータを送信・蓄積し、可視化（グラフ化）しました。

図7.2.22

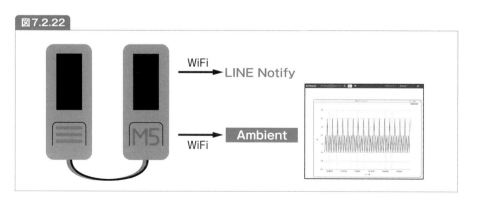

● 手順

1 Ambient[*14]の設定を行います。Ambientはデータを「チャネル」という単位で管理します。Ambientにログインして、チャネル一覧画面で［チャネルを作る］ボタンを押してチャネルを作ります。チャネルIDとライトキーは、後にスケッチに書き込みます。

図7.2.23

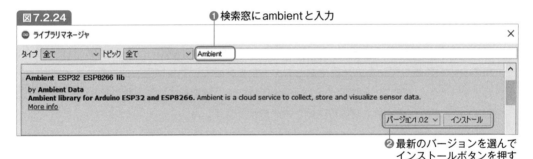

「チャネルID」と「ライトキー」

2 Arduino IDE の［ツール］メニューの［ライブラリを管理］をクリックして、ライブラリマネージャーを立ち上げます。検索窓に「ambient」を入力すると「Ambient ESP32 ESP8266 lib」が検索されるので、最新のバージョンを選んでインストールします。

図7.2.24

❶検索窓にambientと入力

❷最新のバージョンを選んで
インストールボタンを押す

3 LINE と Ambientに送るM5StickC用プログラムは、前述のスケッチに以下に示す部分を追加して、M5StickCに書き込みます。ここでは、ヘッダファイルAmbient.hをインクルードし、Ambientオブジェクトを定義しています。SSID、WI-FIの password、LINE Notify のtoken、AmbientのチャネルID、AmbientのライトキーはXXXXXから置換して書き込んでください。

```
1  #include <Ambient.h>
2  WiFiClient client;
3  Ambient ambient;
4
5  unsigned int channelId = XXXXX; // AmbientのチャネルID
6  const char* writeKey = "XXXXXXXXXXXXXXXX"; // Ambientのライトキー
```

⋯⋯⋯

＊14 Ambientの登録方法や使い方は［4.4 Ambientを使ってセンサー値をWeb上で可視化する］で解説されています。

次に、「void setup()」内で、Ambientオブジェクトのbegin関数でチャネルIDとライトキーを指定して初期設定します。

```
1  ambient.begin(channelId, writeKey, &client);
```

また、「void loop()」内に、以下の記述を追加します。

```
1  if (data == 1) {
2    ambient.set(1, data);
3    ambient.send();
4  } else if (data == 2) {
5    ambient.set(1, data);
6    ambient.send();
7  } else if (data == 3) {
8    ambient.set(1, data);
9    ambient.send();
10 }
```

図7.2.25

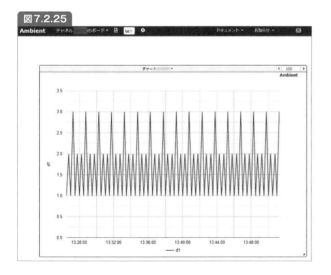

1，2，3の数値としてAmbientに送られたロボットの3種の姿勢を、グラフで可視化できました。これで、生化学研究者は、遠隔からクラウドサービスAmbientの画面を見ることで、ロボットが規則正しく正常に動いていることを確認でき安心できます。

● 開発・実装・評価・改善した結果

　現場の課題を解決するために、M5StickVとM5StickCで、お知らせ機能付きのAIエッジカメラを作り複数の現場に実装し、複数の研究者に評価してもらい、改善してきた姿を紹介しました。ロボットを実際に操作している研究者と相談しながら、実装・評価・改善した結果、研究者から以下の通りのポジティブな評価をいただいています。

　「ロボットはそんなに高頻度にエラー停止するものではないので、ずっとロボットの前で監視しているわけにはいかないのですが、でもときどきエラーになります。離れた居室でデスクワークしていてエラーのメッセージが飛んで来たら、急いでロボットのところに行って復旧作業ができます。これは非常に助かります」

　「休日の土曜日の早朝にロボットが作業完了するプログラムが動いているのですが、止まっていないか不安なまま月曜日の朝に出勤していました。このカメラを導入してから、土曜日の朝に『エラーなく実験が完了しました。』のメッセージがLINEで受け取って、精神衛生上、非常に良いです。ありがとう、M5StickVとBrownieとM5StickC」

　貴重な実験材料を扱うロボットが止まってがっかりした経験のある研究者さんは多いはず。実験室でロボットを使っていて、監視したいと思っていらっしゃる方は、このレシピで料理してください。

　Brownieを使用することを承諾してくださいましたミクミンPさんに感謝します。また、ミクミンPさんには、事前にチェックしていただき、アドバイスしていただきました。ありがとうございました。

参考サイト

- 3000円の液晶付きAIカメラでオフライン転移学習する #M5StickV

  https://qiita.com/ksasao/items/6d6bcac4c5e92fa692a2

- Wi-FiがないM5StickVを、M5StickCとつなぎLINEに投稿してみるまでの手順 (@nnn112358)

  https://qiita.com/nnn112358/items/5efd926fea20cd6c2c43

7.3 M5StickVであなたを見守る技術

難易度
★★★★★

著者
aNo研

朝起きることがつらい！一人暮らしだけど、誰かに励ましてほしい！そんなことっ
てありますよね。M5StickV内蔵の加速度センサーを使った「お手軽AI」で、
あなたがどういう動きをしているのかを判別し、あなたの動きに合わせて応援
してくれるデバイス「Cheering Watch」を作ってみました。M5StickVと「あ
なたを見守る技術」で、あなたの毎日の生活に「応援」をプラスします！

▶ **使用するデバイス**
- M5StickV

図7.3.1

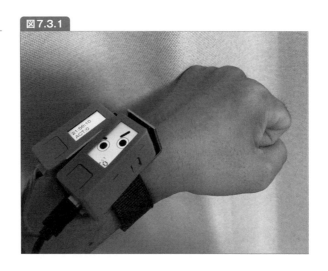

　M5Stackが発売するM5StickVは、コンパクトなボディの中に、撮影するためのカメラとディ
スプレイ・深層学習対応プロセッサK210に加えて、加速度センサーやスピーカーなどが内蔵
されています。深層学習と画像処理に強いM5StickVの強みは、カメラでの画像解析だけでは
なく、加速度センサーでのモーション解析にも生かすことができます。

　Cheering Watchは、加速度センサーで測定した動きを画像データに変換するプログラム、
Tensorflowと連携してモーションの画像データを深層学習で判別するプログラム、動きに合
わせてモーション判別し音を鳴らすプログラム、M5StickVにお顔を表示するプログラム、こ
の4つを組み合わせることで構成しています。Cheering Watchは、M5StickVの持つパワフ
ルな機能を組み合わせて作られているのです。

● M5StickVで加速度センサーを扱う

　M5StickVに内蔵されている加速度センサーMPU6866は、3軸方向の動きを測定することができます。最新タイプのM5StickVで、加速度センサーから動きの大きさを読み取ってみましょう。M5StickVは、組み込みマイコン用のPython環境MaixPyでプログラミングしていきます。MaixPyでプログラミングを行うためには、MaixPy IDEセットアップが必要です。本節では、M5StickVとMaixPy IDEのセットアップが完了していることを前提に解説していきます。

M5StickVでMaixPyのプログラムを動かすための前提条件
- M5StickVのファームウェアをアップデートしてある
- PCにMaixPy IDEがセットアップできている

　M5StickVでは、加速度センサーMPU6886と、プロセッサK210との通信は、SPI通信とI^2C通信をサポートしています。MPU6886とK210とのI^2C通信は、MaixPyで26番目のI/Oと27番目のI/Oを指定することでI^2C通信で加速度センサーでの読み取りデータをやりとりします。25番目のI/OをHIGHへ設定とするとMPU6866はI^2Cモードで動作し、LOWをするとMPU6866はSPIモードで動作することができます。今回は、M5StickVのMPU6866をI^2Cモードで動かすように、MaixPyでプログラミングをしてみましょう。MaixPyでMPU6866から加速度センサーを読み取ったそのままでは、加速度センサーの読み取り値は、マイナスの場合には2の補数という形式で受信します。このままでは、加速度が大きいのか小さいのか、読み取ることができませんので、加速度センサーの読み取り値をプラス/マイナスの整数値に変換するようにMaixPyでプログラミングしてみました（**スケッチ7.3.1**）。

スケッチ7.3.1　　　　　　　　　　　　　　　　　　001_m5stickv_mpu6866_maixpy.py

```
1   #I2C通信を行う
2   from machine import I2C
3   import lcd
4
5   #I2C IO 26, 27を介して、MPU6886アドレス[104]があれば、加速度センサーと接続OK
6   #IO25をHighに設定する
7   fm.register(25, fm.fpioa.GPIO7)
8   i2c_cs = GPIO(GPIO.GPIO7, GPIO.OUT)
9   i2c_cs.value(1)
10  i2c = I2C(I2C.I2C0, freq=400000, scl=26, sda=27)
11  devices = i2c.scan()
12  print("I2C G26, G27")
13  print(devices)
14
```

```
15  #M5StickVの加速度センサーMPU6886の各種レジスタ
16  MPU6886_ADDRESS=0x68
17  MPU6886_WHOAMI=0x75
18  MPU6886_ACCEL_INTEL_CTRL=  0x69
19  MPU6886_SMPLRT_DIV=0x19
20  MPU6886_INT_PIN_CFG=  0x37
21  MPU6886_INT_ENABLE=0x38
22  MPU6886_ACCEL_XOUT_H=  0x3B
23  MPU6886_TEMP_OUT_H=0x41
24  MPU6886_GYRO_XOUT_H=  0x43
25  MPU6886_USER_CTRL= 0x6A
26  MPU6886_PWR_MGMT_1=0x6B
27  MPU6886_PWR_MGMT_2=0x6C
28  MPU6886_CONFIG=0x1A
29  MPU6886_GYRO_CONFIG=  0x1B
30  MPU6886_ACCEL_CONFIG=  0x1C
31  MPU6886_ACCEL_CONFIG2= 0x1D
32  MPU6886_FIFO_EN=  0x23
33
34  #I2Cへ書き込みを行う関数
35  def write_i2c(address, value):
36      i2c.writeto_mem(MPU6886_ADDRESS, address, bytearray([value]))
37      time.sleep_ms(10)
38
39  #MPU6866を初期化する関数
40  def MPU6866_init():
41      write_i2c(MPU6886_PWR_MGMT_1, 0x00)
42      write_i2c(MPU6886_PWR_MGMT_1, 0x01<<7)
43      write_i2c(MPU6886_PWR_MGMT_1,0x01<<0)
44      write_i2c(MPU6886_ACCEL_CONFIG,0x10)
45      write_i2c(MPU6886_GYRO_CONFIG,0x18)
46      write_i2c(MPU6886_CONFIG,0x01)
47      write_i2c(MPU6886_SMPLRT_DIV,0x05)
48      write_i2c(MPU6886_INT_ENABLE,0x00)
49      write_i2c(MPU6886_ACCEL_CONFIG2,0x00)
50      write_i2c(MPU6886_USER_CTRL,0x00)
51      write_i2c(MPU6886_FIFO_EN,0x00)
52      write_i2c(MPU6886_INT_PIN_CFG,0x22)
53      write_i2c(MPU6886_INT_ENABLE,0x01)
54
55  #MPU6866から加速度を読み出す関数
56  #2の補数からプラスマイナスの整数に変換
57  def MPU6866_read():
58      accel = i2c.readfrom_mem(MPU6886_ADDRESS, MPU6886_ACCEL_XOUT_H, 6)
59      accel_x = (accel[0]<<8|accel[1])
60      accel_y = (accel[2]<<8|accel[3])
61      accel_z = (accel[4]<<8|accel[5])
```

```
62      if accel_x>32768:
63          accel_x=accel_x-65536
64      if accel_y>32768:
65          accel_y=accel_y-65536
66      if accel_z>32768:
67          accel_z=accel_z-65536
68      return accel_x,accel_y,accel_z
69
70  #MPU6866から加速度を読み取るメイン処理はここから開始
71  MPU6866_init()
72  lcd.init()
73  lcd.clear()
74  aRes = 8.0/32768.0;
75  while True:
76      x,y,z=MPU6866_read()
77      accel_array = [x*aRes, y*aRes, z*aRes]
78      print(accel_array);
79      lcd.draw_string(20,50,"x:"+str(accel_array[0]))
80      lcd.draw_string(20,70,"y:"+str(accel_array[1]))
81      lcd.draw_string(20,90,"z:"+str(accel_array[2]))
82      time.sleep_ms(10)
```

● 加速度データを画像データに変換する

図7.3.2

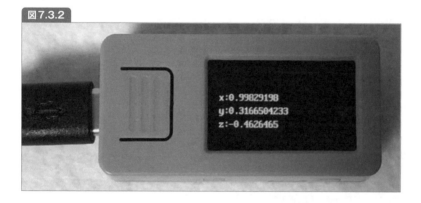

　次に、M5StickVの加速度センサーから取得した動きのデータを画像データに変換します。M5StackVに内蔵している深層学習プロセッサK210は、画像データを扱うことを得意としてます。また、深層学習は画像を扱う分野で発展してきているため、学習させるデータは画像として扱うと、深層学習のプログラムを作る上で都合がよいことが多いです。

　速度センサーの読み取りデータから、

- 水平方向 (X軸) の加速度を Red (赤色) の輝度
- 垂直方向 (Y軸) の加速度を Green (緑色) の輝度
- 奥行き方向 (Z軸) の加速度を Blue (青色) の輝度

として、1ピクセルの画像データに変換します。加速度データを1回読み取るごとに1ピクセルのRGBの輝度をその加速度に対応する値に設定し、続いて横方向に1ピクセル進む、という処理を繰り返すことによって画像データを作成していきます。横方向に8ピクセル進んだ後は下方向に1ピクセル進みます。最終的に、加速度データを縦8ピクセル×横8ピクセルのRGBの輝度からなる画像データに変換します。

スケッチ7.3.2のMaixPyのプログラムでは、変換した画像データをM5StickVのディスプレイに表示し、microSDカードへ保存するようにプログラムしています。このプログラムを動かしながら、M5StickVの加速度センサーでモーションを検出すると、M5StickVのディスプレイにモアレ模様と呼ばれる縞模様が現れます。縞模様は、動きの方向や強さ、早さによって模様がどんどん変わっていきます。M5StickVのAボタンを押すと、加速度センサーで読み取ったモーションから変換した画像データをmicroSDカードに保存します。

M5StickVで、いろいろな動きをしながら、モーションデータを画像データに変換して、どんどん保存していきましょう。microSDカードの中に、いろいろな動き方を保存して集めていきましょう。

スケッチ7.3.2　　　　　　　　　　　　　002_m5stickv_imu_to_pixel_record_maixpy.py

```
1   import sensor, image, time,lcd,machine
2   from machine import I2C
3
4   # IMU Init
5   MPU6866_init()
6
7   # Button_A
8   fm.register(board_info.BUTTON_A, fm.fpioa.GPIO1)
9   but_a=GPIO(GPIO.GPIO1, GPIO.IN, GPIO.PULL_UP)
10
11  # Button_B
12  fm.register(board_info.BUTTON_B, fm.fpioa.GPIO2)
13  but_b = GPIO(GPIO.GPIO2, GPIO.IN, GPIO.PULL_UP)
14
15  but_a_pressed = 0
16  but_b_pressed = 0
17
18  cnt=0
19  mode=0
20  save_flg=0
```

第7章

```
21  pic_no=0
22  accel_array_zero=(255,255,255)
23
24  #IMU_Image
25  w_size=8
26  view_size=120
27  imu_Image = image.Image()
28  imu_Image = imu_Image.resize(w_size, w_size)
29  image_data_array = []
30
31  while(True):
32      view_Image = image.Image()
33
34      # IMU Data to Image
35      accel_array = MPU6866_read()
36      w=cnt%w_size
37      h=int(cnt/w_size)
38      imu_Image.set_pixel(w, h, accel_array)
39      width=imu_Image.width()
40
41      # IMU Data_View
42      w=(cnt+1)%w_size
43      h=int((cnt+1)/w_size)
44      imu_Image.set_pixel(w, h, accel_array_zero)
45      img_buff=imu_Image.resize(view_size,view_size)
46      view_Image.draw_image(img_buff,100,8)
47
48      if save_flg==1:
49          view_Image.draw_string(0, 40, "REC", (255,0,0),scale=3)
50          class_str=str(mode);
51          view_Image.draw_string(0, 70,class_str, (255,0,0),scale=5)
52          if cnt%width<width/2:
53              view_Image.draw_circle(30, 15, 15,(255,0,0),fill=1)
54
55      lcd.display(view_Image)
56      cnt=cnt+1
57
58      # IMU Data Save to SD
59      if cnt>imu_Image.width()*imu_Image.height():
60          cnt=0
61          pic_no+=1
62          if save_flg==1:
63              cnt_str="{0:04d}".format(pic_no)
64              mode_str="{0:04d}".format(mode)
65              fname="cnt_str"+mode_str+"_"+cnt_str+".jpg"
66              print(fname)
67              imu_Image.save(fname, quality=99)
```

```
68
69      if but_a.value() == 0 and but_a_pressed == 0:
70          but_a_pressed=1
71          if save_flg==0:
72              save_flg=1
73              print("save_start")
74          elif save_flg==1:
75              save_flg=0
76
77      if but_a.value() == 1 and but_a_pressed == 1:
78          but_a_pressed=0
79
80      if but_b.value() == 0 and but_b_pressed == 0:
81          but_b_pressed=1
82          mode+=1
83          if mode>10:
84              mode=0
85      if but_b.value() == 1 and but_b_pressed == 1:
86          but_b_pressed=0
```

● 加速度データからモーション推定の深層学習を行う

図7.3.3

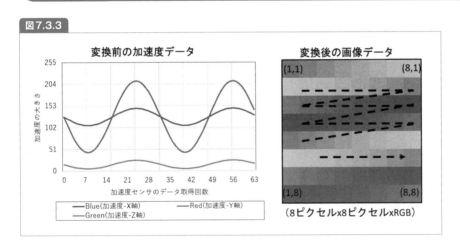

続いて、M5StickVのmicroSDカードの中に蓄えられたモーションの画像データから、深層学習の開発環境TensofFlow/Kerasを使うことで、モーション判別の深層学習を行う方法を紹介していきます。

M5StickVが搭載している深層学習プロセッサK210は、最大の特徴として、KPU（Knowldge Processing Unit）と呼ばれる、深層学習のためのアクセラレータを持っています。M5StickV

はK210のアクセラレータを活用することで、深層学習の畳み込みニューラルネットワーク（CNN）のアルゴリズムを高速に実行することができます。K210で深層学習を実行するためには、事前にK210に対応した深層学習の学習データkmodelを用意しておく必要があります。ここでは、学習モデルkmodelの作り方について説明していきます。

1. Windows Subsystem for Linuxのインストール

　M5StickVのプロセッサK210で深層学習を動かすのための学習データkmodelを作るツールは、LinuxのOS環境を推奨しています。Linuxだけでなく、WindowsやmacOS環境で動くバージョンも提供されているのですが、ユーザが少ないため、バージョンが古かったり不具合があった時に情報が出てこないという問題があります。Windowsを使われている方は、Windows上でLinuxのソフトウェアを実行できる、Windows Subsystem for Linux（WSL）をインストールするのがおすすめです。管理者権限で実行したPowerShellまたはコマンドプロンプト（cmd.exe）で、以下のコマンドを入力し、PCを再起動することによって、WSLをインストールすることができます[15]。

・コマンドプロンプト

```
> wsl --install
```

　インストールが完了したら、PowerShellまたはコマンドプロンプトから次のコマンドを実行してください。WSLからLinuxを起動することができます。WSLのデフォルト設定ではUbuntuというLinuxのディストリビューションが起動します。以降の解説は、Windows10とWSLのUbuntu20.04で動作確認をしています。

・コマンドプロンプト

```
> wsl
```

2. TensorFlow/Kerasをインストール

　TensorFlowは、Googleが開発している、ディープラーニングや機械学習の開発のためのソフトウェアライブラリです。Kerasは、TensorFlow上で動くニューラルネットワークライブラリの1つで、比較的短いソースコードでニューラルネットワークを実装することができます。

　TensorFlowには、組み込み機器やモバイル端末で深層学習を動作させるためのTensorFlow Liteというツールが用意されています。深層学習プロセッサK210を開発しているKendryte

---

＊15　このコマンドでWSLをインストールするには、Windows10バージョン2004以降（ビルド19041以降）またはWindows11を実行している必要があります。

は、TensorFlow Lite向けに作成した学習データをK210の学習データに変換するためのツールnncaseを提供しており、このツールを使うことでM5SticVからTensorFlowの学習データを利用できるようになります。

　最初に、MinicondaというPythonのプログラミング環境をインストールします。Minicondaは、Pythonを実行する環境、コーディング・デバッグするツール、パッケージを管理するコマンド等がセットになったPython開発環境です。Minicondaのインストーラーは、MinicondaのWebサイトからダウンロードして取得します。以下のコマンドはすべてWSL上で実行してください。

```
$ wget https://repo.anaconda.com/miniconda/Miniconda3-latest-Linux-x86_64.sh
$ sh ./Miniconda3-latest-Linux-x86_64.sh
```

　Miniconda上で、Python、TensorFlow、Kerasなどをインストールします。仮想環境でも動くように、GPUを使わないバージョンをインストールしています。

```
$ conda create -n ml python=3.6 tensorflow=1.14 keras==2.2.4
$ conda install pillow numpy pydot graphviz
```

　Minicondaをアクティブ化します。アクティブ化することでPythonを開発する準備が整います。Minicondaのアクティブ化する作業は、シェル立ち上げるごとに必要です。Minicondaは、LinuxのシステムとPython環境とは隔離したPython環境を作成してくれるので、システムの設定や環境を誤って変更してしまうことがなく、安心してプログラミングができます。

　Minicondaをアクティブ化した後に、Minicondaの中のPython環境へ、Pythonプログラミングを行う上で便利なmatplotlibやOpenCVなどのライブラリをインストールします。

```
$ conda activate ml
$ pip install matplotlib sklearn imgaug==0.2.6 opencv-python Pillow
$ pip install requests tqdm  pytest-cov codecov seaborn
```

3. Kendryte K210学習モデル変換ツールをインストール

　M5StickVのプロセッサK210を開発した中国のベンチャー企業Kendryteは、nncaseという学習モデル変換ツールをリリースしてしています。nncaseは、KerasやTensorFlowで作成した学習データを、K210対応の学習データkmodelへ変換するツールです。

　nncaseはKendryteのGitHubリポジトリからダウンロードすることができます。nncaseは頻繁にバージョンアップが行われていますが、本書では、nccase v0.1.0-rc5というバージョンのファイルを使いました。

```
$ mkdir ./ncc
$ cd ./ncc
$ wget https://github.com/kendryte/nncase/releases/download/v0.1.0-rc5/
ncc-linux-x86_64.tar.xz
$ tar -Jxf ncc-linux-x86_64.tar.xz
```

　たとえば、TensorFlowの学習モデル「my.tflite」をnncaseでK210の学習データに変換する場合は、次のコマンドを入力してください。datasetは画像データが入っているフォルダを指定し、画像からダイナミックレンジ補正を行います。M5StickVのmicroSDカードから画像データをコピーして、このフォルダへ入れておきましょう。

```
$ ./ncc/ncc -i tflite -o k210model --dataset images my.tflite my.kmodel
```

4. 深層学習の学習モデルを作成する

　M5StickVを持っていろいろな動きをしながら、M5StickVの加速度センサーで検出した動きを画像データに変換して、M5StickVのmicroSDカードに画像データをどんどん保存していきます。M5StickVを手に持って、左右に動かしたり、ぐるぐる回したり、早く動かしたり、ゆっくり動かしたり、いろいろな動き方をしてみましょう。ここでは同じような動き方することを、モーションと呼びます。

　microSDカードに蓄えられた画像データをTensofFlow環境が入っているPCへコピーし、画像データをモーションごとに手動で分類して、モーションごとのフォルダへ格納することで、深層学習の学習を行います。モーションデータを集めるときに気を付けることとして、M5StickVで加速度データを収集している際に、後で同じモーションごとに分類する作業が必要になることを意識して、データ収集を行う必要があります。

図7.3.4

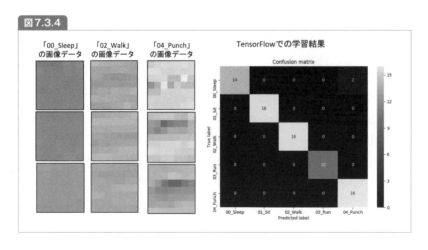

```
$ conda activate ml
$ python keras_motion_larning.py
```

スケッチ 7.3.3   003_keras_motion_larning.py

```
1    from keras.models import Sequential
2    from keras.layers import Activation, Dense, Dropout
3    from keras.layers Conv2D,MaxPooling2D,Flatten,ZeroPadding2D
4    from keras.utils.np_utils import to_categorical
5    from keras.optimizers import Adagrad
6    from keras.optimizers import Adam
7    import numpy as np
8    from PIL import Image
9    import os
10   import tensorflow as tf
11   from matplotlib import pyplot as plt
12   from sklearn.model_selection import train_test_split
13   from sklearn.metrics import confusion_matrix
14   import itertools
15   import seaborn as sns
16
17   image_list = []
18   label_list = []
19
20   LABELS = []
21   label = 0
22
23   #フォルダに格納されている画像を読み込む
24   filenames = os.listdir("train")
25   for dir in sorted(filenames):
26       dir1 = "./train/" + dir
27       for file in os.listdir(dir1):
28           if file != ".DS_Store":
29               label_list.append(label)
30               filepath = dir1 + "/" + file
31               print(filepath)
32               image = Image.open(filepath)
33               data = np.asarray(image)
34               image_list.append(data)
35       label = label + 1
36       LABELS.append(dir)
37
38   image_list = np.array(image_list)
39   image_list = image_list.astype('float32')
40   image_list = image_list / 255.0
41   Y = to_categorical(label_list)
42
43   X_train, X_test, y_train, y_test = train_test_split(image_list, Y,
```

第
7
章

```
44                                                test_size=0.20)
45
46   #CNNでクラス分類のモデルを作成する
47   model = Sequential()
48   input_shape=(8, 8, 3)
49   model.add(ZeroPadding2D(padding=((1, 1), (1, 1)), input_shape=input_shape))
50   model.add(Conv2D(32, (3, 3),input_shape=input_shape))
51   model.add(Activation('relu'))
52   model.add(MaxPooling2D(pool_size=(2, 2), padding=("same")))
53   model.add(Dropout(0.25))
54   model.add(Flatten())
55   model.add(Dense(128, activation='relu'))
56   model.add(Dropout(0.5))
57   model.add(Dense(label,activation='softmax'))
58   opt = Adam(lr=0.001)
59   model.compile(loss="categorical_crossentropy",
60                 optimizer=opt, metrics=["accuracy"])
61
62   history=model.fit(X_train, y_train, nb_epoch=50)
63
64   #性能評価
65   score = model.evaluate(X_test, y_test, verbose=1)
66   print('loss=', score[0])
67   print('accuracy=', score[1])
68
69   #Confusion_matrixの作成
70   pred_y = model.predict(X_test.astype(np.float32))
71   pred_y_classes = np.argmax(pred_y, axis = 1)
72   tue_y= np.argmax(y_test, axis = 1)
73   confusion_mtx = confusion_matrix(tue_y, pred_y_classes)
74   plt.figure(figsize=(8, 6))
75   sns.heatmap(confusion_mtx, xticklabels=LABELS,
76               yticklabels=LABELS, annot=True, fmt="d");
77   plt.title("Confusion matrix")
78   plt.ylabel('True label')
79   plt.xlabel('Predicted label')
80   plt.savefig('./confusion_matrix.png')
81
82   #Kerasモデル形式で保存
83   model.save('my_model.h5')
84
85   #Keras->TensorFlowLite形式に変換
86   converter = tf.lite.TFLiteConverter.from_keras_model_file('my_model.h5')
87   tflite_model = converter.convert()
88   open('my_mbnet.tflite', "wb").write(tflite_model)
89
90   #TensorFlowLite->kmodel形式に変換
```

```
91  import subprocess
92  subprocess.run(['./ncc/ncc','my_model.tflite',
93  'my_model.kmodel','-i','tflite','-o','k210model','--dataset','images'])
```

ここまでで、M5StickVの動きデータから、深層学習ライブラリTensorFlow/Kerasを使って、深層学習の学習データ「my_model.kmodel」を作成することができました。

● M5StickVで音声ファイルの再生

M5StickVは、スピーカーとスピーカアンプを内蔵しており、あらかじめmicroSDカードに保存しておいたWavファイルを使って音声を発することができます。M5StickVに内蔵しているスピーカアンプMAX98357は、M5StickVのプロセッサK210とはI²S通信インターフェースでつながっています。MaixPyはI²Sを簡単に扱うための関数が準備されています。

microSDカードのWAVファイルを読み出して、M5StickVのAボタンを押したタイミングで、Wavファイルから音声を再生するプログラムを作ってみました。

スケッチ7.3.4   004_m5stickv_play_wav_maixpy.py

```python
1   from fpioa_manager import *
2   from Maix import I2S, GPIO
3   import audio
4
5   #スピーカーの初期化を行う関数
6   def init_wav():
7       fm.register(board_info.SPK_SD, fm.fpioa.GPIO0)
8       spk_sd=GPIO(GPIO.GPIO0, GPIO.OUT)
9       spk_sd.value(1)
10      fm.register(board_info.SPK_DIN,fm.fpioa.I2S0_OUT_D1)
11      fm.register(board_info.SPK_BCLK,fm.fpioa.I2S0_SCLK)
12      fm.register(board_info.SPK_LRCLK,fm.fpioa.I2S0_WS)
13      wav_dev = I2S(I2S.DEVICE_0)
14
15  #WAVファイルの再生を行う関数
16  def play_wav(fname):
17      player = audio.Audio(path = fname)
18      #ボリュームを設定する
19  player.volume(70)
20      wav_info = player.play_process(wav_dev)
21      #I2S通信の設定を行う
22      wav_dev.channel_config(wav_dev.CHANNEL_1,I2S.TRANSMITTER,
23  resolution = I2S.RESOLUTION_16_BIT,align_mode = I2S.STANDARD_MODE)
24      wav_dev.set_sample_rate(wav_info[1])
25
26    while True:
```

323

```
27          ret = player.play()
28          if ret == None:
29              break
30          elif ret==0:
31              break
32      player.finish()
33
34  #M5StickVでボタンの読み取り設定
35  fm.register(board_info.BUTTON_A, fm.fpioa.GPIO1)
36  but_a=GPIO(GPIO.GPIO1, GPIO.IN, GPIO.PULL_UP)
37  but_a_pressed = 0
38
39  init_wav()
40  #M5StickVのAボタンが押されたら音声を出力する
41  while True:
42      if but_a.value() == 0 and but_a_pressed == 0:
43          play_sound("voice/ganbare.wav")
44          but_a_pressed=1
45      if but_a.value() == 1 and but_a_pressed == 1:
46          but_a_pressed=0
47
48  player.finish()
```

● M5StickVでお顔を描画する

　M5StickVのプログラミング環境MaixPyには、ディスプレイにいろいろな形の図形を描くための関数が用意されています。図形を組み合わせて、親しみやすいお顔を描いてみました。さらに、お顔はぐるぐると回るようにしたり、目をパチパチと開いたり閉じたりするようなアニメーションをMaixPyのプログラムで実装しました。これでCherring Watchにインタラクティブなお顔の表情をつけられるようになり、応援があなたに伝わりやすくなること間違いなしでしょう！

図7.3.5

スケッチ7.3.5

```
1   import lcd,math,image
2   lcd.init()
3   lcd.rotation(2)
4   lcd.clear()
5   x_zero=240//2
6   y_zero=135//2
7   x_zero_rot=x_zero
8   y_zero_rot=y_zero+90
9
10  def rot(x_in,y_in,theta):
11      x_rot = (x_in – x_zero) * math.cos(theta)  – (y_in – y_zero) * ↵
    math.sin(theta) + x_zero_rot;
12      y_rot = (x_in – x_zero) * math.sin(theta) +  (y_in – y_zero) * ↵
    math.cos(theta) + y_zero_rot;
13      return int(x_rot),int(y_rot)
14
15  def rot2(x_in1,y_in1,x_in2,y_in2,theta):
16      x_rot1 = (x_in1 – x_zero) * math.cos(theta)   – (y_in1 – y_zero) * ↵
    math.sin(theta) + x_zero_rot;
17      y_rot1 = (x_in1 – x_zero) * math.sin(theta)  +  (y_in1 – y_zero) * ↵
    math.cos(theta) + y_zero_rot;
18      x_rot2 = (x_in2 – x_zero) * math.cos(theta)  – (y_in2 – y_zero) * ↵
    math.sin(theta) + x_zero_rot;
19      y_rot2 = (x_in2 – x_zero) * math.sin(theta)  +  (y_in2 – y_zero) * ↵
    math.cos(theta) + y_zero_rot;
20      return int(x_rot1),int(y_rot1),int(x_rot2),int(y_rot2)
21
22  #お顔を表示する関数
23  def draw_face(img,theta,cnt):
24      img.draw_rectangle(0,0,240,135,color = (255, 255, 0), fill = True)
25      if cnt<100:
26          res = rot(40,70,theta)  #left_eye
27          img.draw_circle(res[0], res[1], 42, color = (0, 0, 0), ↵
    thickness = 2, fill = True)
28          img.draw_circle(res[0], res[1], 40, color = (255, 255, 255), ↵
    thickness = 2, fill = True)
29          img.draw_circle(res[0], res[1], 30, color = (0, 0, 0), ↵
    thickness = 2, fill = True)
30          res = rot(200,70,theta) #right_eye
31          img.draw_circle(res[0], res[1], 42, color = (0, 0, 0), ↵
    thickness = 2, fill = True)
32          img.draw_circle(res[0], res[1], 40, color = (255, 255, 255), ↵
    thickness = 2, fill = True)
33          img.draw_circle(res[0], res[1], 30, color = (0, 0, 0), ↵
    thickness = 2, fill = True)
34      else :
35          res = rot2(10,70,80,70,theta)
```

第
7
章

325

```
36        img.draw_line(res[0], res[1], res[2], res[3], color = (0, 0, 0), ↵
     thickness = 10)
37        res = rot2(170,70,250,70,theta)
38        img.draw_line(res[0], res[1], res[2], res[3], color = (0, 0, 0), ↵
     thickness = 10)
39
40     res = rot2(170,10,240,-20,theta)
41     img.draw_line(res[0], res[1], res[2], res[3], color = (0, 0, 0), ↵
     thickness = 15)
42     res = rot2(70,10,0,-20,theta)
43     img.draw_line(res[0], res[1], res[2], res[3], color = (0, 0, 0), ↵
     thickness = 15)
44
45  #ここからお顔をぐるぐる回して表示するメイン処理を開始
46  rot_theta=3.1415/2*3
47  cnt=0
48  while True:
49     img = image.Image()
50     draw_face(img,rot_theta,cnt)
51     lcd.display(img)
52     cnt+=1
53     if cnt>200:
54         cnt=0
55     rot_theta=rot_theta+0.05
```

● Cheering Watchがあなたを応援する

　Cheering Watchでは、ここまで解説してきた加速度センサーからモーション判別する処理、特定のモーションに合わせて音声を鳴らす処理、お顔を表示する処理を同時に行います。

　モーション判別には、「4.深層学習の学習モデルを作成する」で作成した学習モデルを使います。作成した学習モデル「my_model.kmodel」をM5StickVのmicroSDカードに格納します。また、モーションに合わせた声援のWAVファイルも事前に準備し、M5StickVのmicroSDカードに格納します。

　実際にモーションを判別するときは、加速度センサーから取得したデータを画像データに変換して、学習モデルの中のモーションと比較し、最も近いモーションを判別するクラス分類と呼ばれる処理を行います。Cheering Watchは、同じモーションが20秒間続くと、スピーカーから音声出力するようにプログラムを作成しました。ずっと音声が出続けてしまうと、少しうるさくなってしまいますね。ディスプレイは、お顔を表示する機能と加速度センサーからのデータを表示する機能を、M5StickVの側面のBボタンで切り替えるようにしました。

　あなたが応援をしてほしいときの動きを学習しておいて、Cheering Watchで、ここぞ！という時に声援を送ってもらいましょう。

スケッチ7.3.6　　　　　　　　　　　　　　　　　　　　　006_m5stickv_imu_to_pixel_detec_maixpy.py

```python
1   import sensor,image,time,lcd,machine,utime,array,math,os
2   from machine import I2C,UART
3   import KPU as kpu
4   from Maix import I2S, GPIO
5   import audio
6
7   #加速度センサーの初期化
8   i2c = I2C(I2C.I2C0, freq=100000, scl=28, sda=29)
9   devices = i2c.scan()
10  print(devices)
11  #ディスプレイの初期化
12  lcd.init()
13  init_wav()
14  #microSDの初期化
15  devices = os.listdir("/")
16  os.chdir("/sd")
17  print(os.listdir())
18
19  #M5StickVのボタンIOの初期化
20  fm.register(board_info.BUTTON_A, fm.fpioa.GPIO1)
21  but_a=GPIO(GPIO.GPIO1, GPIO.IN, GPIO.PULL_UP)
22  fm.register(board_info.BUTTON_B, fm.fpioa.GPIO2)
23  but_b = GPIO(GPIO.GPIO2, GPIO.IN, GPIO.PULL_UP)
24
25  but_a_pressed = 0
26  but_b_pressed = 0
27
28  #変数の初期化
29  cnt=0
30  mode=0
31  view_flg=0
32  pic_no=0
33  accel_array_zero=(255,255,255)
34
35  #加速度センサーの画像データを格納するバッファ
36  w_size=8
37  view_size=120
38  imu_Image = image.Image()
39  imu_Image = imu_Image.resize(w_size, w_size)
40  image_data_array = []
41
42  #TensorFlow/nncaseで作成したkmodelを読み込む
43  task = kpu.load("my_model.kmodel ")
44  max_index=0
45  view_mode=0
46
```

```
47   #クラスごとの分類結果格納バッファ
48   class_time=array.array('d',[0 for ii in range(10)])
49   oldTime = utime.ticks_ms()
50   rot_theta=0
51
52   while(True):
53       view_Image = image.Image()
54
55       #加速度センサーから加速度データを取得する
56       accel_array,accel_array2 = read_imu()
57       w=cnt%w_size
58       h=int(cnt/w_size)
59       #加速度データを画像化する
60       imu_Image.set_pixel(w, h, accel_array)
61       width=imu_Image.width()
62
63       #加速度データ画像と検出結果をディスプレイに表示する
64       w=(cnt+1)%w_size
65       h=int((cnt+1)/w_size)
66       imu_Image.set_pixel(w, h, accel_array_zero)
67       img_buff=imu_Image.resize(view_size,view_size)
68       view_Image.draw_image(img_buff,100,8)
69
70       class_str=str(max_index);
71       view_Image.draw_string(20, 40, "ACT", (0,0,255),scale=2)
72       view_Image.draw_string(20, 70,class_str, (0,0,255),scale=5)
73
74       if cnt%width<width/2:
75           view_Image.draw_circle(30, 15, 15,(0,0,255),fill=1)
76
77       #加速度に合わせてお顔を回転して表示する
78       rot_theta=0.5*rot_theta+0.5*math.atan2(accel_array2[1], accel_array2[0])
79       face_img = image.Image()
80       draw_face(face_img,rot_theta,cnt)
81       face_img.draw_string(0, 80, "ACT", (0,0,255),scale=2)
82       face_img.draw_string(0, 90,class_str, (0,0,255),scale=5)
83
84       if view_mode==0:
85           lcd.display(face_img)
86       elif view_mode==1:
87           lcd.display(view_Image)
88
89       cnt=cnt+1
90
91       #加速度センサーのデータをKPUに入力して、クラス分類を行う
92       if cnt>imu_Image.width()*imu_Image.height():
93           cnt=0
94           imu_Image.pix_to_ai()
```

```
95          fmap=kpu.forward(task,imu_Image)
96          plist=fmap[:]
97          pmax=max(plist)
98          max_index=plist.index(pmax)
99          dT=utime.ticks_ms()-oldTime
100         class_time[max_index]=class_time[max_index]+dT/1000
101         oldTime = utime.ticks_ms()
102
103         for i in range(10):
104             moji=str("No")+str(i)+str("_")+str(class_time[i])+str("_")
105             print(moji, end='')
106         print("")
107
108         #send uart
109         data_str=str(max_index)+"\n"
110         uart_Port.write(data_str)
111
112     #分類結果に合わせて、20秒ごとに声援を出す
113     if class_time[0]>20:
114         play_wav("voice/okite.wav")
115         class_time[0]=0
116
117     if class_time[1]>20:
118         play_wav("voice/sumaho.wav")
119         class_time[1]=0
120
121     if class_time[2]>20:
122         play_wav("voice/ganbare.wav")
123         class_time[2]=0
124
125     if class_time[3]>20:
126         play_wav("voice/ganbare.wav")
127         class_time[3]=0
128
129     #Bボタンを押すと、加速度センサー画像表示とお顔表示を切り替える
130     if but_a.value() == 0 and but_a_pressed == 0:
131         but_a_pressed=1
132     if but_a.value() == 1 and but_a_pressed == 1:
133         but_a_pressed=0
134     if but_b.value() == 0 and but_b_pressed == 0:
135         but_b_pressed=1
136         if view_mode==0:
137             view_mode=1
138         elif view_mode==1:
139             view_mode=0
140     if but_b.value() == 1 and but_b_pressed == 1:
141         but_b_pressed=0
```

第7章

● 結びに

　本節では、Cheering Watchの製作を通して、M5StickVで加速度センサーと深層学習を使ったモーション検出もできることを紹介していきました。M5StickVはとてもコンパクトでパワフルなデバイスです。M5StickVは、カメラを使った画像処理ができるだけではなく、加速度センサーや他センサデータなど、いろいろなセンサーのデータを使った深層学習を行うことができるのです。

　また、Cheering Watchの「あなたを見守る技術」は、いろいろな応用が考えられます。たとえば、M5StickCと連携して一日どんな動きをしていたのかをクラウドにアップロードし、後で解析して、生活習慣を見直す手助けをするようなことも可能でしょう。

　M5StickVは、電子工作に「お手軽AI」の要素を加え、電子工作を一歩先のレベルに上げてくれる可能性を秘めています。M5StickVで、あなたも「見守る技術」を開発してみませんか？

UIFlowでM5Stackを
プログラミングする

実 践 編

本章では、Arduino IDEと同様に人気の開発環境である
UIFlowを使ってM5Stackをプログラミングする方法と作
例を紹介します。実際の使い方も解説していますので、他の
開発方法と比較したときのメリット・デメリットを理解して
自分に合った開発手法を見つけてみてください。

8.1　ノーコードで作る IoTソープディスペンサー

難易度
★★★☆☆

著者
若狭正生

この節では、プログラミングはブロック言語を用いマウスでブロックをつなげ、ノーコード・ノーハンダでセンサーを使ったデバイスを作る方法を解説します。最初にノーコードで開発ができるツールUIFlowの説明をし、最後に応用でM5Stackでコントロールできるソープディスペンサーを作ってみます。

▶ **使用するデバイス**
- M5Stack Basic
- M5GOBaseLite

● UIFlowを使ってみる

　UIFlowは各種モダンブラウザ上で操作するクラウド上の開発環境です。Wi-Fiでインターネットに接続されたM5Stackに対して、クラウドから直接プログラムで書き込むことができます。必要なのは最初のファームウェアの書き込みだけで、そのほかの環境構築は必要がありません。

　基本的にビジュアルプログラミング言語のBlocklyでプログラムを作成していきます。ループや演算などのブロックはもちろん、液晶表示を変えたりUnitと呼ばれるいろいろなセンサーなどを制御するブロックなどがかなり充実しているため、作りたいことの多くをこのUIFlow上のみで作成可能です。さらに、Pythonのコードと切り替えて、内部のコードがどうなっているかを確認することもできます。そのため、昨今ではかなり強力な開発環境となりつつあります。

事前知識

　この節を読むにあたって以下のサイトを事前情報としてまとめておきます。読みながら参考にしてください。

- UIFlow：**https://flow.m5stack.com/**
- M5Burner：**https://m5stack.com/pages/download** よりダウンロード
- UIFlow-Desktop-IDE：**https://m5stack.com/pages/download** よりダウンロード

> **Tips** : **UIFlowのバージョン**
>
> 　執筆時点では、UIFlowにはv1.4.5とBetaの2バージョンが存在していました。デフォルトでは Betaが選ばれていますが、日々自動でバージョンが上がって機能がどんどん強化されています。ですが、UIFlowのバージョンアップによって過去に作ったものがうまく動かなくなるなどの場合もあります。その場合は、上部ヘッダーの中にある[VER.]をクリックしバージョンを変更することが可能です。ただし、v1.4.5はBetaでは存在していたブロックの一部がなかったり、リリース時点でリリースされていなかったCore2やStickC Plusなどは選択できず対応していませんので、バージョンを切り替えて利用する場合には事前に機能が十分に動くか一通り実機で動作確認してから作り込むことをおすすめします。

デバイスにUIFlow用のファームウェアを書き込む

　まずはUIFlowを使うために必要なファームウェアをM5Stackに書き込みます。ここでは M5Stack Basicに書き込んでいく場合を例に解説していきます。

M5Burnerを立ち上げる

　M5StackのDownloadサイトよりM5Burnerをダウンロードし解凍します。解凍したところにある実行ファイルのM5Burnerを立ち上げると以下のような画面が表示され、機種に合ったさまざまなファームウェアを書き込むことができます。

図8.1.1

M5Burner

　M5Stack BasicやGrayなどを用いる場合はUIFlow（CORE）を選んでください。プルダウンから必要なファームウェアのバージョンを選択できますが、基本的にはUIFlowの機能をフルで使える最新のものを選択することをおすすめします。

ファームウェアのダウンロードとデバイスの接続

　Downloadのボタンを押すとファームウェアのダウンロードが開始されます。その間に USBケーブルでM5StackをPCと接続しましょう。そうすると左上のCOMに該当のデバイ スが追加されますので、プルダウンメニューを開いて選択してください。ただし接続する際、 ドライバやケーブルなどは［2章 M5Stack Basicを使ってみる］などで書かれている通り準備 が必要な場合があります。

ファームウェアを書き込む

　ファームウェアのダウンロードが完了するとDownloadの部分のボタンが変わります。

図8.1.2

M5Burnerのボタン

　ボタンには以下の機能があります。

- **[Remove]**
  このダウンロードしたファームウェアを削除します。
- **[Configuration]**
  書き込んだファームウェアの設定のみを変更します。ApiKeyの確認やWi-Fi変更ができ ますが、細かい内容に関してはこの後に説明します。
- **[Burn]**
  このファームウェアをM5Stackに書き込みます。書き込み時にM5Stackが接続する 2.4GHz帯のWi-Fiの設定を入力するフォームが表示されますので、接続するWi-Fiの SSIDを記入してからStartを押し書き込みます。

　[Burn]のボタンを押すと、M5Stackに設定とともにファームウェアが書き込まれます。

ApiKeyを確認する

　ファームウェアを書き込みが終了すると、自動的にデバイスが再起動され、UIFlowのサー バーとWi-Fiで接続された状態になります。これでUIFlowが利用できるようになります。 M5Stackの場合、**ApiKey**が画面に表示されていれば正しく接続できています。Atomなどの 画面がないデバイスの場合は緑色のLEDが光ります。接続できない場合はWi-Fiの設定を再度 確認してください。

ただ、筆者の経験上 Wi-Fi の設定が正しくてもなぜか接続できない場合があります。2.4GHz と 5GHz を同一の SSID で接続できる設定のルーターを利用している場合に、接続できる時とできない時などがあるようです。ルーターの設定を変更し、2.4GHz だけのゲスト Wi-Fi を別途設定してつなげる、モバイルルーターなど他の SSID を経由するようにするなど、ネットワーク周りの環境の変更を検討してみてください。

UIFlow と接続する時に、デバイスの画面に表示されている ApiKey が必要になります。なお、M5Burner の [Configuration] をクリックすることでも ApiKey を確認することができます。

書き込み後に設定を確認・変更する

ファームウェアを書き込んだ後でも、Wi-Fi の設定を変更したり起動時のモードを変更したりできます。UIFlow のファームウェアが書き込まれていない状態では [Configration] ボタンをクリックしても正しく動作しませんので、書き込んだデバイスで行ってください。

図8.1.3

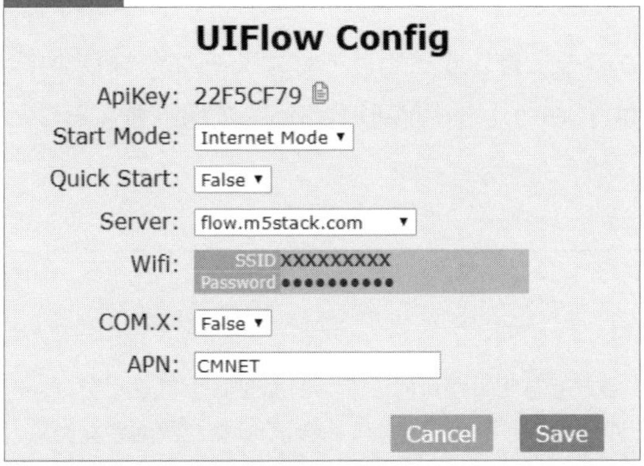

UIFlow Config

ApiKey: 22F5CF79

Start Mode: Internet Mode ▼

Quick Start: False ▼

Server: flow.m5stack.com ▼

Wifi: SSID XXXXXXXX
Password ●●●●●●●●

COM.X: False ▼

APN: CMNET

Cancel Save

M5Stack Basic に UIFlow(Core) v1.7.1-en を書き込んだ場合の Configuration 画面

書き込み後に設定を確認・変更する

- ApiKey

  UIFlow でネット経由で接続するために必要なキーです。M5Stack などの画面があるデバイスはそちらにも表示されています。このキーを UIFlow で入力することでデバイスに書き込むことができるようになります。

- Start Mode

  電源をいれて起動したときにどのモードで起動するかを選べます。

  - Internet Mode

    デバイスは Wi-Fi で接続され、インターネット経由でプログラムの書き換えが可能な状態にします。

- USB Mode

  UIFlow-Desktop-IDEを用いたUSB接続によるプログラムの書き換えが可能な状態にします。インターネットが使えない環境などで利用します。

- App Mode

  UIFlowから書き込まれたものではなく、ダウンロードされたプログラムを動かします。UIFlowからダウンロードを選ぶと、このモードに自動的に変更になります。

- Quick Start

  起動時に1秒程度の起動画面が出るのを表示するかしないかを選べます。App Modeの場合にデバイスのみでInternet Modeに切り替える時などに便利です。

- Server

  UIFlowに使うサーバーを選択することができます。まれにサーバーがメンテナンスされているなどで接続できなかったり非常に重く感じた場合にはここを切り替え別のサーバーに接続させます。

- Wifi

  Wi-Fiの設定を変更できます。登録したものを上書きするわけではなく追加になります。過去に設定したものに切り替えたい場合は [Setup] → [Wi-Fi Select] で切り替えることができます。

> **Tips**　**起動後に設定を変更する**
>
> StartModeで選べるものは起動後にデバイスの方でも変更が可能です。画面が表示できるデバイスであれば [Setup] → [Switch mode] から変更することができます。ATOMなど画面がないデバイスであれば、ボタンAを押しながら電源ボタンを押すとLEDの色を見ながら変更も可能です。ボタンAを押している間に緑：Internet Mode、青：USB Mode、黄：Wi-Fi Configuration Mode、紫：App Modeの順で色が変わるので、設定したいタイミングでボタンAを離すとそのモードで立ち上がります。
>
> Wi-Fi Configuration modeは、ATOM自体をアクセスポイントにして、ファームウェア書き込み時にWi-Fiの設定を行わなくても、PCやスマートフォンのブラウザから変更することができるモードです。書き込んだソフトウェアなどは消さずにUIFlowで利用するWi-Fiの設定を変更したいときに活用できます。画面があるM5Stackであれば、[Setup] → [Wi-Fi via AP] を選択すると同様の状態にできます。
>
>
>
> 図8.1.4
>
> M5StackをアクセスポイントにしWi-Fiの設定を変更できる

UIFlowでプログラムする

それではUIFlowを利用してM5Stackにプログラムを書き込んでみます。

UIFlowとM5Stackをインターネット経由で接続する

まずは以下のリンクからUIFlowのサイトにアクセスします。

https://flow.m5stack.com

すると次のような入力画面が表示されますので、デバイスで表示されているApiKeyなどを入力してOKボタンを押してください。

図8.1.5

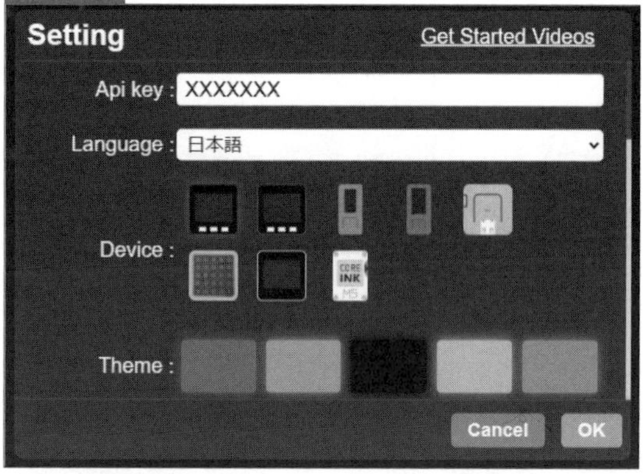

![UIFlowのSetting画面]

UIFlowのSetting画面

- Api key
  デバイスのApiKeyを入力します。これをキーとしてプログラムを書き込みます。
- Language/言語
  UIFlowの言語設定ができます。今回の説明では日本語を選んでいます。
- Device
  利用するデバイスを選択します。M5Stack BasicやM5StickC、Core2などの書き込みたいデバイスを選択してください。
- Theme
  画面のテーマ色を選択します。お好きな色を選択してください。

M5StackとUIFlowの接続に成功すると、右下に接続済みと表示されます。

第
8
章

図8.1.6
Api key : 🔑 XXXXXXXX ［ 接続済み ］ version : V1.7.1 ↻ 💾 📁 ⤓
接続済みの場合の表示

⬤ Hello worldを表示する

それではデバイスに文字を表示してみましょう。左側のUIパネルの［Label］をデバイスのエミュレーター上の画面にドラックしてみてください。画面上に「Text」というラベルが表示されたかと思います。好きな位置に配置してください。

続いてBlockly画面でイベントを配置していきます。エミュレーターの右側の画面にある［イベント］をクリックし、その中から［ボタン"A"が"wasPressed"のとき］のブロックをドラックして配置してください。次に［UI］→［ラベル］を開いて、一番上にある［ラベル"label0"に"Hello M5"を表示］をさきほど配置したボタン"A"のブロックの中にドラックして配置し、好きなテキストに変更してみてください。プログラムの記述はこれだけです。

ヘッダーの右上にある［▶］（プロジェクトを実行）をクリックすると、このプログラムが自動的にデバイスに書き込まれます。一番左のボタンＡを押すと画面の"Text"が"Hello world"に変わるのを確認できるはずです。

Labelを配置しプログラムしたもの

EEPROMに数値を保存する

UIFlowには、I²C通信を行ったりネットワークにつないだりといった高度なプログラムが可能なブロックが多数用意されています。今回はこれらのブロックの中からEEPROMという不揮発性メモリ領域に値を書き込むブロックを使ってみます。こちらの値はファームウェアを書き換えたりしない範囲で保存され続ける領域で、センサーの値や設定などの保存に利用できます。

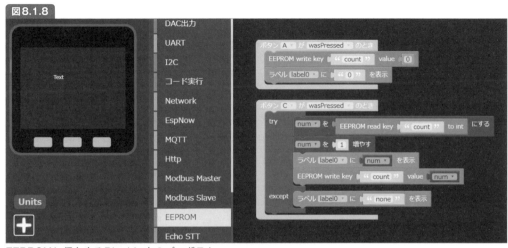

図8.1.8
EEPROMに保存する Blockly 上のプログラム

　今回は、単純にカウントアップする数値を保存して、右のボタンAで0にリセット、左のボタンCを押すと加算していくというプログラムを作ってみます。ボタンAとボタンCのイベントを作るために、前に使ったのと同様に右側の Blockly で［イベント］から［ボタン"A"が"wasPressed"のとき］のブロックを2つ配置し、そのうち一つをボタンを"A"から"C"に変更します。

　まず、EEPROMの値を初期化するものをボタンAに配置します。今回はcountというkeyにカウントする数値を保存することにします。［EEPROM write key " " value " "］のブロックを配置し、keyを"count"に、valueに［数学］から0の値をセットします。

　次に、ボタンCを押すとEEPROMから値を取得・加算したのち再度保存する、という処理を作っていきます。まずは変数の"num"に保存していた値を保存するようにします。変数ブロックは、［変数］メニューの［変数の作成…］をクリックすることで作成できます。変数名の入力を促されるので「num」と記入し、保存を押します。作成された変数ブロックの中にある［"num"を" "にする］をボタンCのブロック内に配置します。次に［高度なブロック］→［EEPROM］を開いて［EEPROM read key " " to int］のブロックを先程配置した変数の元になる部分にドラッグします。

　次に同じ［変数］にある［"num"を"1"増やす］のブロックを下につなげます。その後、［UI］→［ラベル］にある表示用のブロックで"num"を表示するように、［変数］にある［num］をドラッグして表示のブロックに配置します。表示後はEEPROMに値を保存し直すためにEEPROMのブロックから［EEPROM write key " " value " "］のブロックを配置し、keyを"count"にしてvalueに変数の"num"を配置します。

　ただしEEPROMでcountというkeyの値がセットされていない場合に取得しようとすると

Exceptionで処理が止まってしまいます。そのためtry-catchを配置し値がセットされていない場合にはnoneと表示するようにします。

　[論理]を開くと[try-exception]のブロックがあるので、ボタンCのところにドラッグし配置します。さきほど作ったブロックをtry部分に移動し、exception部分には[UI]→[ラベル]から表示用のブロックを配置し、テキスト部分に"none"と変更し配置します。

　ここまでできたらヘッダーの右上にある[▶](プロジェクトを実行)をクリックしプログラムを実行し、ボタンAとボタンCを押して動作を確認してみてください。値を完全に消したい場合はM5Burnerでファームウェアを再度書き込み直してみてください。

Grove端子のデバイスを利用する

　M5Stackでは多種多様なセンサーを比較的安価に販売しており、これらは簡単にUIFlowで利用することができます。これらはGroveと呼ばれるSeedStudioが規格化したコネクタを備えており、ケーブルを差し込むだけでM5Stackと簡単に接続することができます。今回はレーザーを使ってデバイスとの距離を測定できる「ToF測距センサユニット」を用いて、その数値を画面に表示するプログラムを作ってみます。

図8.1.9

ToF測距センサユニット

　まずは表示の準備で[イベント]にある[ずっと]のブロックを[Setup]の下につなげます。この[ずっと]の中に、前に使った[ラベル"label0"に"Hello M5"を表示]を入れておき、指定のテキストを繰り返し表示させるようにします。

　それではセンサー部分の作業を行います。まずはToF測距センサユニットとM5Stackを接続します。付属のGroveケーブルをToF測距センサユニット側に差し込み、M5Stack本体の電源がある面にGroveコネクタ(Port A)があるのでそこに接続します。UIFlowの左側のUIパネルの下側にある"Unit"の[+]をクリックします。UIFlowで利用できるデバイスが一覧で表示されますので、その中からToFをクリックしportは"A"を選択しOKを押します(図8.1.10)。

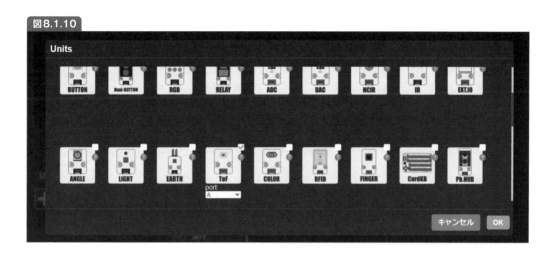

図8.1.10

　そうすると Blockly の [Units] に [ToF] が追加されていますので、これを一番始めに配置した [ずっと] の中にあるラベルの表示に ["tof0" と測定物との距離 [mm] を読み込む] を配置します。この状態までになったらヘッダーの右上にある [▶] (プロジェクトを実行) をクリックすると、M5Stack に ToF 測距センサユニットと遮蔽物の距離を測定した値が表示されているのを確認できます。

Tips　Unit を接続する Port

　Unit を接続する Port はセンサの通信方式により変化しますが、A/B/C/D/E/PAHUB/Custom から選択できます。A は M5Stack の本体に、B/C は M5Go の BOTTOM に、PAHUB は I2C のデバイスを拡張するものを利用するとき、Custom は独自で GPIO の番号を指定することで利用できます。

　ですが D/E に関しては M5Stack 社から販売しているデバイスには存在していません。この D/E を利用できるボードは外部の秋田純一 (@akita11) さんが自ら作り販売している M5GOBaseLite です[1]。これは秋田さんが大学の授業で M5Stack を利用している時に Port がもう少しあったほうが良いと感じたという経験から、M5Stack 社に直接相談し増やしてもらったものと聞いています。なので D/E に関しては純正で存在していないという謎が深く面白いポートとなります。このあたりの M5Stack 社の外部の開発者とともに作っていくというスタンスが大きく現れたものだと思います。

第
8
章

＊1　https://www.switch-science.com/catalog/6329/

● できあがったものをダウンロードして単体で動作させる

　ヘッダーの右上にある [▶]（プロジェクトを実行）で M5Stack 上で動作させることができます、電源を入れ直したりすると書き込んだものが消えてしまいます。そうならないように、UIFlow のプログラムは M5Stack にダウンロードして保存することができます。右端のハンバーガーメニューをクリックし、[ダウンロード] を選択します。そうするとプログラムが自動的にダウンロードされ、電源を入れ直しても書き込んだものが実行されます。

図8.1.11

ダウンロードのボタン

　ただし、ダウンロードした後は、M5Stack の電源を入れると作ったアプリが自動で立ち上がるため、UIFlow への接続は行われなくなります。再度 UIFlow に接続しプログラミングする場合は、画面があるデバイスだと電源をいれた時に出るスプラッシュで [：] となっている真ん中のボタン B を押すか、ボタン C の [Setup] を選んだ後 [Switch mode] を [Internet Mode] を選び電源を入れ直してください。ATOM など画面がないデバイスの場合は、ボタン A を押しながら電源ボタンを押しっぱなしにして緑色になったタイミングで離すと、UIFlow に接続し再度プログラミングしたものを書き込むことができるようになります。

● UIFlow と M5Stack で改造ソープディスペンサーを作る

　ここでは、M5Stack Japan Creativity Contest 2020 で私がスイッチサイエンス賞を受賞した「M5SoapDispenser」を例に、UIFlow を使った IoT デバイスの作成について説明します。M5SoapDispenser は、手洗いが正しくできたかをチェックし、正しく行われていなかった可能性がある場合には、たとえ洗面台から移動していたとしても電話をして注意してくれるというデバイスです。

- M5SoapDispenser　〜アマビエコールVer〜

https://protopedia.net/prototype/1749

図8.1.12

M5SoapDispenser

ソープディスペンサーの改造について

ソープディスペンサー自体の構造にはいくつかのパターンがありますが、基本的に

A：赤外線センサでノズルからの距離を測り手をかざしたか判断
B：Aのイベントからモーターを用いたポンプで液体石鹸を吸い上げて泡立てる

というのが代表的な機能になります。これらの構造を理解するため、筆者は市販のソープディスペンサーを購入し、外装とポンプ以外はすべて分解し取り払いました。ただし構造的に防水構造になっているため分解が難しいものも多く存在していますので要注意です。

その構造などを確認し、今回作るデバイスではAの部分をToF測距センサユニットに置き換えて手の距離を測定する方法を採用することにしました。Bの部分は、液体石鹸を汲み上げて泡立てる機構がついたモーターは既存のものをそのまま流用し、制御基板を電気的にオン・オフを制御できるリレーUnitに置き換えました。

そして、手洗い時間を推測するために、新たに人感センサを追加し、洗面所に指定時間いたかどうかを測定できるようにしました。指定時間をわかりやすくするために、リング状のフルカラーLEDを搭載しているNeopixelを接続して指定時間を可視化しています。加えて、手洗い場に指定時間いなかったことを人感センサが検出した場合には、Twilioというクラウドサービスを経由して登録した電話番号に電話するようにしました。

第8章

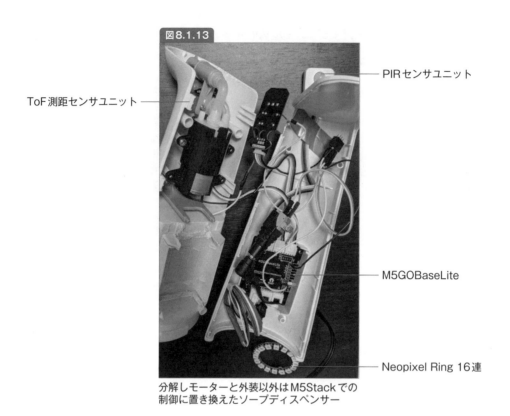

図8.1.13

ToF測距センサユニット

PIRセンサユニット

M5GOBaseLite

Neopixel Ring 16連

分解しモーターと外装以外はM5Stackでの
制御に置き換えたソープディスペンサー

なお、3種類のUnitを接続するために、Tipsで紹介したM5GOBaseLiteを用いています。

プログラムする

ブロックとしては5つに分けられてます。

■ Wi-FiやNeopixelなどの初期設定
■ ToF測距センサユニットで指定の距離の範囲内に手があるかをチェックする
■ 指定時間だけモーターを回し、石鹸を出す
■ 人がいるかチェックするためにPIRセンサのステータスを監視して、反応がない場合にカウントアップする
■ エラー状態になったらHTTP通信をしTwilioにイベントを投げる

まず、■に関してはよくあるWi-Fiの接続を行います。Wi-Fiに接続しているかどうかのチェックをループで入れており、何らかしらの理由で接続できない場合は、接続しているNeopixelが赤の点滅になるようにしてステータスがわかるようにしています。

図8.1.14

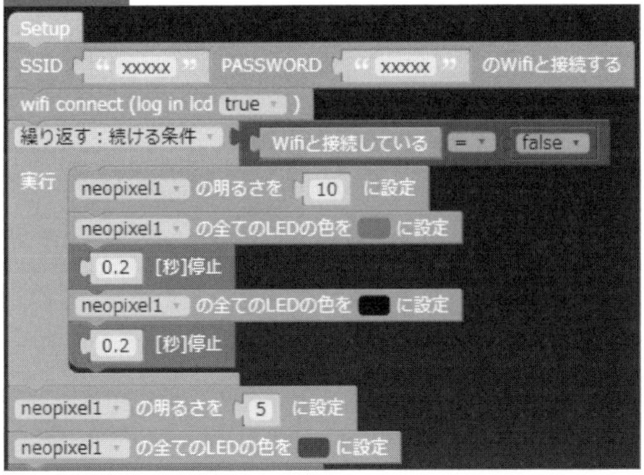

Setup
SSID "xxxxx" PASSWORD "xxxxx" のWifiと接続する
wifi connect (log in lcd true)
繰り返す：続ける条件 Wifiと接続している = false
実行
neopixel1 の明るさを 10 に設定
neopixel1 の全てのLEDの色を に設定
0.2 [秒]停止
neopixel1 の全てのLEDの色を に設定
0.2 [秒]停止
neopixel1 の明るさを 5 に設定
neopixel1 の全てのLEDの色を に設定

❶初期設定

すべてのスタートとなる、手をかざす操作の測定が❷になります。センサーに反応した回数を取得することで、不意に出るセンサーの誤反応などを吸収して確実に手がある時だけ検出できるよう調整します。距離などは実際に何度か試した結果をもとに適切な距離を入力してあります。そして、手があると判断した場合に❸の工程を行います。実際には1秒ちょっとリレーUnitをONにしてモーターを回し、ポンプを稼働させることで泡を出します。

図8.1.15

ずっと
tofmm を tof1 と測定物との距離[mm]を読み込む にする
ラベル label0 に tofmm を表示
もし isOk = 0
であれば もし tofmm > 130 かつ tofmm < 143
であれば exitCount を 1 増やす
もし exitCount > 2
であれば neopixel1 の明るさを 20 に設定
画面の明るさを 0 に設定する
relay relay1 set on
3 回繰り返す
実行 neopixel1 の明るさを 30 に設定
neopixel1 の全てのLEDの色を に設定
0.3 [秒]停止
neopixel1 の全てのLEDの色を に設定
0.1 [秒]停止
relay relay1 set off
画面の背景色を 色に設定する
docountdown
そうでなければ exitCount を 0 にする
0.2 [秒]停止

❷❸ ToFセンサで手を検知しリレーUnitを指定時間ONにする

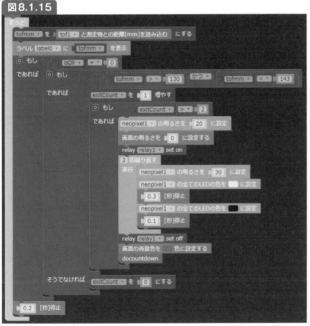

4の工程では、人がいるかどうかをチェックするために、赤外線放射を用いて温度変化を感知するPIRセンサーのステータスを利用します。値は距離などではなく、いるかいないかのデジタルな値で返ってきます。ですが、このセンサーの特性上、対象が静止していたりすると温度変化を感知できず目の前にいても0になってしまったり、センサーの反応が遅く数秒かからないと1にならないなどの場合があります。なので、ここでも実際に動かして値を見ながらパラメーターを調節しています。ToF測距センサユニットよりも誤反応防止のカウント値を多めにしないと誤動作が発生しやすいのでご注意ください。

図8.1.16

4 PIRセンサの値で人がいるかチェックする

そして**5**の工程でHTTPの通信を行います。設定のやり方は用いるサービスによりますので、細かい仕様に関しては仕様書を読んでいただくとして、今回使うTwilioでは、HeaderにAuth用の情報を入れる必要があるため図8.1.17のようにマップを作り設定しています。UIFlowでは、HTTP通信はレスポンスが返ってくるまで待機しますので、通信に数秒かかる処理の場合、通信がそこで止まってしまい動作が完了しないというような印象を受けることがありますのでご注意ください。

なお、こういったAPIのような通信のテストに慣れてない方は、PostmanといったWeb開発用のツールを使って実際にテストして疎通確認後にブロックを並べる方がデバッグしやすいのでおすすめです。

図8.1.17

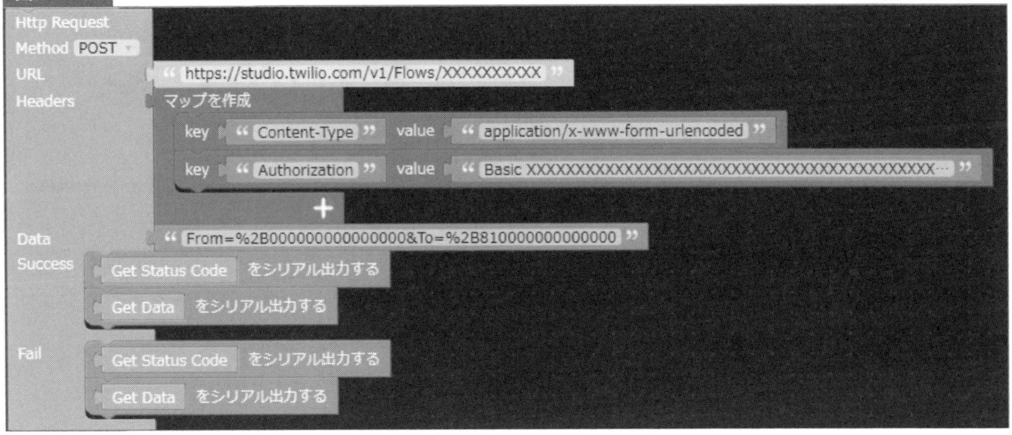

HTTP通信

　このような形でM5StackをベースとしてさまざまなUnitを用いてデバイスを作ることで、はんだも使わずコードはブロック言語だけを用いて容易にIoT化させるプログラムを作ることができます。

● まとめ

　UIFlowにはまだまだいろいろなブロックがあり、そして日々バージョンアップをしながら強化されていっています。今回説明しきれていませんが、例で紹介したようにUIFlowを用いていろいろなUnitを複数組み合わせることで拡張性を高めていくこともできますし、ブロック言語だけでもインターネット上のクラウドのサービスと連携しIoTデバイスを作ることが可能になります。Unit自体も、別のCPUが積まれAIで顔認識できるものなど日々増えていっていますので、いろいろなものを組み合わせてプロトタイプの領域を越えた世界まで作ることが可能です。

　それと、UIFlowで組んだものはPythonのコードに切り替えることも可能です。どうしてもブロックを組み合わせてもうまく行かない場合は、コードに慣れている方は切り替えてどういう書き方をするものなのかを見ながら、ブロックの性質を理解しうまく作っていくということも可能です。ArduinoIDEでC言語を利用してガリガリ書いてくのを否定するわけではないですが、私のようなハードウェアプログラミングに慣れてないWeb系の開発者などでもUIFlowを利用して実装できるとIoTデバイス作成の参加障壁を下げてくれます。ぜひみなさんもUIFlowとUnitを使って手軽で簡単なデバイスを作ってみてください。

第
8
章

8.2 ネットワーク経由でデータを送受信するプログラムをブロックで組んでみよう！

難易度
★☆☆☆☆

著者
豊田陽介

この節では、M5Stackシリーズのデバイス（M5StickC・M5GO）と他のアプリ・サービスとの間で、ネットワークを通じたデータの送受信を行うための仕組みを作ります。UIFlowを使えば、ブロックを組み合わせるだけでIoTデバイスの基礎が作れてしまいます。

▶ **用意するもの**

- 開発環境：UIFlow（バージョン 1.4.5、Webベース）
- デバイス：M5StickC、M5GO
- 拡張モジュール：ENV Unit、PIR Hat
- メッセージ受信に使ったクラウドサービス：Teams、Discord
- MQTT・データ可視化関連のクラウドサービス：Beebotte

　昨今、IoT（Internet of Things）というキーワードで表されるような、さまざまなデバイスがインターネットにつながり、インターネットを通じてデータを送受信する仕組みが活用されています。そのような仕組みは個人開発でも活用されており、たとえば、おうちハック・スマートホームといったキーワードに関連するような用途で使われている事例があります。遠方に住む家族の家に設置したセンサーの情報を用いて、ネット越しに見守りをするような仕組みがわかりやすい例だと思います。

　そこで重要になるのが、**インターネット・ローカルのネットワークを介してデータを送受信する仕組み**です。UIFlowでそれを実現するための仕組みとして「Http、MQTTのブロック」があります。この後、まずはこれらのブロックに関する説明をして、その後の作例の部分では、それらのブロックを活用した仕組みの作り方を紹介します。

今回利用するUIFlowのバージョンについて

　この節では、前節 [8.1 ノーコードで作るIoTソープディスペンサー] でも紹介されていたUIFlowを使います。UIFlowの導入方法については前節の解説をご参照ください。また、この記事でも執筆時点での最新バージョンであるv1.4.5を使っています。この節の内容については、

基本的には最新版やBetaでも同じブロックを使えば動かすことができますが、中にはブロックの内容が異なるものや、利用可能なUnit・Hatのバージョンが異なるものがあります。今回の作例で利用したものに関し、そのようなUIFlowのバージョンでの差異があるものについては、補足を加えるようにします。

● UIFlowでインターネット経由のやりとりを行うためのブロック

UIFlowには、M5Stackシリーズのデバイスに内蔵されたボタンや画面などを扱うためのブロックだけでなく、たとえばデバイス内外をつなぐような仕組みを実現できるブロックなども用意されています。ここではその中の「Http、MQTTのブロック」について解説します。

それら2つの仕組みを使うためのブロックは、UIFlowの中の「高度なブロック」のカテゴリの中にあります。

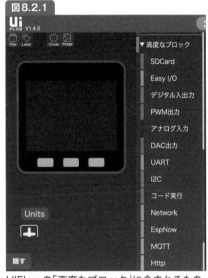

図8.2.1

UIFlowの「高度なブロック」に含まれるものの一例

Httpブロック

最初に紹介するブロックは、サービス間連携でも良く使われるWebhookに利用可能な「HTTPリクエスト」を扱えるブロックです。異なるサービス間を連携させるのに便利なサービスである「IFTTT」を利用する際や、Teams・Slack・Discord・LINEなどといったアプリ・サービスにメッセージを送る際にも活用できます。その他にも、HTTPリクエストで情報をやりとりするAPIとの連携にも利用可能です。

UIFlowでHttpブロックを使う場合には、**図8.2.2**のブロックを用います。

図8.2.2

Httpブロック

複数あるブロックの中でメインで利用するブロックは図8.2.3のものになります。このブロックでは、HTTPリクエストを送るメソッド（GETやPOSTなど）を設定したり、リクエストを送る先のURLを指定したりします。そして、リクエストとともに送信するデータの指定も行います。

図8.2.3

リクエストを送るためのブロック

複雑な仕組みも実現できる機能がいろいろ組み込まれていますが、最初はシンプルな使い方を覚えて使ってみるのがおすすめです。残りのブロックについて補足すると、図8.2.4のブロックは、リクエストに対するレスポンスとして返ってくるステータスコードやデータを扱うためのものです。

図8.2.4

レスポンスの内容を取得するためのブロック

これらのブロックを使う際の組み方は、ここより後の部分で解説していきます。

MQTTブロック

こちらは、IoT関連の話でよく登場する「MQTT」を使うためのブロックです。MQTTは、メッセージを送る側（パブリッシャー）・受け取る側（サブスクライバー）・仲介役（ブローカー）の3者の間で、メッセージのやりとりを行います。細かな仕様はいろいろあるのですが、まずは「M5Stack側のセンサーの値やボタン押下などのイベント情報を、外部サービス等にシンプルに送る」という使い方や「外部サービスで発生した何らかのイベントをM5Stackで受け取る」というシンプルな使い方を試してみて、最低限必要になる部分を覚えるのがおすすめです。

UIFlowでMQTTを使う場合には、「高度なブロック」カテゴリにある図8.2.5のブロックを使います。

図8.2.5

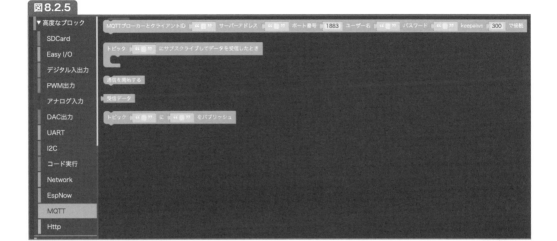

　複数のブロックが用意されていますが、これらをすべて使う必要はありません。M5Stack
からメッセージを送る・M5Stackでメッセージを受け取るということをそれぞれ行うだけなら、
この中のブロックを3つか4つほど利用するだけで大丈夫です。MQTTを利用する場合に、メッ
セージの送受信のどちらか一方、または両方を行うために利用必須となるブロックが、**図8.2.6**
と**図8.2.7**の2つのブロックです。

図8.2.6

MQTTブローカーの設定

図8.2.7

通信開始の処理

　1つ目のブロックは仲介役となるMQTTブローカー（サーバー）の設定を行うものです。設
定値を入力する部分が複数あり、そこに入力する内容は以下のとおりです。

- クライアントID
  MQTTの通信を行う際のクライアントを識別するための文字列（複数のクライアントを接
  続させる場合は、クライアント間で重複しないようにする必要あり）

- サーバーアドレス

  MQTT の仲介役となる MQTT ブローカーの URL や IP アドレス
- ポート番号

  MQTT の仲介役となる MQTT ブローカーのポート番号
- ユーザー名・パスワード

  MQTT ブローカーの接続時に認証が求められる場合に設定

そして、メッセージの送信を行う場合は、上記のサーバー設定・通信開始の実行を行うブロックに加えて**図8.2.8**のブロックを使います。ブロックの表記に出てくる「トピック」については、この後で補足します。

パブリッシュ用（送信用）のブロック

また、メッセージの受信を行う場合は、サーバー設定・通信開始の実行を行うブロックに加えて、**図8.2.9**と**図8.2.10**の2つのブロックを使います。

サブスクライブ用（受信用）のブロック

受信したデータに関するブロック

MQTTのトピックに関する補足説明

ここで、送受信のそれぞれの側で「トピック」というキーワードが出てきていましたが、ひとまずメッセージの送信側と受信側を紐付けるためのものと理解していただければ問題ありません。MQTT でやりとりをするデバイス・クライアントが複数あった場合に、上記の送信用・受信用のブロックで設定したトピックの文字列と、他の通信相手が設定しているトピックの文字列が同じであれば、共通のトピックを設定したクライアント間でメッセージを送りあえるようになります（正確には、ワイルドカードを使った指定なども行えるのですが、今回は省略します）。

● UIFlowでUnit/Hatのセンサーを使う

今回の作例では、5章でも紹介されていた2種類の拡張モジュール「Unit/Hat」を使います。この節では、「UnitとM5GO」および「HatとM5StickC」のそれぞれを組み合わせて使います。具体的に利用する拡張モジュールは以下の2種類です。

- PIR Hat（人感センサー）
- ENV Unit（環境センサー）

なお、今回の作例で使っている「環境センサユニット（ENV Unit）」は、その後継のバージョンがあり、本書の刊行時点ではVer.3（ENV Ⅲ）が最新となります。このUnitについては127ページで解説しています。

● UIFlowのHttpブロックを使った作例

ここではHttpブロックを使った実例を掲載し、ブロックについて補足します。この作例に関しUIFlow上で作成する内容は図8.2.11のとおりです。

図8.2.11

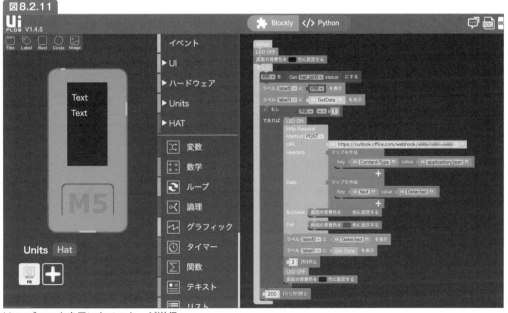

Httpブロックを用いたメッセージ送信

　また、この作例で利用するデバイスやサービスは以下のとおりで、デバイスと拡張モジュールを接続した様子を**図8.2.12**で示します。

- デバイス：M5StickC
- 拡張モジュール：PIR Hat（人感センサー）
- メッセージ受信に使ったクラウドサービス：Teams、Discord

図8.2.12

PIR Hat（人感センサー）を取り付けたM5StickC

　この作例のプログラムで実行する処理内容は、人感センサー（PIR Hat）で人を検知し、人がいると検出された場合にそのイベントをTeamsにメッセージで通知するという、とてもシンプルな内容です。また、その検知・メッセージ送信時の処理結果をM5StickCの画面上にそのまま表示します。

　UIFlowで行う設定・プログラムの作成について、大まかな手順は以下の通りです。

1. M5StickCの画面に文字を表示させるためのラベルの配置（図8.2.11左上部分）
2. Hat一覧からPIR Hatを選択（図8.2.11左下部分）
3. ブロックでプログラムを作成（図8.2.11右側）

　また、これとは別にメッセージを送信する先のTeams側の設定も必要です。ここから、それぞれの手順の内容について、順番に説明していきます。

■ M5StickCの画面上へのラベルの配置

　この作例では、M5StickCの画面上に文字・数値を表示させます。その表示させる場所の指定をUIFlowの画面左上の、GUI上での操作で行います（図8.2.13）。この画面内で「Label」と書かれたアイコンを、UIFlow上のM5StickCの画面の上にドラッグ＆ドロップで移動させてください。これを2回行い、2つのラベルが画面に並ぶような設定を行ってください。

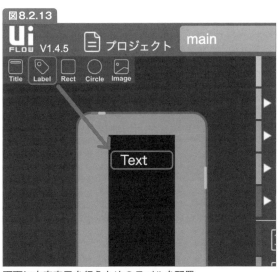

画面に文字表示を行うためのラベルを配置

2 Hat一覧からPIR Hatを選択

　UIFlowでHatを選択する場合は、利用するHatの種類を選択する必要があります。**図8.2.14**で下線で示した「Hat」の部分を選択し、その後に**図8.2.14**の矢印で示したプラスマークのようなアイコンを押して、Hatの一覧を表示させてください。そして一覧の中に、PIR Hatがありますので、それを選択してください。この操作を行うと、UIFlowのブロックが並んだメニューの中に、PIR Hat用のHatのブロックが表示されてセンサーの値を取得する処理をプログラムへ組み込めるようになります。

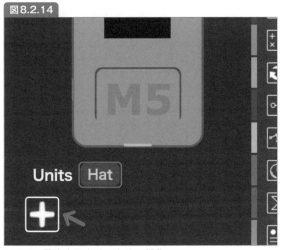

Hatの一覧を表示させるための操作

❸ ブロックでプログラムを作成

ここからブロックで作るプログラムを、2つに分けて見ていきます。まずは、全体のプログラムの条件分岐の条件文が書かれた部分までが**図8.2.15**になります。

念のため、最初にLED
をOFFにする処理と背
景を黒に変える処理で初
期化しています。これは、
この後のプログラムで
LEDをONにしたり画面
の背景を変える処理が含
まれるためです。その後、
繰り返し処理のブロック

図8.2.15

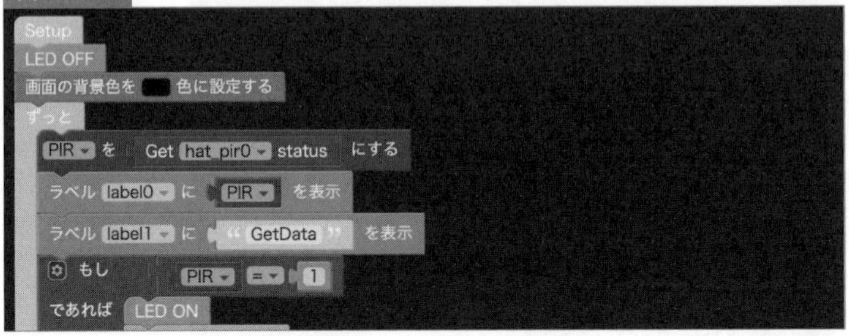

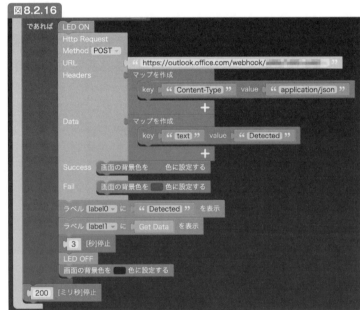

条件分岐の条件文のところまで

の中で、PIR Hatのセンサーの値を取得して変数PIRに格納しています。そして、画面上に文字表示用のラベルを2つ置いていたものに、変数を格納したPIRの値（人を検出したら1、検出してない場合は0）とGetDataという文字列をそれぞれ表示して、動作している状況を可視化しています[2]。その後の条件文は、変数PIRが1のとき、すなわち人を検出した場合に行われる処理です。

図8.2.16に、続きの
プログラムを示します。

この部分は、人を検出
した時の処理を設定して
いる部分と、条件分岐で
条件を満たさない時を含
めて処理が行われる一定
時間処理を停止させるブ
ロックで構成されていま
す。最後のブロックは、
PIR Hatからセンサーの
値を取得する時間間隔を
設定したものです[3]。

図8.2.16

条件分岐の中と繰り返し処理の中の最後のブロック

※2 デバッグ用の情報表示のようになっているので、適宜、表示内容を変更してみてください。
※3 200ミリ秒という値は筆者が任意で設定した部分になるため、この数値はご自身の用途に合うと思う値に変えても問題ありません。

センサーで人を検出した場合に実行される処理は、以下の処理から構成されています。

- LEDをONにする
- TeamsにHTTPリクエスト（POST）でメッセージを送る
- HTTPリクエストの結果によって画面の色を変える（成功時は緑、失敗時は赤）
- M5StickCの画面上に設定した2つのラベルに、Detectedという文字と、HTTPリクエスト
  のレスポンスの値を表示させる
- 人を検出した場合に、次のセンサーの値を取得するまでに待ち時間を入れる（※この後で補足）
- 上記の処理でONにしたLEDをOFFに戻す処理と、画面の背景の色を黒にする処理

　HTTPリクエストのブロックで設定すべき内容は、この後で説明していますので今は大まか
なブロックの構成をご確認ください。3秒間停止させる処理を入れている部分の補足ですが、
これは人感センサーの挙動に合わせたものです。センサーで人が検出された場合、センサーが
1の値を出力したままの状態になるようだったので、再度、センサーから0/1の値が取得でき
るようになるのを待つために一定時間の処理停止を行っています。

メッセージを受信する側の設定（Teamsでの設定）

　この作例では、上記のUIFlowの設定とは別に、メッセージを受け取る外部サービス側での設
定も必要です。Teamsに関して今回の作例で利用するのはIncoming Webhookです。詳細な
手順は本書では省略しますが[4]、設定を行うと固有のURLが発行されますので、それを利用す
る形です。

　またメッセージを送る先としてTeamsではなく、他のサービス、たとえばDiscordを利
用する場合も似たようなやり方でメッセージ送信が可能です。Discordを利用する場合は、
Discord側でのWebhookの設定が必要です。Discordの場合もTeamsと同様、設定後に固有
のURLが発行されます。

　上記の固有のURLが、TeamsやDiscordでメッセージを外部から受け取るための受け口に
なります。M5StickCからそのURLに対して、特定の内容でHTTPリクエスト（POST）を送
る必要があり、それをUIFlow上で設定します。**図8.2.11**「Httpブロックを用いたメッセージ
送信」に含まれるHttpブロックを用いた部分がそれに該当します。そこで設定されている、シ
ンプルなテキストのみをメッセージとして送る場合の内容は、以下のとおりです。

＊4　検索エンジンで「Teams Incoming Webhook URL」などと検索することで、設定方法についての情報が得られます。

- **Method**：POST
- **URL**：https://outlook.office.com で始まる固有の URL
- **Headers**：以下の key と value の組み合わせ
  - **key**：Content-type
  - **value**：application/json
- **Data**：以下の key と value の組み合わせ
  - **key**：text
  - **value**：【送信したいメッセージ】

また、Discord に外部からメッセージを送る場合の各設定は、以下となります。

- **Method**：POST
- **URL**：https://discordapp.com で始まる固有の URL
- **Headers**：以下の key と value の組み合わせ
  - **key**：Content-type
  - **value**：application/json
- **Data**：以下の key と value の組み合わせ
  - **key**：username
  - **value**：【送信者として表示されるユーザ名】
  - **key**：content
  - **value**：【送信したいメッセージ】

　Teams と Discord 以外のサービスについても、HTTP リクエストを用いた外部からのメッセージ受信の仕組みを持つものは、HTTP リクエストに関わる規定があり、それに合わせた設定がプログラム中で必要です。ここで記載した設定などを進めていくことで、人感センサーでの人の検知と特定のサービスへメッセージ通知を実現することができます。

> **Tips** **HTTPリクエストでメッセージを送る際の仕様について**
>
> ここでは、メッセージを送る先の例として「TeamsとDiscord」をピックアップし、単純なメッセージを送るための仕様を記載しました。この仕様については、あくまで本節の執筆時点での仕様になりますので、ご利用の際には念のため公式の最新情報を確認いただくのが間違いないです。また、今回のような単純なテキストの投稿ではなく、書式を指定した複雑な投稿を作成することも可能です。TeamsやDiscordの仕様を見て、そのような特定の書式の投稿の送付を試してみるのも面白いかもしれません。

この作例を試す場合の注意

　この作例では、人感センサーで人を検知するたびにメッセージを外部サービスへ送る仕組みです。これをたとえば玄関に置いて、玄関での人の出入りがあった際にメッセージを送る、という利用方法であれば、人の検知が行われる頻度がそれほど多くないことが想定されます。一方で、テスト的にこの作例を手元で動かしてみる場合には、ご自身が近くに常にいる状態で実行することになるので、頻繁にセンサーが反応してしまいTeamsへのメッセージ送信も高頻度に行われてしまいます。そのため、開発を行う途中段階では、外部へのメッセージ送信を行うかどうかを指定するフラグを変数として用意し、ボタン押下でそのフラグのオン・オフを切り替えるようにして、プログラムの動作中に外部へのメッセージ送信を行う部分を自分で自由に止められる仕組みがあると良いかもしれません。

UIFlowでHTTPリクエストを活用した事例

　本書の中で、今回の内容以外にも、前節でTwilioというクラウドサービスを使って特定の電話番号に電話をする事例が掲載されています。その他のHTTPリクエストを活用したとして、今回の作例以外に自分自身が実際に試した事例として、「Slack・LINEへのメッセージ送信・IFTTTを使った外部サービスとの連携」があります。これらは、実践された方が書いた記事もたくさん見つかるため、公式の情報や実践された方の事例の記事を見て試してみるのもおすすめです。その中のIFTTTについては、[4.8 M5StackとLINEをIFTTTで連携する]で解説されていますので、よろしければそちらもご参照ください。

　また、今回の作例ではメッセージを送るきっかけになる部分は人感センサーによるものでした。この部分を他のセンサーに置き換えるやり方もありますが、単純に「M5StickCのボタンが押された時にメッセージが送られる」という使い方も良いかもしれません。持ち運び可能・手軽に設置が可能なメッセージ送信用ボタンを簡単に作ることができます。

⬤ UIFlowのMQTTブロックを使った作例

　ここでは、MQTTブロックを使った実例を掲載し、そこで使うブロックや外部サービスについて補足します。MQTTはPub/Sub（Publish/Subscribe）と呼ばれる送信/受信の両方を行える仕組みがあります。ここで紹介する作例は、M5Stackからのメッセージ送信をMQTTを使って行う形です。作例で使うデバイス・サービスの構成は以下のとおりです。

- デバイス：M5GO
- 拡張モジュール：ENV Unit[5]
- MQTT関連のクラウドサービス：Beebotte

　デバイス・拡張モジュールを接続した様子は**図8.2.17**の通りです。

図8.2.17

ENV Unit（環境センサー）を取り付けたM5GO

　この作例で実行される処理について補足すると、M5GOに接続されたM5Stack用環境センサユニットであるEnv Unitから、温度や湿度といった環境情報を取得します。そして、センサーから得られた情報をMQTTを使って外部サービスへ送信します。今回の送信先として、Beebotteというサービスを使います。このBeebotteは、MQTTのメッセージの受け渡しなどの仲介役となるMQTTブローカーとしても利用できますが、今回の作例ではMQTTで受信したデータをグラフにする可視化を行うための仕組みとして使っています。Beebotteの詳しい登録方法などについては、［4.7 M5Stack同士をMQTTで連携する］で解説しています。

Beebotte側の準備

　ここで、今回の作例の中でM5GOからメッセージを送る先となるBeebotteについて説明します。Beebotteは有償版も提供されていますが、無償版も合わせて提供されています。無償

※5　このUnitには新しいバージョンがあり、本書の刊行時点ではVer.3（ENV Ⅲ）が最新となります。このUnitについては127ページで解説しています。

版はメッセージのやりとりができる回数などに制限がありますが、今回の内容を試すだけなら無償版でも十分です。

アカウントを作成した後は、この作例を試すための準備としてBeebotte上での「チャネルの作成」と「ダッシュボードの新規作成・設定」を行います。チャネルの作成では、チャネル名とデータの送受信対象を示すリソースを指定します。これらを作成すると「Channel Token」と呼ばれる固有のキー情報を得ることができます。以下に、チャネル作成の設定例を示します。

- チャネル名：M5GO_Dashboard
- リソース名（リソースの種別）：
  - temperature（種別：number）
  - humidity（種別：number）
- Channel Token：「token_」で始まる文字列

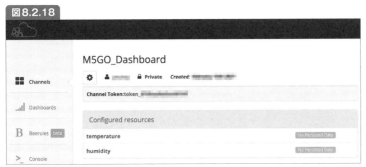

図8.2.18

Beebotteで作成したチャネル

上記のチャネルの作成を行った後、ダッシュボードの新規作成を行う必要があります。その際にダッシュボードの名称は任意のものを設定してください。この作例では「温湿度のグラフ化」という名前にしました。

さらに新規作成したダッシュボード内に、温湿度をグラフとして表示するための設定項目であるウィジェットを2つ追加します。2つのウィジェットの種類を指定できるのですが、横軸を時間にしたグラフを表示させたいため、両方とも種類を指定する「Widget Type」の項目では「Timeline Chart」を選択してください。

さらにその後の画面でも追加の設定を行います。以下に設定例を示しますが、Titleはわかりやすい任意の名称で問題ありません。一方、Resource・Channelの内容は、先ほどの手順で作成したチャネルの設定内容と一致させてください。また、設定項目の中にSize・Colorの2つの項目がありますが、これらは変更などせずデフォルト値を使いました。

- 気温用の設定
  - Title：温度
  - Channel：M5GO_Dashboard
  - Resource：temperature
- 湿度用の設定
  - Title：湿度
  - Channel：M5GO_Dashboard
  - Resource：humidity

　実際に設定を行ったウィジェットの設定画面の例を**図8.2.19**に示します。2つのウィジェットの設定を行うと、ダッシュボードの画面上で表示される内容が**図8.2.20**のように変わります。この画面上に、M5GOからMQTTで送られてきた気温・湿度のデータがグラフとして表示されます。

図8.2.19

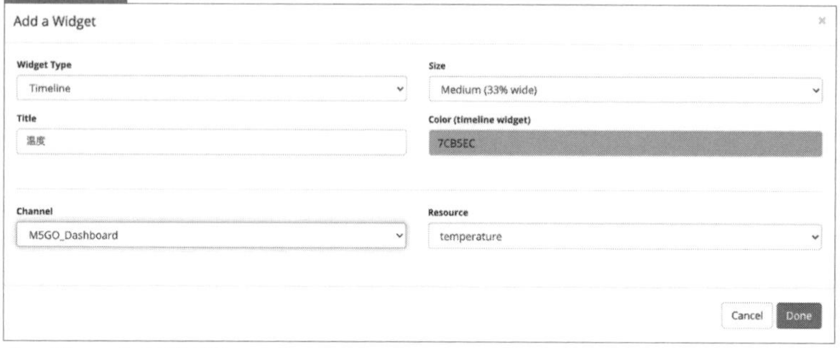

ウィジェットの設定例

図8.2.20

設定を行った後のダッシュボード

M5GO側のプログラムの作成

　次に、Beebotte側のダッシュボードでグラフ表示させるデータの送信元になる部分を作ります。データを送る側であるM5GOのプログラムはUIFlowで以下のような内容で作成します。

図8.2.21

MQTTブロックを用いたBeebotteへのメッセージ送信

　プログラムを作る前に、1つ目の作例でも行ったのと同様に「M5GOの画面上へのラベルの配置」と「Unit一覧からEnv Unitを選択」という2つの操作を行ってください。

　ここから、プログラムの部分について書いていきます。処理の最初の部分ではMQTT関連の設定を行う必要があります。以下に設定する値の事例を示します。

- クライアントID：M5GO
- サーバーアドレス：mqtt.beebotte.com
- ポート番号：1883
- ユーザー名：【Channel Token（「token_」で始まる文字列）】
- パスワード：【Channel Token（「token_」で始まる文字列）】

　そして、この部分を含むブロックのプログラムを図8.2.22に示します。Setupのブロックの次の横長のブロックが、上記のMQTTの設定を行う部分です。

図8.2.22

MQTTブロックのセットアップ用の処理と温湿度の画面表示

　ここで、サーバーアドレスとポート番号はBeebotteを利用する際の共通設定となる部分です。また、MQTT用の認証用のユーザー名・パスワードは、Beebotteのチャネル作成後に発行されたChannel Token（「token_」で始まる文字列）を使います。どちらも同じものを入力してください。

　そして、MQTTのクライアントIDは任意の内容を設定する部分です。これは仲介役であるMQTTブローカーに複数のクライアントが接続されている場合に、個々のクライアントを区別するために利用される情報です。そのため、複数のMQTTクライアントを一緒に利用する場合は、クライアント間でIDが重複しないように設定する必要があります。今回は、MQTTクライアントになるのはM5GO1台のみですので、他のクライアントとの名前の衝突を気にすることなく任意の文字列にしていただいて問題ありません。この作例では「M5GO」という文字列にしました。MQTTの設定を行うブロックの後には、MQTT関連のブロックである「通信を開始する」と書かれたブロックを入れてください。

　上記のMQTTの設定を行った後の続きの部分では、繰り返しの処理ブロックがあり、この中では「温度、湿度という名称の2つの変数に、それぞれセンサーから取得した値を代入する」処理と、「M5GOの画面上に設定した2つのラベルに、温度と湿度の値をそれぞれ表示する」処理を行っています。ここで、画面表示の部分は温度と湿度の数値のみを表示していますが、それぞれの値だとわかる文字列を連結したりするなど、適宜、加工する処理を加えてみてください。図8.2.23に、この処理の続きの部分を示します。

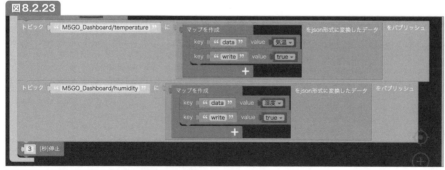

図8.2.23

MQTTによるJSONの送信と処理の一時停止

繰り返しの処理を行うブロックの中で、続きの処理として以下の処理ブロックを置いています。

- MQTTを使って温度の数値を含むJSONをBeebotteに送る、湿度についても同様の処理を行う
- センサーからの値の取得間隔を決めるブロック（ここでは動作確認用を意図した3秒で設定）

MQTTでメッセージの送信を行う際には、事前にMQTTのトピックの設定が必要です。また、今回利用するBeebotteの可視化の仕組みで、可視化したデータを送る際にJSON形式で所定のフォーマットで送る必要があるため、JSON用にkey・valueの値のセットを作る部分と、JSON形式にデータ変換するブロックとを用いています。これらを温湿度の両方について行っています。このMQTTでメッセージを送る処理を行うブロックで、設定内容の1つとなる「トピック」と、送信対象となるメッセージ（気温・湿度の値を含む情報）は以下となります。

- トピック（※Beebotteの「チャネル名 / リソース名」という形）：
    - 気温を送るメッセージのトピック：M5GO_Dashboard/temperature
    - 湿度を送るメッセージのトピック：M5GO_Dashboard/humidity
- メッセージ：{"data":【センサーから得られた値】, "write": true}

なお、このJSONの中で「true」としている部分は、文字列を記載するのではなく真偽値を設定する必要がありますのでご注意ください。UIFlowのプログラム内では、「論理」のカテゴリの中にある真偽値を設定するブロック（ドロップダウンでtrue/falseが選択できるブロック）を用います。「テキスト」を設定するブロックを誤って用いないように気を付けてください。

　繰り返し処理のブロックの最後の部分に入っている処理停止の部分は、動作テストで処理が正常に動いているかわかりやすくするために3秒という短い値を設定しています。実際にどこかの部屋などにおいて温湿度の測定を行う場合、部屋の温度と湿度が数秒間隔で急激に変化することは考えにくいと思われるため、この部分は変更することをおすすめします。特に、Beebotteへデータを送る間隔が短すぎると、Beebotteの無償版で利用可能な制限（送信可能なデータ数）の枠を一気に使ってしまう懸念もあるためご注意ください。この部分について、今回の作例では画面表示とMQTTによるデータ送信を同じ時間間隔で行うようにしましたが、MQTTによるデータ送信の間隔は、画面に表示した値の更新間隔よりも長くするような処理にしても良いかもしれません。

プログラム実行時の注意

　このプログラムの実行に関して、先ほどのHttpブロックを用いた作例と1点異なる部分があ

ります。MQTTブロックを使ったプログラムをデバイス側で使う場合は、デバイス側でプログラムがスタンドアローンで動くように、ダウンロードの操作を行う必要があります。UIFlowの右上のメニューの中にある「ダウンロード」と書かれた部分を選択して実行する形です。もし画面右上の再生ボタンのアイコンを押して実行しようとした場合、M5GOの画面上にエラーが表示されますので、まずこのダウンロード操作を行ってください。

図8.2.24

ダウンロードを実行するためのメニュー

　ダウンロードの実行後、デバイスが再起動された後このプログラムが実行されます。そうするとM5GOがEnv Unitにより取得した温湿度の値を、MQTTを使ってBeebotteへ送り、Beebotte側ではそれが**図8.2.25**のようにグラフ化されます。

図8.2.25

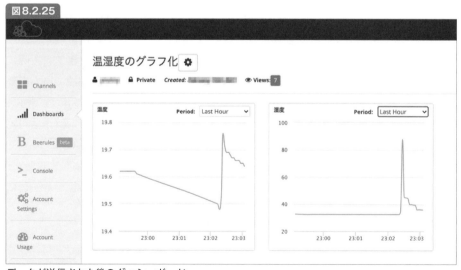

データが送信された後のダッシュボード

このようにUIFlowを用いることで、環境センサーからの温湿度のデータ取得と、インターネット経由での値の送信を実現することができました。

UIFlowへプログラムをダウンロードした状態のデバイスに関する補足

今回、MQTTブロックを使った際に、プログラムのダウンロードを行いました。これを行うことで、デバイス側でリセットの操作を行っても、デバイス起動時にダウンロード済みのプログラムが動く状態になります（ダウンロードを行っていない場合の通常のデバイス起動後の挙動は、Api keyが表示されたUIFlowへの接続待ち状態になるかと思います）。もし、ダウンロード済みのプログラムを動かす状態ではなく、再度UIFlowへの接続を行える状態にするには、起動モードの切り替えを行う必要があります。

その操作方法ですが、M5GOが起動した直後からしばらくの間、前面の3つのボタンの上に「UPLOAD、APP.LIST、SETUP」という文字が表示された状態になる部分があります。その表示が出ている間に、1番右のボタン（SETUPという文字の直下のボタン）を押すと、「setup:」という文字と、その下に複数の選択項目が表示されます。その中の一番上にある「Switch to Internet mode」にカーソルがあった状態で、前面の3つのボタンのうち真ん中のボタン（※ボタンの上にselectと表示されています）を押してください。

● UIFlowを使うメリット・デメリット

この節で利用するUIFlowは、個人的にはプロトタイプを作成する過程でとても便利に使える開発環境だと思っています。その理由を以下で説明します。

- **エラーを少なくできる**
  テキストでのプログラミングでよく起こる「文法のエラー」に悩まされにくいというメリットがあります。そのようなエラーは、IDE（統合開発環境）やエディタの補助機能・拡張機能を活用することでも対応可能ですが、それには慣れやスキルがある程度求められます。一方で、筆者の経験では、特にプログラミング初心者の方がUIFlowを使うことで、そのようなエラー対策をあまり気にすることなくプログラム作成に集中して取り組める事例を多数見ています。

- **試行錯誤が簡単になる**
  試行錯誤を行っていく段階では、UIFlowで作ったプログラムの挙動を即時反映させられる仕組みは便利です。今回の作例で用いたバージョンのMQTTブロックのような例外は

ありますが、基本的にはUIFlowで作った内容はボタン操作一つですぐにデバイス側に反映させられます。それにより変更を加えて挙動を確認しつつ、調整を何度も行うような流れが簡単に進められます。

- **拡張モジュールなどを容易に利用できる**

  たとえばArduino IDEを用いた開発で、今回利用したような外部モジュールを利用する場合、その仕組みを使うためのライブラリを追加する必要があります。そのライブラリ管理・利用に関して、開発になれてない方が苦労しているのをよく見かけることがあります。一方でUIFlowの場合は、M5Stack用の拡張モジュールを使う場合の話にはなりますが、GUI操作で拡張モジュールを簡単に追加・利用できるというメリットがあります。

UIFlowのメリットを列挙してきましたが、もちろん良いことばかりとは限りません。注意すべき部分についても、ここで書いておこうと思います。

- **UIFlowに準備されているブロックによって実装可能な機能に制約がある**

  UIFlowにはさまざまな便利なブロックが用意されていますが、標準機能として用意されていない処理を使いたい場合には、それを諦めるかテキストでのプログラムを組んで独自ブロックを自分で用意する必要があります。ただしこの問題については、BLE通信用のブロックのように、ベータ版のバージョンアップで後から追加された事例もあるので、時間が解決してくれる場合もあります。

- **UIFlowで作りにくい処理がある**

  ビジュアルプログラミング全般に言えることになるのですが、特定のロジックを組もうとした時にUIFlowだと組みにくいものがあります。たとえば、今回の作例のメッセージ送受信の部分で、複雑な文字列処理を行おうとした場合には、テキストのプログラムで書く方がすっきり書ける場合が出てくるかもしれません。

- **ブロックプログラミングに対する学習コストが発生する**

  特にテキストでのプログラミングにすでに慣れている場合に見られる事例ですが、ブロックでプログラミングを組もうとした時に、独特の作法がとっつきにくく学習コストがかかるかもしれません。筆者も、先にテキストでのプログラミングに慣れていたので、ブロックプログラミングの作法に慣れるまでは戸惑いがありました。

このようにメリット・デメリットの両方があるので、特徴を理解しつつ状況や目的に応じて

メリットがありそうなら使ってみる、というが良いかと思っています。個人的には、上で書いたプロトタイピング用に便利に使えることが多いので、どのようなことに活用できそうなものであるかやどのような機能があるか等、情報として知っておくのはおすすめしたい部分です。

● まとめ

　今回、開発環境にUIFlowを使い、デバイス・モジュールのM5GO・M5StickCやENV Unit、PIR Hatを組み合わせて、人の検知・温湿度の可視化を行いました。この節の作例は、2つともかなりシンプルなものにしていますので、ここからぜひご自身のやりたいこと・やってみたいことに合わせて、機能の追加・拡張をしてみたり等、今回の作例を活用いただければと思います。

　また、この節ではバージョン変更の少ない安定版のUIFlowを使いましたが、ベータ版を使うことで最新の機能・安定版で利用できなかったモジュールが利用できます。筆者自身、新しい拡張モジュール・機能等を活用するために、ベータ版を積極的に使っています。やれることの幅が拡がりますので、ベータ版もぜひチェックして試してみていただければと思います。

第
8
章

JavaScriptでM5Stackを
プログラミングする

実 践 編

本章では、JavaScriptでM5Stack開発をすることのでき
るModdableという環境の使い方や作例を紹介します。実際
の使い方も解説していますので、他の開発方法と比較したと
きのメリット・デメリットを理解して自分に合った開発手法
を見つけてみてください。

9.1 M5Stack で JavaScript が使える「Moddable」

難易度
★★★★★

著者
石川真也
（ししかわ）

本節では、M5Stack で JavaScript が使える「Moddable」について、その特徴や環境構築方法について説明します。

● Moddable とは

Moddable は組み込み向けの JavaScript アプリケーション開発プラットフォームです。Moddable を使うことで、JavaScript で M5Stack のアプリケーションを構築できます。

図9.1.1

https://github.com/Moddable-OpenSource/moddable

　M5Stack には機能拡張のための多彩なモジュールやユニットがありますが、その制御のコードは Arduino（C/C++）や MicroPython で提供されています。どちらにも馴染みがない場合は、言語の習得自体が物作りのハードルになります。本書で取り上げられている UIFlow など GUI ベースのプラットフォームを使うのも手ですが、もしあなたが JavaScript を使ったことがあるなら、Moddable をおすすめします。

● Moddableの特徴

- 最新のJavaScript（ECMAScript）に対応している

  ModdableのJavaScriptエンジン「xs」は最新のECMAScriptに対応しています。つまりM5Stackの中でフル機能のJavaScriptが使えます。const、letやオブジェクトの分割代入、async、awaitまでそろっています。もしWebと連携する何かをM5Stackで作りたいなら、サーバー側のコードも、M5StackのコードもすべてJavaScriptで統一することだって可能です。

- M5Stackのさまざまなボードに対応している

  M5Stack Core、StickC、ATOMシリーズなどM5Stackのさまざまなボードを使って開発ができます。

- UIライブラリが充実している

  Moddable謹製のUIフレームワーク「piu」を使うと、画像や文字の表示からアニメーションまで、豊富な機能を持つUIを簡単に構築できます。本書では取り上げませんが、M5Stack Core2を使えばタッチ操作に対応したユーザインターフェースも作れます。ModdableのGitHubリポジトリにはpiuを使ったアプリケーションのサンプルコードが豊富にあります。

● Moddableの環境構築

Moddableは現在、簡単なインストーラーや全部入りのIDEなどは提供されておらず、ModdableをM5Stackで使うためには「Moddable SDK」と「ESP-IDF」のインストールが必要です。現在、Moddableのインストーラーは提供されていないため、自分でビルドする必要があります。少し手間ですが、本節の手順でセットアップしていきましょう。この手順は2021年2月時点での最新版にのっとっていますが、Moddableは現在も活発に開発が続いているため、今後インストール方法が変更される可能性があることをご了承ください。インストールした環境は次のとおりです。

- Windows10 64bit版　バージョン1909
- Moddable SDK　バージョンOS210203
- Gitをインストール済み

macOSやLinux環境でのインストール手順は公式チュートリアル[1]を参照ください

---

[1]　https://github.com/Moddable-OpenSource/moddable/tree/public/documentation

Moddable SDK のビルド・インストール

1 Microsoft Visual Studio 2019 コミュニティエディションのインストーラーをダウンロードして起動します。インストール項目の選択画面では「C++ によるデスクトップ開発」を選びます。

2 %USERPROFILE% ディレクトリ（デフォルトでは C:\Users\<ユーザ名>）の下に Projects という名前のディレクトリを作ります。

3 Git に付属している git bash を起動して、Moddable のリポジトリをクローンします。

```
$ cd $USERPROFILE/Projects
$ git clone https://github.com/Moddable-OpenSource/moddable
```

4 コントロールパネルから「環境変数を編集」を開き、「<ユーザ名>のユーザー環境変数」に次の環境変数を追加します。

表9.1.1

変数名	値
MODDABLE	%USERPROFILE%\Projects\moddable
Path	%USERPROFILE%\Projects\moddable\build\bin\win\release （Path をクリックして「編集」を選択。開いたダイアログで「新規」を選択して上記の値を追加）

5 Windows のスタートメニューからコマンドプロンプト「x86 Native Tools Command Prompt for VS 2019」を起動して、Moddable のコマンドラインツールとシミュレータ、デバッガをビルドします。前記の環境変数を設定し終えてから行わないとエラーになりますので注意してください。

```
> cd %MODDABLE%\build\makefiles\win
> build
```

6 ツールが正しくビルドできたか確認します。コマンドプロンプトから次のコマンドを実行します。

```
> xsbug
```

xsbug は Moddable が提供するデバッガです。次のウィンドウが表示されればビルドは成功しています。

図9.1.2

7 続けて、Moddableのサンプルアプリケーションがシミュレータで実行できるか確認してみましょう。コマンドプロンプトから次のコマンドを入力します。

```
> cd %MODDABLE%\examples\piu\balls
> mcconfig -d -m -p win
```

ボールが飛び跳ねるアプリケーションがWindows上のシミュレータで起動すればツールのインストールは成功しています。

図9.1.3

第
9
章

ESP-IDFのインストール

　ESP-IDFはESP32のアプリケーションを開発するためのツールチェインで、Moddableは ESP32向けのビルドと書き込みをするためにESP-IDFを使います。

1 M5Stackがシリアルで認識されるようにします。同じPCでArduinoの開発環境をセットアップしたことがあるならこの手順は不要です。CP210x USB to UART VCP driverのサイトからzipをダウンロードします。zipには複数のインストーラーが含まれていますので、プラットフォームに合わせたインストーラーを実行してください。Windows 64bitの場合は「CP210xVCPInstaller_x64.exe」です。

https://www.silabs.com/developers/usb-to-uart-bridge-vcp-drivers

2 EspressifのサイトからESP-IDFのインストーラーをダウンロード、実行します。このインストーラーでビルドに用いるgccのツールチェインとその依存ツールをインストールできます。インストーラーの設定はすべてデフォルトのままOKを選択しますが、インストール先は必要に応じて変えてもかまいません。このとき、インストーラーはESP-IDFのGitリポジトリをダウンロードしますが、バージョンは「release/v4.2」を選択してください。ダウンロード先のディレクトリは自由に選択してください。本節では「%USERPROFILE%\esp32\esp-idf」を指定しています。

3 ユーザーの%USERPROFILE%ディレクトリ（デフォルトではC:\Users\<ユーザ名>）の下にesp32という名前のディレクトリを作ります。

4 git bashからESP-IDFのリポジトリをクローンします。-bオプションでバージョンを指定するのと、--recursiveオプションで依存プロジェクトをまとめてクローンするのを忘れないようにしましょう。現時点ではバージョン4.2に依存します。

```
1  $ cd $USERPROFILE/esp32
2  $ git clone -b v4.2 --recursive https://github.com/espressif/esp-idf.git
```

5 コントロールパネルから「環境変数を編集」を開き、「<ユーザ名>のユーザー環境変数」に次の環境変数を追加します。

表6.1.2

変数	値
IDF_PATH	%USERPROFILE%\esp32\esp-idf

⑥新しく設定した環境変数を適用するために、コマンドプロンプトを一度閉じて再度起動します。ESP-IDFのツールの中に専用のコマンドプロンプトである「ESP-IDF Command Prompt」がありますのでこちらを起動します。

⑦コマンドプロンプトの画面からVisual Studioの初期化用バッチを実行します。

```
> "C:\Program Files (x86)\Microsoft Visual Studio\2019\Community\VC\Auxiliary\ ↵
Build\vcvars32.bat"
```

この手順を毎回手動で行う代わりに「ESP-IDF Command Prompt」のショートカットを編集して自動でバッチを実行するようにもできます。「ESP-IDF Command Prompt (cmd.exe)」のショートカットを右クリックして「プロパティ」を選択、「ターゲット」のフィールドに書かれたコマンドで前述のバッチ「vcvars32.bat」が含まれるように編集します。

```
%comspec% /k ""%ProgramFiles(x86)%\Microsoft Visual Studio\2019\Community\VC\ ↵
Auxiliary\Build\vcvars32.bat" && pushd %IDF_PATH% && "%IDF_TOOLS_PATH%\idf_cmd_ ↵
init.bat" "%LOCALAPPDATA%\Programs\Python\Python38-32\" "%ProgramFiles%\Git\cmd" ↵
 && popd"
```

⑧M5StackをUSBケーブルでPCと接続します。
⑨次のコマンドを実行します。

```
> cd %MODDABLE%\examples\piu\balls
> mcconfig -d -m -p esp32/m5stack
```

先程のボールのアプリケーションがM5Stack上で実行できれば、成功です。

図9.1.4

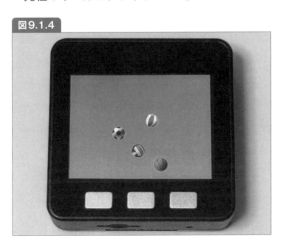

第
9
章

mcconfigはModdableのビルドを行うコマンドです。オプションは次のとおりです。

- -d：デバッグモードでのビルド
- -m：ビルドと書き込みを同時に行う
- -p：プラットフォームの指定。m5stackの場合はesp32/m5stack

● Moddableアプリケーションの基本構造

Moddableのアプリケーションは、アプリケーションの依存関係や設定を記述したJSON形式のマニフェストファイル（manifest.json）と、アプリケーションの本体となるスクリプトから構成されます。スクリプトはJavaScriptまたはC/C++での記述が可能です（Cによる開発は本章では割愛します）。例として次節で紹介するアプリケーションのマニフェストファイルを次に示します。

```
 1  {
 2    "include": [
 3      "$(MODDABLE)/examples/manifest_base.json",
 4      "$(MODDABLE)/examples/manifest_net.json",
 5      "./vl53l0x/manifest.json"
 6    ],
 7    "config": {
 8      "host": "192.168.7.112",
 9      "startupSound": false
10    },
11    "modules": {
12      "*": [
13        "./main",
14        "$(MODULES)/network/websocket/*",
15        "$(MODULES)/data/base64/*",
16        "$(MODULES)/data/logical/*",
17        "$(MODULES)/crypt/digest/*",
18        "$(MODULES)/crypt/digest/kcl/*"
19      ]
20    },
21    "preload": ["websocket", "base64", "digest", "logical"]
22  }
```

マニフェストファイルの主な設定項目を紹介します。

- modules

  JavaScriptモジュールの依存関係を定義します。Moddableではnpm等と違って相対パ

スを使ったモジュール解決ができません。代わりにマニフェストファイル内で依存モジュールの名前とファイルの場所を定義します。

- config
アプリケーションの設定値です。ここで指定したキー名と値の組は"mc/config"モジュールをインポートすることでスクリプト内からアクセスできます。

```
1   import config from 'mc/config'
2   config.host //192.168.1.10
```

- include
他のマニフェストファイルを先に読み込みます。他のアプリケーションの設定値を使い回したい場合に便利です。特にModdableの公式サンプル（examplesフォルダ配下）の設定を再利用できるとプロジェクトの初期設定の手間を省けます。

- preload
指定したスクリプトのロードをビルド時に行います。アプリケーションの起動速度が速くなるほか、スクリプトの展開場所がRAMからFlashになるためメモリも節約できます。可能であれば積極的に使うとよいです。

その他、マニフェストファイルの詳細な設定は公式ドキュメントを参照してください。

● Moddableの学習リソース

Moddableの情報は次のリソースが詳しいです。

- **公式ドキュメント（GitHub）**：すべての機能のAPIドキュメントと150以上のサンプルアプリケーションがあります。英語です。
- **書籍「IoT Development for ESP32 and ESP8266 with JavaScript: A Practical Guide to XS and the Moddable SDK (English Edition)」**：Moddableの詳細な使い方や開発テクニックを学べます。
- **書籍「実践Moddable」**：本書を除いて、Moddableについて書かれた唯一の和書です。日本語で使い方をおさらいしたい方におすすめです。
- **日本Moddableユーザコミュニティ**：日本ModdableユーザコミュニティをDiscordで運営しています。技術的な質問や作例自慢、雑談などでゆるくつながっています。たまにModdable開発チームのメンバーも参加してくれます。

第
9
章

9.2 子どもと一緒に作る M5Stack×JavaScript アプリケーション

難易度
★★★★☆

著者
石川真也
(ししかわ)

本節では、「子どもと一緒に作る」をテーマにした2つの作例を通じて、
JavaScriptでM5Stackのアプリを作る方法を紹介します。

▶ **使用するデバイス**
- ATOM Matrix
- M5Stack Basic

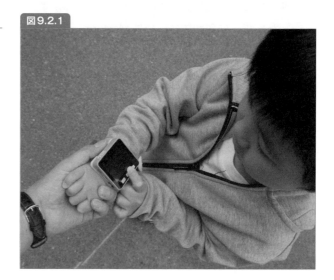

図9.2.1

　IoT全盛期の昨今。Webエンジニア、特に普段からJavaScriptで開発をしているフロントエンドエンジニアにも「M5StackでIoTを始めたい！Webやセンサーとつないでみたい！」という方は多いです。しかしArduinoで慣れないC言語に疲れたり、思うように画面を組み立てるのが大変だったことはありませんか？そんなときは慣れ親しんだJavaScriptでM5Stackのアプリを作りましょう！

本節のコードについて

　本節のサンプルコードはすべてGitHubで公開しています。コードを動かすために［9.1 Moddableの環境構築］に従ってModdable SDKのセットアップが必要です。また、一部の作例ではNode.jsを使用します。それぞれ本書執筆時のバージョンは次のとおりです。

- Node.js：14.15.3
- Moddable SDK：4e7225e（コミット ID）
- moddable-examples（サンプルコード）：1.2.0

サンプルコードは手元にダウンロード、またはクローンして試すことができます。

https://github.com/meganetaaan/moddable-examples

```
# バージョン1.2を指定してクローン
$ git clone git@github.com:meganetaaan/moddable-examples.git -b v1.2
```

サンプルコードは今後修正される可能性があります。本節に掲載のコードと必ずしも一致しない可能性がありますのでご注意ください。

● 子どもにやさしいM5Stack

筆者は M5Stack をきっかけに物作りにハマった、3 人の子育て中の Web エンジニアです。M5Stack の魅力は「とにかく速く作って形にできること」。M5Stack と豊富な拡張モジュールを自在に組み合わせることで「プロトタイプを作って、他の人に見せて、フィードバックをもらって改善する」という開発サイクルを高速に回せます。

作ったプロトタイプを披露する場はたくさんあります。Twitter に投稿するもよし（#M5Stack のタグをつけると公式や国内外のファンがすぐに反応してくれる）、M5Stack ユーザミーティングで発表するもよし、そして身近な人に見せるのも良いでしょう。私の場合は 3 人の子どもたちが物作りの相棒です。

子どもに作品を見てもらい、触ってもらうのはとても良い刺激になります。子どもの発想力で、自分が思ってもみなかった使いみちや機能のアイディアがひらめきます。子どもは飽きが早く、すぐに遊んでくれなくなりますが「また振り向いてもらうにはどうすればいいか？」と改善のきっかけになることでしょう。

家事、育児の合間の個人開発で気を付けること

子育て中の方ならきっと共感してもらえますが、家事育児をしていると趣味の物作りに割ける時間は非常に限られますし、モチベーションの維持も大変です。個人開発はどうしてもスキマ時間や子どもが寝静まったあとにせざるを得ません。そんな中で「生産性」という言葉は、日中の業務に対する時と同じくらい、いやもしかするとそれ以上に重要な意味を持ちます。私が個人開発の生産性を高めるために、次のことに気を付けています。

- 1つのインタラクションから始める：プロトタイプを作るときには、最初から機能を詰め込もうとせず、頭に浮かんだ最初のインタラクションを具現化することから始めています。「人を検知してロボットが首を振る」「手をかざすと音がなる」などのインタラクションの断片を1個でも形にできれば、他の人に見せられるようになります。そこでTwitterに投稿したり、子どもに見せたりして反応をもらうことでモチベーションにつなげています。
- すでに持っている知識とうまく組み合わせる：「新しい技術の習得」と「アイディアの具現化」を両立させるには時間と体力が必要です。あなたが組み込み開発に慣れていないWebエンジニアなら、Webの知識をなんとか活かして時短につなげたいところです。前節で紹介したModdableを使うとJavaScriptでM5Stackのアプリケーションを開発できます。さらに、M5StackのWi-FiやBluetooth機能を介してスマートフォンやPCと連携させれば、Webの技術スタックを使って取れる選択肢はさらに広がります。

● おうち時間を一緒に過ごす、手作りロボット「ロボと」

子どもとのおうち時間を楽しく過ごすには

　「ニューノーマル」が叫ばれるいま、家族と過ごすおうち時間を快適に、楽しくする工夫が日々試行錯誤されています。一方で子どもと家で過ごす時間が多くなるほど、自分のための物作りの時間が少なくなることにお悩みのエンジニアも多いことでしょう。

　物作りへの欲求を満たしつつ、子どもとのおうち時間を楽しく過ごすには？答えは簡単です。子どもと一緒に作ればよいのです。私も5歳の息子と一緒に何か作ろうと思い立ちました。とはいえ、未就学児に最初からプログラミングやはんだ付けをさせるのはハードルが高すぎるので、デザインをお願いすることにします。つまり子どもに作品のアイディアを絵で表現してもらい、それを実装していきます。私の場合は息子が書いた「ロボットの設計図」をもとに、3DプリンタとATOMを使ってロボットを作ってみました。

図9.2.3

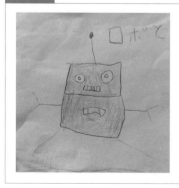

息子のスケッチに書かれた名前から「ロボと」と名付けました。アンテナや胸の計器など、意外とレトロな表現で可愛らしいですね。私が製作した「ロボと」には役に立つ機能は特にありませんが、胸の計器の針が左右に振れる様子をLEDで再現したり、首を左右に振ったりします。「ロボと」が動く様子はYouTubeでも見られます[2]。この項では息子の許諾のもと、「ロボと」の作り方とコードについて紹介します。

▶ 用意するもの

- 3Dプリントされた外装 (頭、顔、胴体)：リポジトリ[3]にてSTL形式のデータを公開しています。ダウンロードすれば3Dプリンタで印刷が可能です
- ATOM Matrix：ロボットの胸に埋め込んでLEDとサーボモータを駆動します
- サーボモータ (サーボホーン、固定用のネジ)：SG90というマイクロサーボを使用します
- 「両方長いピンヘッダ[4]」またはオス-オスのジャンパワイヤ3本：サーボの端子をオス化するために使用します
- L字端子のUSB：typeCケーブル M5ATOMへの給電に使います
- 針金：ロボットの手足を作ります
- 工具：ネジ締めに精密ドライバー、針金の加工のためにラジオペンチを使います

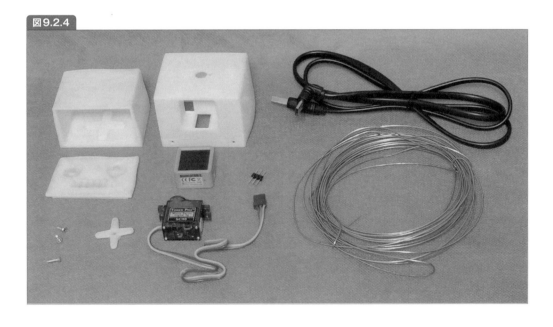

図9.2.4

∗2　https://www.youtube.com/watch?v=XOH3157c7gA
∗3　https://github.com/meganetaaan/moddable-examples/tree/master/roboto/stl
∗4　https://www.switch-science.com/catalog/1938/

　ロボットの外装は3Dプリンタ「Afinia H400」と、Afinia純正ABSフィラメント（白）で出力しました。モデリングや出力方法の詳細についてはこの項では割愛します。3Dプリンタを持っていない場合は、DMM Makeの「3Dプリンター出力サービス」などを使えば、出力されたものを手に入れることができます。

組み立て

　必要な物がそろっているところからの組み立て方について、簡単に紹介します。

1 サーボモータを本体にネジ止めします。

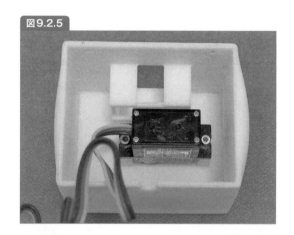

図9.2.5

2 手足を針金で作ります。左の手足、右の手足をそれぞれ1本の針金で作っています。手の穴から胴体の内側へ針金を通し、足の穴から出した後で手足の形を作ります（図9.2.6）。

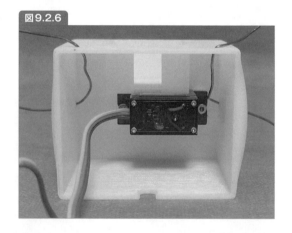

図9.2.6

3 サーボモータの端子とATOM背面のGPIO端子はいずれもメスなので、接続するためにひと工夫必要です。私はスイッチサイエンスで販売されている「両方長いピンヘッダ」をつないで、メスのジャンパワイヤをオス化させました。もちろんオス-オスのジャンパワイヤを間に噛ませても接続できますが、胴体内部の配線がごちゃごちゃする点に注意です。

図9.2.7

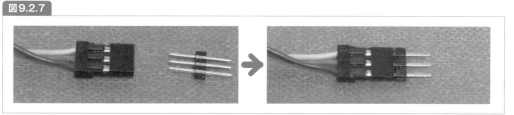

④ サーボモータと ATOM 本体を接続し、ATOM を本体胸の穴にしまいます。ATOM 背面の「G25、5V、GND」の穴に端子がそのまま挿さります。ケーブルの向きに注意しましょう（茶色がGND）。図9.2.8 のように一度サーボモータの配線を外側に引き出すと接続しやすいです。

図9.2.8

⑤ 図9.2.9 のように、サーボモータの軸に十字のサーボホーンを接続します。また、針金でアンテナを作ります。

図9.2.9

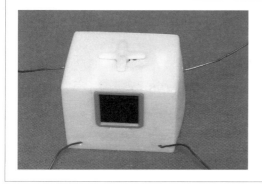
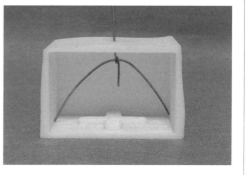

6 頭部を胴体にはめて中央をネジ止めし、胴体下部からATOMの本体にUSBケーブルを接続します。

図9.2.10

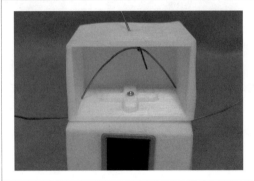

7 完成です！表面を紙やすりで軽く削れば、色鉛筆で着色もできます。

図9.2.12

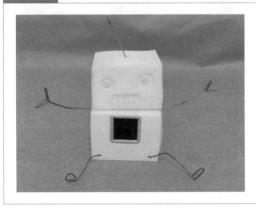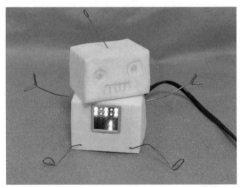

サンプルコードの動かし方

　サンプルコードはコード集のrobotoディレクトリにあります。繰り返しになりますが、事前に［9.1 Moddableの環境構築］を読んでModdableの環境構築を済ませておきましょう。ATOMにプログラムを書き込むには、コマンドプロンプトから次のコマンドを実行します。

```
> cd moddable-examples/roboto
> mcconfig -d -m -p esp32/m5atom_matrix
```

　「-p esp32/m5atom_matrix」の部分はアプリケーションを動かすデバイスの指定です。

Moddable には M5Stack Basic や M5StickC、ATOM などのデバイス固有の設定があらかじめ登録されています。-p オプションでデバイスを指定することで、ボタンやスピーカー、加速度センサ等の機能が使えるようになります。

構成

「ロボと」は ATOM とサーボモータのみで動作する、シンプルなアプリケーションです。Moddable はネットワーク通信や UI 画面の構築など多くの機能を持っていますが、まずは簡単な作例から始めてみましょう。ATOM の内蔵 LED（NeoPixel）を光らせたり、サーボモータを動かしたりできます。

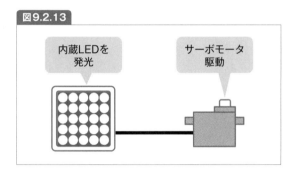

図9.2.13

内蔵LEDを
発光

サーボモータ
駆動

ATOM の実装

ATOM の中では次の2つの処理を実行します。どちらも Moddable の機能を使って簡単に実現できます。

1 サーボモータを回して首を振る
2 胸の LED（NeoPixel）に計器風の UI を表示する

前節で述べたとおり、Moddable のアプリケーションはアプリケーションの依存関係や設定を記述した JSON 形式のマニフェストファイル（manifest.json）と、アプリケーションの本体となるスクリプトから構成されます。Moddable にはネットワーク通信やピンを介した通信などの機能群が「モジュール」として提供されています。Moddable 同梱のモジュールを使うには「マニフェストファイルにモジュールを読み込むための設定を書く」「スクリプトでモジュールをインポートする」という2つのステップを踏みます。

Moddable でサーボモータを駆動するには Servo モジュールを使います。「ロボと」のマニフェストファイルの include プロパティに、Servo モジュールのマニフェストファイルの場所を追記します。

第
9
章

```
1   "include": [
2     "$(MODDABLE)/examples/manifest_base.json",
3     "$(MODDABLE)/modules/pins/servo/manifest.json"
4   ],
```

　ここで環境変数MODDABLEはModdableがインストールされたディレクトリを指しています。Moddable公式が提供する機能モジュールは、たいていモジュールに関する設定がマニフェストファイルに集約されているので、そのファイルをインクルードすれば十分です。

　続いてスクリプトからServoクラスをインポートします。ModdableはECMAScriptの最新仕様に準拠しているので、モジュールのimportやexportの構文を利用できます。

```
1   import Servo from 'pins/servo'
```

　インポートできたら後は通常のJavaScriptのクラスと同じように、インスタンスを作ったり、そのメソッドを呼び出したりできます。

```
1   const servo = new Servo({
2     pin: 25,        // サーボモータを接続するピン
3     min: 500,       // パルス幅の最小値（マイクロ秒）
4     max: 2400       // パルス幅の最大値（マイクロ秒）
5   })
6   servo.write(45) // サーボを45度まで回す
```

　Servoクラスのコンストラクタの引数に「pins（サーボモータを接続するピン）」「min（パルス幅の最小値）」「max（パルス幅の最大値）」という値を与えています。今回使っているSG90などのマイクロサーボはPWM方式で駆動します。PWMはPulse Width Modulationの略で、パルス波のデューティ比（周期におけるパルス幅の割合）に比例して出力の強さが変わる変調方式です。SG90の場合は、パルス幅の長さが0.5ミリ秒で0度、2.4ミリ秒で180度に角度が変わります。

　設定が済んだらservo.write()メソッドに0から180度までの値を引数として与えて、サーボの角度を変更します。「ロボと」ではロボットの顔向きを左右0〜30度の間でランダムに変えます。この角度は顔パーツの取り付け向きやサーボモータの種類によっても変わる可能性があるため、実際に動かしながら調整するとよいでしょう。

NeoPixelを光らせるNeoPixelモジュール

　ATOMを始め、M5Stackシリーズの多くに発光色を変えられるLED「NeoPixel」が搭載されています。「ロボと」の胸の計器風の表示をNeoPixelで作ります。ModdableにはNeoPixelドライバのモジュールがありますので使ってみましょう。

さて、マニフェストファイルでの設定ですが、「ロボと」のサンプルアプリケーションのマニフェストファイルに NeoPixel を使うらしい記述が見当たりません。

```
1  "include": [
2    "$(MODDABLE)/examples/manifest_base.json",
3    "$(MODDABLE)/modules/pins/servo/manifest.json"
4  ],
```

しかしこの状態でも NeoPixel クラスを利用可能です。なぜでしょうか。実はビルド時の -p オプションが代わりに仕事をしてくれています。ATOM Matrix を動作デバイスとして指定したときに、ATOM 本体に搭載された NeoPixel を使うための設定を Moddable のビルドツールが済ませてくれます（内部的にはデバイス毎の設定が集約されたマニフェストファイルをインクルードしているだけなので、Moddable のマニフェストファイルの仕組みにのっとっています）。

ということで、やるべきことは NeoPixel クラスをスクリプトからインポートして使うだけです。NeoPixel を発光させるにはいくつかの手順を踏みます。

1️⃣ NeoPixel クラスをインポートする

2️⃣ NeoPixel クラスのインスタンスを作成する。このとき連なっている NeoPixel の長さ（length）、接続されているピン番号（pin）を与える

3️⃣ NeoPixel.makeRGB(red, green, blue) で色を生成する（色は使い回し可能）

4️⃣ NeoPixel.fill(color) ですべての LED の色を変える。または NeoPixel.setPixel(index, color) で特定の LED 色を変える

5️⃣ NeoPixel.update() で変更を反映する[5]

```
1  import NeoPixel from 'neopixel'
2  const neoPixel = new NeoPixel({ length: 25, pin: 1 })
3  const red = neoPixel.makeRGB(255, 0, 0)
4  neoPixel.fill(red)
5  neoPixel.update()
```

M5ATOM は NeoPixel の LED がマトリクス上に 5×5=25 個配置されています。マトリクスの x, y 座標指定で色を変更できるように、「ロボと」では NeoPixel を拡張した NeoMatrix クラスを作成しています。最後にコード全体を掲載します。

第
9
章

＊5　NeoPixel.update() が呼ばれるまで実際の発光色は変わらない点に注意してください。

リスト9.2.1
moddable-examples/roboto/manifest.json

```
 1  {
 2    "include": [
 3      "$(MODDABLE)/examples/manifest_base.json",
 4      "$(MODDABLE)/modules/pins/pwm/manifest.json"
 5    ],
 6    "modules": {
 7      "*": [
 8        "./main",
 9        "./neomatrix"
10      ]
11    }
12  }
```

リスト9.2.2
moddable-examples/roboto/main.js

```
 1  /* global globalThis */
 2  import Servo from 'pins/servo'
 3  import Timer from 'timer'
 4  import { NeoMatrix } from 'neomatrix'
 5
 6  let lights = globalThis.lights
 7  const BLACK = lights.makeRGB(0, 0, 0)
 8  const WHITE = lights.makeRGB(255, 255, 255)
 9  const RED = lights.makeRGB(255, 0, 0)
10  const BLUE = lights.makeRGB(0, 0, 255)
11  const INTERVAL = 3000
12  const ANGLE_MAX = 30
13  const ANGLE_MIN = 0
14
15  function randomBetween(min, max) {
16    return Math.floor(min + Math.random() * (max - min))
17  }
18
19  class Roboto {
20    constructor() {
21      this.matrix = new NeoMatrix({
22        lights: globalThis.lights,
23        width: 5,
24        height: 5
25      })
26      this.servo = new Servo({
27        pin: 25,
28        min: 500,
29        max: 2400
30      })
```

```
31    this.active = true
32    trace('init\n')
33    this.handler = Timer.repeat(() => {
34      this.update()
35    }, INTERVAL)
36  }
37
38  // LEDマトリクス描画
39  renderMatrix(theta) {
40    const matrix = this.matrix
41    // 背景の描画
42    matrix.fill(BLACK)
43    for (let x = 0; x < 2; x++) {
44      for (let y = 0; y < matrix.height; y++) {
45        matrix.setPixel(x, y, WHITE)
46      }
47    }
48    matrix.setPixel(0, 3, RED)
49    matrix.setPixel(1, 3, RED)
50    matrix.setPixel(0, 1, BLUE)
51    matrix.setPixel(1, 1, BLUE)
52
53    // 針の描画
54    const t = 4 - Math.floor(5 * (theta - ANGLE_MIN) / (ANGLE_MAX - ANGLE_MIN))
55    trace(`t: ${t}\n`)
56    matrix.setPixel(3, t, WHITE)
57    matrix.setPixel(4, t, WHITE)
58
59    // LEDマトリクスの更新
60    matrix.update()
61  }
62
63  // 首振り
64  turnHead(theta) {
65    this.servo.write(theta)
66  }
67
68  update() {
69    if (!this.active) {
70      return
71    }
72    trace('update\n')
73    const theta = randomBetween(ANGLE_MIN, ANGLE_MAX)
74    trace(`theta: ${theta}\n`)
75    this.renderMatrix(theta)
76    this.turnHead(theta)
77  }
```

```
78  }
79
80  const roboto = new Roboto
81  globalThis.button.a.onChanged = function () {
82   if (this.read()) {
83     roboto.active = !roboto.active
84   }
85  }
```

作ってみたら…息子に大好評。しかし次のバージョンへの注文も

　できあがったロボットを息子に見てもらったところ「かっこいい！」と大変好評でした。しかし二言目には「これ、しゃべるの？」「手を動かしたい」「ジャンプはできる？」など、次のバージョンへの注文もたくさんもらえました。そして首を振るだけの単純な動きなのですぐに飽きられてしまいました。これは悔しいですね……。

　また、本作を紹介したツイートがTwitterでも7000を超えるいいねをいただいたり「Twitterトレンド大賞2020」の番組で取り上げられるなど、息子にとって初めての「バズり」を体験する機会になりました。現在、息子は「もっといろいろなロボットを作ってみたい！」とスケッチブックと色鉛筆で格闘中。次の作品に向けてのやる気が漲っているようです。製作を通してものづくりの魅力の一端を体感してもらえたようで、うれしいです。

● 迷子の子どもに気付いてもらうためのスマートウォッチ「Mai5」

　M5Stackの拡張モジュールにはGPSモジュールや腕時計バンドなど「外に持ち出して！」といわんばかりの製品ラインナップがあります。そこで今度はお出かけのときに使える、実用的なツールを作ってみようと思い立ちました。

　ところで、子どもとのお出かけにおける「困りごと」って何でしょうか。たとえば「迷子」です。好奇心の塊のような息子は、私の目が離れた隙に、興味の向くほうへ走っていってしまいます。こうなってしまうと、私が呼んでもすぐには返事をしてもらえません。迷子の子どもに自分から気付いてもらうにはどうすれば？　スマートフォンを持たせるのは、当時3歳の息子にはまだ早いでしょう。では子どもが離れたときに音が鳴るようなアラームを作ろうか？　しかしアラーム音が鳴っただけでは、何のことか気付いてもらえないでしょう。そもそも迷子の問題の本質は「自分が迷子であることに気付いていないこと」にあります。自分が迷子であることを自覚してもらい、自ら親を呼ぶように誘導しなくてはいけません。

　そこで思い出したのが、我が家のスマートスピーカーです。子どもはスマートスピーカーとよく会話していて、スピーカーの言うことはよく聞くのです。「人ではないものが話しかけてくる」という状況は、子どもにとってもファンタジーで興味がそそられるようです。それならば……

アラームの代わりにM5Stackが「おとうさんを探して！」と話しかけてくる、という状況なら、子どもも応じてくれる期待が持てます。そんな発想から、迷子防止スマートウォッチ「Mai5（マイゴ）」を作りました[6]。

図9.2.14

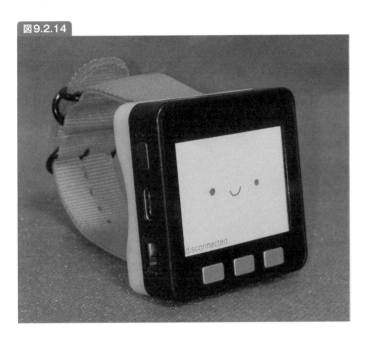

「Mai5」は子どもの腕に着けて使います。お出かけ前に親のスマートフォンと子どものM5StackをBluetooth接続しておきます。M5Stackがスマートフォンから離れてBluetoothの接続が切れると「迷子モード」になります。迷子モードの時はM5Stackが「おとうさんを一緒に探して！」などのように子どもに話しかけます。「子どもの方から親を探すように」促すところがポイントです。

▶ **用意するもの**

- M5Stack Basic
- ウォッチバンドモジュール[7]
- スマートフォン
- Bluetooth接続のためのアプリケーション（iOSのスマートフォンの場合）[8]

※6 https://www.youtube.com/watch?v=sPZGOKU_QyY
※7 https://shop.m5stack.com/products/development-board-watch-kit-excluding-core
※8 nRF Connect (https://apps.apple.com/jp/app/nrf-connect/id1054362403) など。

サンプルコードの動かし方

　サンプルコードはサンプルコード集のble/mai5ディレクトリにあります。M5Stackに書き込むにはコンソールから次のコマンドを実行します。

```
$ cd moddable-examples/ble/mai5/mai5-periferal/
$ mcconfig -d -m -p esp32/m5stack
```

　続いてスマートフォン側です。Androidの場合はGoogle ChromeなどのブラウザからMai5のアプリケーションにアクセスします。

https://meganetaaan.github.io/moddable-examples/ble/mai5/mai5-central/src/

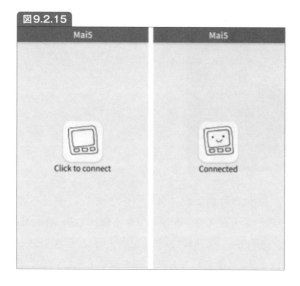

図9.2.15

　中央のボタンを押すとデバイスとの接続ダイアログが開きます。「Mai5」を選択するとM5Stackと接続されます。iOSの場合はBluetooth接続ができる汎用アプリケーションから「Mai5」のデバイスを選択して接続してください。

　接続ができたら、スマートフォンとM5Stackが2、30メートルほど離れると接続が切れて「迷子モード」になります。いくつかのシチュエーションで動作を確認しましたが「Bluetoothの接続が切れる距離」が、狙い通り「親が子どもを見失いそうなくらい離れた距離」とおおむね一致してくれました。

構成……BLEを使ってM5Stackとスマートフォンをつなぐ

　M5Stackとスマートフォンとの接続にBluetooth Low Energy（BLE）を使います。BLEは

サーバーとクライアントが近距離無線通信でデータをやりとりするための技術です。なお BLE の用語では BLE サーバーを「ペリフェラル」、クライアント側を「セントラル」と呼びますが、本節では単に BLE サーバー・BLE クライアントという呼び方を使います。

BLE サーバーにおける「データのやりとり」の方法は次の3通りがあります。

- サーバーにデータを書き込む（write）
- サーバーからデータを読み取る（read）
- サーバーが起点となり通知を受け取る（notify）

しかし「Mai5」ではこのいずれも使いません。なぜなら BLE が「接続された」そして「接続が切れた」タイミングだけわかれば十分だからです。

図9.2.16

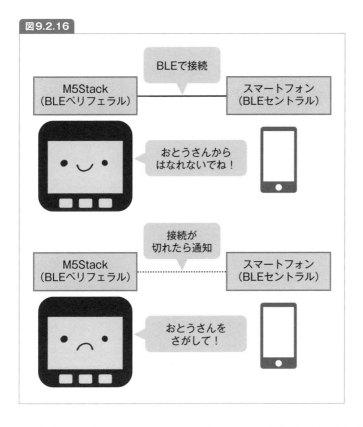

Moddable は BLE サーバー、クライアントどちらの機能も備えていますが、「Mai5」では M5Stack を BLE サーバーとして実装します。反対にスマートフォン側は、ブラウザの BLE 機能である「Web Bluetooth」を用いて、BLE クライアントとして実装します。

スマートフォンの Web Bluetooth で注意すべきは「iOS の Safari では Web Bluetooth が使えない」点です。「サンプルコードの動かし方」でも述べましたが、iPhone から接続する場合は「nRF Connect」など、汎用の BLE 接続用ネイティブアプリケーションを使う必要があります。Android スマートフォンの場合は Web ブラウザからの接続が可能です。M5Stack の BLE サーバーとスマートフォンの BLE クライアント、それぞれこの後のコード解説でもう少し詳しく説明します。

M5Stack で BLE サーバーを動かす

ここからはコードの説明です。「Mai5」では M5Stack は大きく 2 つの機能で構成されます。「BLE サーバーとしてサービスを提供する機能」と、「顔の表示や音声再生などのユーザインターフェース機能」です。順番に説明します。

まずは BLE の機能についてです。先述のように Moddable は BLE サーバー、クライアントどちらの機能も備えています。BLE サーバーの機能を使うには BLEServer クラスを使います。まず BLEServer のマニフェストファイル ("$(MODDABLE)/modules/network/ble/manifest_server.json") をインクルードして、関連モジュールの依存関係をまとめて読み込みます。

リスト 9.2.3　ble/mai5/mai5-periferal/manifest.json

```
1  {
2    "include": [
3      "$(MODDABLE)/examples/manifest_base.json",
4      "$(MODDABLE)/examples/manifest_piu.json",
5      "$(MODDABLE)/modules/network/ble/manifest_server.json"
6    ],
7
8
9  }
```

続いてサービスの設定です。BLE サーバーは読み書き可能な複数のデータを「サービス」という単位で一まとまりにして提供できます。読み書きするデータは BLE の用語でキャラクタリスティックともいいます。サービスには心拍計 (Heartrate) や体重計 (Body Weight Scale) など、規格統一のために BLE の標準として定められたものもありますが、Mai5 ではオリジナルのサービスを定義します。

Moddable では簡単に BLE サービスを定義できます。サービスの UUID とキャラクタリスティックの設定値を json ファイルとして、プロジェクト内の bleservices ディレクトリに配置するだけです。次に Mai5 のサービスの定義を示します。

リスト9.2.4 `/ble/mai5/mai5-periferal/bleservices/mai5.json`

```json
 1  {
 2      "service": {
 3          "uuid": "06cbe1e7-f2b7-3646-f601-7a78193af9bd",
 4          "characteristics": {
 5              "kid-id": {
 6                  "uuid": "6238b7d5-a703-b588-3b0e-6858ba72fd65",
 7                  "maxBytes": 512,
 8                  "type": "string",
 9                  "permissions": "read",
10                  "properties": "read"
11              }
12          }
13      }
14  }
```

uuid プロパティがサービスの UUID です。UUID とはサービスやキャラクタリスティックを一意に特定するための ID です。標準化されたサービスを実装したければ、Bluetooth の仕様一覧から該当する UUID を探して指定する必要がありますが、オリジナルのサービスであれば任意に生成した UUID を使えばよいです。私は UUID を生成してくれる Web アプリ[9] を使いました。

characteristics プロパティが各キャラクタリスティックの定義です。前述の通り Mai5 の今の実装ではキャラスタリスティックは使いませんが、参考のため書きました。uuid の指定や、データの最大バイト数（maxBytes）、データの型（type）、読み書き通知のどれが可能か（permissions, properties）などを指定できます。このサービス定義は BLE のモジュールから自動的に読み込まれます。あとは BLEServer クラスをスクリプト側でインポートすれば、サービス定義が反映されたサーバーを利用できます。「Mai5」では BLEServer クラスを継承して Mai5 サーバーのクラスを定義しています。

まずは BLE サーバーを BLE クライアントから検知して接続できるようにするために、サーバーを公開（アドバタイジング）する必要があります。次のメソッドを介して行います。

- startAdvertising(advertisingData)
  サーバーの公開（アドバタイジング）を開始します。公開されているサーバーはクライアントから検知できるようになります。引数の詳しい説明は割愛します。
- stopAdvertising()
  サーバーの公開を停止します。

第9章

＊9　https://www.uuidgenerator.net

　一方、「接続された時」の処理は、クライアント側の接続処理をトリガーとして受動的に実行されます。ModdableのBLEServerクラスはクライアントの接続完了時などに決まった名前のコールバックが実行されます。それらのコールバック処理を上書きすれば「Mai5」特有の動作をプラスできます。

- onReady()
  BLEサーバーの初期化が完了したときに呼ばれます。
- onConnected()
  クライアントが接続したときに呼ばれます。
- onDisconnected()
  クライアントの接続が切れたときに呼ばれます。

リスト9.2.5　　　　　　　　　　　　　　　ble/mai5/mai5-periferal/mai5-server.js

```
 1  import BLEServer from 'bleserver'
 2  import { uuid } from 'btutils'
 3
 4  const DEVICE_NAME = 'Mai5'
 5  const SERVICE_UUID = '06cbe1e7-f2b7-3646-f601-7a78193af9bd'
 6
 7  class Mai5Server extends BLEServer {
 8   onReady () {
 9     this.deviceName = DEVICE_NAME
10     this.start()
11   }
12   onConnected (connection) {
13     this.stopAdvertising()
14     if (typeof this.onConnect === 'function') {
15       this.onConnect()
16     }
17   }
18   start () {
19     this.startAdvertising({
20       advertisingData: {
21         flags: 6,
22         completeName: DEVICE_NAME,
23         completeUUID128List: [uuid([SERVICE_UUID])]
24       }
25     })
26   }
27   onDisconnected (connection) {
28     if (typeof this.onDisconnect === 'function') {
29       this.onDisconnect()
30     }
```

```
31      this.start()
32    }
33  }
34  export default Mai5Server
```

以上、ここまででBLEサーバーの実装ができました。

顔を表示する

　続いてMai5の画面を表示してみましょう。「Mai5」の画面を次に示します。スマートフォンと接続されたときの「にっこり顔」、接続が切れて迷子モードになったときの「かなしい顔」をそれぞれ表示します。また接続状態を示す文字を画面の端に表示します。さらに接続が切れた時、つながった時には音声を再生します。

図9.2.17
connected

図9.2.18
disconnected

　Moddableで画面を表示するにはどうすればよいでしょうか。Moddableには2種類のモジュールが同梱されています。

- **commodetto**：シンプルなビットマップ描画ライブラリ
- **piu**：多機能で拡張性が高いUIフレームワーク

　今回のサンプルではpiuを使っています。いずれのモジュールを使う場合でも、ModdableはWebブラウザとは違い、画面の構築にHTMLやCSSは使いません。JavaScriptのみで画面を構築するための独自の仕組みがあります。非常に奥が深いのですが、詳しく解説しだすと「迷子防止スマートウォッチ」のテーマから外れてしまうため、スプライト画像や文字を表示するための最小限の機能に絞って解説します。

　まずpiuを使うために、piu関連の定義がまとまったマニフェストファイルをインクルードします。

```
1  {
2    "include": [
3      "$(MODDABLE)/examples/manifest_piu.json",
4    ],
```

　まずは2種類の顔の表示です。いまは「にっこり顔」「かなしい顔」の2種類ですが、目や口の
バリエーションを増やしたり、それらを組み合わせてさまざまな表情が作れるようになると楽
しいです。そこで本節では目、口の画像を分けて作成・表示してみます。そのために「スプラ
イト画像」を使います。これは複数種類の画像を一枚の画像にまとめて書き込み、プログラム
から画像の一部のみを表示するテクニックです。

　piuの詳しい仕組みは省きますが、スプライト画像の表示のためにpiuの次のクラスを使います。

- Content
  UI部品。座標と大きさを持つ。Contentを継承してボタンや文字列のラベル、スクロー
  ル要素などさまざまなUI部品が作れる。
- Skin
  UI部品の色や画像など見た目の定義。
- Texture
  画像そのもの。

　HTMLに例えると、Contentはhtmlタグ、Skinはcssなどのスタイル定義、Textureは画像
に相当します。piuアプリケーションはhtmlのようにApplicationを頂点としたUI部品（コンポー
ネント）の木構造になっています。例として「Mai5」アプリケーションのコンポーネント構造
は図9.2.19のようになっています。Applicationの下に接続状態を示すLabelコンポーネントと、
顔を表示するためのFaceコンポーネントがぶら下がっています。Faceコンポーネントは目の
画像のEyesと口の画像のMouthからなります。

図9.2.19

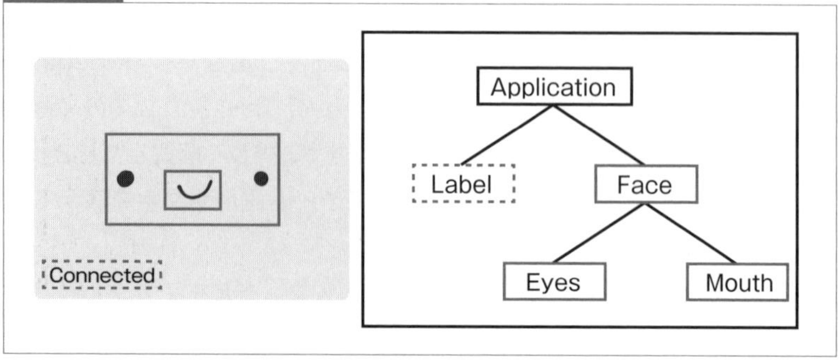

ではまずは目、口のスプライト画像を作り、それらをまとめた Face コンポーネントを作ってみましょう。Moddable では格子状に連結した画像をスプライト画像として処理し、格子の一マス分の画像を表示できます。例として Moddable のサンプルアプリで使われている「Wi-Fi アイコン」の画像を図9.2.20に示します。

図9.2.20

画像中のどの部分を表示させるかは、スキンを貼り付けたコンポーネントが持つ変数によって決まります。格子の縦（行番号）を "state"、横（列番号）を "variant" というプロパティで指定します。WiFiアイコンの例では state に 0、variant に 4 を指定すると「鍵マークなし、電波強度最大」のアイコンになります。

同様に作成した口のスプライト画像（mouth.png）を図9.2.21に示します。variant に 0 を指定すると「かなしい顔」の口、variant に 1 を指定すると「にっこり顔」の口になります。画像の 1 マスを 48×48 ピクセルとしています。また、背景は透過しています。

図9.2.21

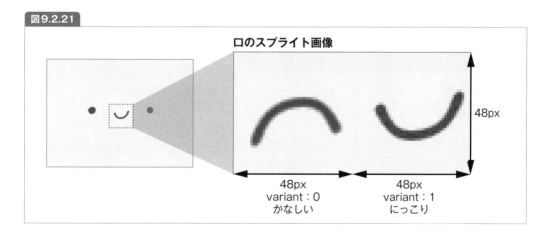

口のスプライト画像

| 48px
variant : 0
かなしい | 48px
variant : 1
にっこり | 48px |

続いてこのスプライト画像をアプリケーションから読み込んで使えるようにしていきます。Moddable では画像や音声、フォントなどのデータを「リソース（Resource）」として扱います。マニフェストファイルの resources プロパティを記述しておくと、画像の変換とフラッシュメモリへの書き込みを自動で行ってくれます。

第
9
章

```
1    "resources": {
2      "*-alpha": [
3        "./assets/eyes",
4        "./assets/mouth"
5      ],
6    },
```

resources配下に使うリソースの定義をオブジェクトとして（キーと値の組み合わせとして）列挙しています。オブジェクトのキーにはスクリプトで使う名前を指定します。ファイル名と同一でよければアスタリスク（*）を指定すればよいです。ただし、今回のように背景透過の画像（アルファチャンネルを含む画像）はキー名の末尾に"-alpha"を足します。オブジェクトの値がファイルパスになります。複数ある場合は配列で指定します。拡張子はModdableのビルドツールが自動判定するので省略してかまいません。

Moddableのマニフェストファイルの仕組みは多機能ゆえにわかりづらい部分もありますので、自作のアプリケーションを作るときは「Mai5」やサンプルアプリケーションの設定を使いまわすのが近道です。

次にスクリプト内からスプライト画像を利用してみます。まずTextureクラスのコンストラクタに画像のファイル名を与えて、テクスチャのインスタンスを作ります。

```
1    const mouthTexture = new Texture('mouth.png')
```

そしてテクスチャに対して「格子1マス分の大きさ」「座標」を与えてスキンを作ります。

```
1    const mouthSkin = new Skin({
2      texture: mouthTexture,
3      color: "#000000",
4      x: 0,
5      y: 0,
6      width: 48,
7      height: 48,
8      variants: 48
9    })
```

あとは作成したスキンを貼り付けて、口のコンポーネントと目のコンポーネントをそれぞれ作ります。最後にそれらをまとめて顔のコンポーネントを作ります。口と目のコンポーネントの座標は「親コンポーネントに対する相対座標」をtop, right, bottom, leftプロパティで指定します。たとえば左上から縦16ピクセル、横32ピクセル目に表示したければtop: 16, left: 32といった具合です。

```
1  const Mai5Face = Container.template(() => ({
2    name: 'face',
3    skin: new Skin({
4      fill: WHITE
5    }),
6    top: 0,
7    left: 0,
8    width: 320,
9    height: 240,
10   contents: [ // 子コンポーネント
11     new Content(null, {
12       name: 'eyes',
13       top: 88,
14       left: 64,
15       width: 192,
16       height: 64,
17       skin: eyesSkin
18     }),
19     new Content(null, {
20       name: 'mouth',
21       top: 96,
22       left: 136,
23       width: 48,
24       height: 48,
25       skin: mouthSkin
26     })
27   ]
28 }))
```

Labelを使って文字を表示する

次に文字の表示です。スマートフォンとの接続状態をわかりやすくするために「connected」「disconnected」の文字を画面左下に表示します。

piuはビットマップフォントに対応しており、Labelクラスを使って表示が可能です。Labelを使うにはマニフェストファイルのresourcesプロパティでフォントファイルの場所を指定し、スクリプトから読み込みます。英字のフォントファイルはModdable SDKにあらかじめ組み込まれていますが、自分で作ることも可能です。詳細はModdableのドキュメントを参照してください。

画像と同様、文字の表示も「マニフェストファイルでのリソース定義」「スクリプトからの読み込み」の手順で行います。Moddableのサンプルアプリケーションにはいくつかのビットマップフォントのデータが同梱されています。「Mai5」でもその中のひとつを利用しています。ビットマップフォントも透過画像なので"*-alpha"をキーにして指定します。先程のスプライト画像と原理は一緒です。

```
1  "resources": {
2    "*-alpha": [
3      "$(MODDABLE)/examples/assets/fonts/OpenSans-Regular-20"
4    ],
```

リソースの設定ができたら piu で読み込みます。piu で文字を扱うクラスは 2 つあります。Label は 1 行のテキストを表示するクラスです。Text は複数行のテキストを表示するクラスで、コンポーネントの端で文章を自動的に折り返してくれます。「Mai5」では 1 行分で十分なので Label クラスを使います。フォントは文字の見た目を示す Style クラスを介して指定します。

```
1  const FONT = 'OpenSans-Regular-20'
2  const Mai5Label = Label.template(() => ({
3    name: 'label',
4    style: new Style({ font: FONT, color: '#222' }),
5    string: 'disconnected'
6  }))
```

AudioOut を使って音声を再生する

図 9.2.22

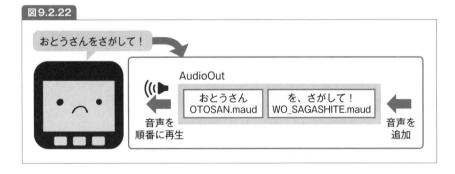

続いて音声です。迷子モードになった時の「おとうさんをさがして！」等の音声を再生します。設定によって父親、母親を切り替えたいので、ここでは「おとうさん」の部分と「を、さがして！」の部分を別の音声として保存しておき、つなげて再生したいと思います。「Mai5」の音声は Google Text to Speech を使って wav ファイルとして生成しました（本書では説明を割愛します[10]）。合成音声よりも自分の声を録音して使うのもよいかもしれません。

Moddable では、wav 形式の音声の再生が可能です。音声の使い方も、画像や文字の時と大枠の流れは一緒です。つまり「リソースの定義をマニフェストファイルに書いて M5Stack に書き込む」「スクリプトからリソースを読んで利用する」という手順を踏みます。

＊10　https://gist.github.com/meganetaaan/6255fff99594cb092c847f21d00f7621

まずはマニフェストファイルのresourcesプロパティに設定を記入します。キー名はワイルドカードを示すアスタリスクです。そして値のファイルパスのほうにもワイルドカードが使われています（"./assets/*"）。こちらは「assetsフォルダ配下のすべてのファイルをリソースとして読み込む」という意味になります。アプリケーションのassetsフォルダには接続成功時の音声や迷子モードになったときの音声が保存されています。次の記述だけでこれらのファイルをまとめてM5Stackに書き込む設定ができます。

```
1  "resources": {
2    "*": ["./assets/*"]
3  },
```

続いて、音声ファイルをスクリプトから読み込んで再生してみましょう。Moddableで音声ファイルを扱うクラスは2種類あります。ひとつはSound、もう1つはAudioOutクラスです。Soundはpiuに同梱されたクラスで、使い方はいたってシンプルです。ファイル名を与えてSoundクラスのインスタンスを作成し、そのplayメソッドを呼び出すだけです。

```
1  const sound = new Sound({ path: "my_sound.wav" })
2  sound.play()
```

Soundクラスはボタンのクリック音のような、単一の短い音声の再生に向いています。一方、今回のように複数の音声を続けて再生するような使い方の場合はAudioOutクラスが適しています。AudioOutではキューに音声ファイル（Resourceクラスのインスタンス）をenqueueメソッドで逐次追加することで、連続して複数の音声を再生できます。

```
1  const OTOSAN = new Resource("OTOSAN.maud");
2  const WO_SAGASHITE = new Resource("WO_SAGASHITE.maud");
3  const audioOut = new AudioOut({ streams: 1 })
4  audioOut.enqueue(AudioOut.Samples, OTOSAN)
5  audioOut.enqueue(AudioOut.Samples, WO_SAGASHITE)
6  audioOut.start() // sound1, sound2が続けて再生される
```

長くなりましたが、ここまでで文字、画像、音声を含むM5StackのUIが構築できました。アプリケーションのコード全体はリポジトリを参照してください。

BLEセントラル（ブラウザ）を実装する

最後にブラウザ側の実装です。前述の通り、ブラウザのWeb Bluetooth機能はAndroidスマートフォンでしか使えないのでご注意ください。なお、Web Bluetoothはサーバー側で特別な処理は必要なく、静的なHTMLで処理が完結します。つまりgithub.ioなどを使ってHTMLファ

イルのみ公開できればよいということです。

　ブラウザ側は、M5StackとBluetooth接続までできれば最小限の仕様は満たせます。そのため実装もシンプルです。次の処理を行います。

■ M5Stackに接続する
■ 接続が途切れた時に表示を変更する

　ブラウザからWeb Bluetoothを使う際はnavigator.bluetooth配下のメソッドを使用します。まず、navigator.bluetoothが定義されているかチェックします。navigator.bluetoothがundefinedの場合、ブラウザはWeb Bluetoothに対応していません。

```
1  async connect () {
2    if (navigator.bluetooth == null) {
3      console.warn('bluetooth not available')
4      return
5    }
```

　navigator.bluetooth.requestDeviceでBluetooth端末を検索します（ここでブラウザ上にダイアログが表示されます）。引数filtersで検索条件を指定できます。先程ペリフェラルの実装時に定義したデバイス名とサービスUUIDを与えることで、Mai5が書き込まれたM5Stackのみがリストアップされるようになります。

```
1      const device = await navigator.bluetooth.requestDevice({
2        acceptAllDevices: false,
3        filters: [{ name: DEVICE_NAME }, { services: [SERVICE_UUID] }]
4      })
```

　ダイアログからデバイスが選択されたらデバイスへの接続、およびサービス、キャラスタリスティックの取得を順番に行います。各処理はデバイスとの通信を伴うため非同期で実行されます。サンプルコードではawaitを使って非同期処理の終了を待っています。

```
1      const server = await device.gatt.connect()
2      const service = await server.getPrimaryService(SERVICE_UUID)
3      const characteristic = await service.getCharacteristic(CHARACTERISTIC_UUID)
```

　ModdableのBLE機能についてさらに知りたい場合は次を参考にするとよいでしょう。

- Moddable公式ブログ
  本書で紹介しきれなかったキャラスタリスティックの読み書きなどの機能の網羅的な紹介です。

  https://blog.moddable.com/blog/ble/

- Moddable公式ドキュメント
  Moddable のリポジトリ内「/documentation/network/ble/ble.md」にBLE モジュールの詳細な説明があります。

　ここまでで本節の2つのアプリケーションについて紹介しました。本節のコードについて不明点や不具合がある場合は、サンプルコードリポジトリのissue、またはModdable日本ユーザコミュニティのDiscord[11]にて気軽にご質問ください。

作ってみたら……戸惑いながらも使ってくれた！

図9.2.23

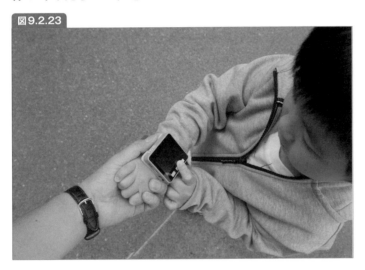

　実際に息子の腕につけて試してみた結果をYouTubeにアップロードしました[12]。まずはMai5とスマートフォンを接続し、子どもが離れた場所にいる時にわざと接続を切って様子を伺います。最初は合成音声が少し聞き取りづらく「なんていってるの……？」と固まっていましたが、何度か聞くとやっと「とうちゃんを探して！」と聞こえたらしく私のもとに戻ってきてくれました。基本的な動作確認は成功です。

＊11 https://discord.com/invite/trX3udZ
＊12 https://www.youtube.com/watch?v=sPZGOKU_QyY

　Moddable の BLE モジュールには接続したデバイス間の電波強度の取得も可能なので「電波が弱くなった時点でアラートを出す」「スマートフォン側にも電波強度に応じて『近くにいます』などの簡易的な距離表示をする」などできればさらに便利になりそうです。

● 結び

　本節では「子どもと一緒に作る」をテーマにした2つの作例を通して、JavaScript で M5Stack のアプリを作る方法を紹介しました。私は Moddable を使いましたが「自分の手に馴染む道具を使う」ことが何より大事だと考えています。本書は Arduino や UIFlow など、M5Stack の多種多様な開発プラットフォームが紹介されています。ぜひ自分のスキルセットや興味に合った道具を見つけて、物作りを楽しんでもらえれば幸いです。

Appendix ≫ M5Stackシリーズの仕様の違い

多種多様な製品が次々と発売されるM5Stackでは、同じシリーズであっても使えない関数があったり、利用できる開発環境が異なったりすることがよくあります。そこで、混乱しがちなシリーズごとの仕様の違いを, 付録としてまとめました。

● 電源のオン・オフの方法

M5Stackシリーズは製品によって電源のオン・オフの方法が異なります。拡張モジュールなどを利用する場合はこの限りではありません。M5Stack BasicなどはUSB接続時には電源をオフにしてもリセットがかかり、再度起動しますので注意が必要です。

表A.1.1

製品名	電源オン	電源オフ	USB接続時
M5Stack Basic M5Stack Gray M5Stick Fire	2回押し	1回押し	常にオン(電源ボタン押下でリセットがかかる)
M5StickC M5StackC Plus	6秒長押し	2秒長押し	電源オフ可
Atom Matrix Atom Lite Atom Echo	USB接続	USB取り外し	常にオン(バッテリー未搭載のため)
M5Stack Core2	6秒長押し	1回押し	電源オフ可
M5StickV	6秒長押し	2秒長押し	常にオン

● 製品ごとのボードマネージャーとライブラリの設定

　M5Stackシリーズごとに、Arduino IDEを使って開発する場合にどのボードマネージャーとライブラリの組み合わせを使うべきかを以下にまとめています

表A.1.2

製品名	ボードマネージャー (M5Stack 1.0.6)	ライブラリ
M5Stack Basic M5Stack Gray	M5Stack-Core-ESP32	M5Stack
M5Stick Fire	M5Stack-FIRE	M5Stack
M5StickC	M5Stick-C	M5StickC
M5StackC Plus	M5Stick-C	M5StickCPlus
Atom Matrix Atom Lite Atom Echo	M5Stack-ATOM	M5Atom
M5Stack Core2	M5Stack-Core2	M5Core2
M5StickV	開発できず ※	開発できず ※

※Maixypyという専用の開発環境が必要です。

● 製品ごとの関数（API）対応表

　主要なM5Stack製品について、Arduino IDEを使って開発する場合にどのような関数（API）を使うべきか、代表的なものを以下にまとめています。

　一見同じ関数でも、例えばM5.begin()のように、初期化される周辺デバイスが異なるなど内部的な動作に差異があるものもあり、より応用的な使い方をする場合は引数を明示的に指定することもあるかと思います。

　製品ごとの関数(API)のより詳細な情報は公式サイトのhttps://docs.m5stack.com/en/developerにありますので合わせて参考にしてください。

表A.1.3

製品名	M5Stack Basic M5Stack Gray	M5StickC	Atom Matrix Atom Lite
デバイス初期化	M5.begin()	M5.begin()	M5.begin()
ボタン状態更新 ／スピーカーの状態更新	M5.update()	M5.update() スピーカー未搭載※	M5.update() スピーカー未搭載※
液晶の表示回転	M5.Lcd.setRotation(0)	M5.Lcd.setRotation(0)	液晶未搭載※
スピーカー初期化	M5.Speaker.begin()	スピーカー未搭載	スピーカー未搭載

※別売のATOM Displayを使用すれば外部ディスプレイで表示回転を行うことができます。

著者紹介

編集・執筆

大澤佳樹

1986年神奈川県横須賀市生まれ。製造業や情報通信業でハードウェアからソフトウェアまでの業務を広く経験しIoT関連の業務にも関わってきた。モノづくりのハードルを下げ、誰でも作りたいものを作れる時代を目指し活動をしている。M5Stack User Group Japanの立ち上げメンバーの1人で、これまでにオフラインイベントのM5Stack User Meetingを実施。

編集

大川真史

ウイングアーク1st「データのじかん」主筆。大学卒業後、TISを経て三菱総合研究所に10年以上在籍し現職。主な業務は調査研究と情報発信。東京商工会議所学識委員/WG座長、明治大学サービス創新研究所客員研究員など兼務。中小企業や個人が自作したデジタルツールやサービスを見るのがライフワーク。

執筆

aNo研
Twitter @anoken2017

aNo研は、"あの"ワクワク、"あの"トキメキ、"あの"ドキドキ と出会ったときの感動を、あなたに届けること。それを目指して、日々、モノづくりに励んでいます。

石川真也（ししかわ）
Twitter @meganetaaan

「ヒトに寄り添うロボット」の実現を目指すロボットエンジニア。秋葉原のロボットベンチャーに勤める傍ら、オープンソースのロボット「スタックチャン」の開発にも勤しむ。

小池誠

温室キュウリを栽培する農家を営んでいます。大学卒業後、組込みエンジニアを8年経験したのち就農。現在は前職の経験を活かし、農業でのIT活用に取り組んでいます。

菅原のびすけ
Twitter @n0bisuke

プロトタイピングスクール「プロトアウトスタジオ」を運営しています。国内最大のIoTコミュニティ#iotltの主催/Microsoft MVP (Node.js)/LINE API Experts/IBM Champion

田中正吾
Twitter @1ft_seabass

フロントエンド技術を軸に クラウド・VR・IoT のような技術を混ぜて新しい可能性を日々探っているフリーランスエンジニア。ウォンバットが好き。

豊田陽介
Twitter @youtoy

ビジュアルプログラミングやIoT、JavaScript、ガジェットが好き。プライベートで複数コミュニティを主催。Microsoft MVP（2022年3月）。

necobit
Twitter @necobitter

ヒト2人とねこ1匹からなるなんかつくるユニット。シンセなどを制御するMIDI信号でメカを動かしがち。普段は工作したり人に頼まれたものを作ったりして過ごしている。

廣瀬元紀（おぎモトキ）
Twitter @ogimotoki

電機メーカーにてロボット開発に従事する父親エンジニア。重度障害を持つ息子や家族・友人の「できる」「楽しい」を広げる個人製作活動『家族のためのモノづくり』を取組中。

三木啓司
Twitter @miki_hiroshi_77

創薬ソリューションプロバイダー勤務。xMedGear株式会社代表取締役社長。医学博士（東京大学）。IBM Champion 2022。プロトアウトスタジオ1期生。

ミクミンP
Twitter @ksasao

ニコニコ技術部やTwitterで新しいものを次々と試して遊んでいます。2018年からM5Stackの魅力に取りつかれ、デバイスが家の中のあらゆるところで稼働しています。

若狭正生

北海道出身。システム開発やイベント企画など幅広く活動。実績に国際デジタルエミー賞ノンフィクション部門ノミネート、映像メディア学会技術振興賞コンテンツ技術賞など。

カバーデザイン	菊池祐（ライラック）
カバーイラスト	大野文彰
本文デザイン・レイアウト	マップス
担当	石井智洋、栗木琢実

■お問い合わせについて

本書に関するご質問については、本書の内容に関するものに限らせていただきます。本書の内容を越えるご質問やプログラムの作成方法についてはお答えすることができません。あらかじめご了承ください。また、電話でのご質問は受け付けておりませんので、ウェブの質問フォームにてお送りください。FAXまたは書面でも受け付けております。ご質問の際に記載いただいた個人情報は、質問の返答以外の目的には使用いたしません。また、質問の返答後は速やかに削除させていただきます。

● **FAX・書面でのお送り先**
〒162-0846 東京都新宿区市谷左内町21-13
（株）技術評論社　書籍編集部
『アイデアをカタチにする！M5Stack入門&実践ガイド［M5Stack Basic/M5StickC対応］』質問係
Fax：03-3513-6183

● **本書サポートページのURL**
https://gihyo.jp/book/2022/978-4-297-12669-8
本書記載の情報の修正・訂正・補足などは当該Webページで行います。

アイデアをカタチにする！
M5Stack入門&実践ガイド[M5Stack Basic/M5StickC対応]

2022年 4月 7日　初版　第1刷発行
2024年 2月17日　初版　第2刷発行

著　者	［編著］大澤 佳樹　［編集］大川 真史
	［著］aNo研、石川 真也、小池 誠、菅原 のびすけ、
	田中 正吾、豊田 陽介、necobit、廣瀬 元紀、
	三木 啓司、ミクミンP、若狭 正生
発行者	片岡 巌
発行所	株式会社技術評論社
	東京都新宿区市谷左内町21-13
	電話　03-3513-6150　販売促進部
	03-3513-6166　書籍編集部
印刷／製本	昭和情報プロセス株式会社

ISBN978-4-297-12669-8　C3055
Printed in Japan